中国轻工业“十三五”规划教材

普通高等教育茶学专业教材

茶叶质量与安全学

孙威江 主编

中国轻工业出版社

图书在版编目（CIP）数据

茶叶质量与安全学/孙威江主编. —北京：中国轻工业出版社，2020.8

ISBN 978-7-5184-2767-3

Ⅰ. ①茶… Ⅱ. ①孙… Ⅲ. ①茶叶—质量管理—安全管理—高等学校—教材 Ⅳ. ①TS272.7

中国版本图书馆 CIP 数据核字（2019）第 291820 号

责任编辑：贾　磊　　责任终审：李建华　　封面设计：锋尚设计
版式设计：砚祥志远　　责任校对：晋　洁　　责任监印：张　可

出版发行：中国轻工业出版社（北京东长安街 6 号，邮编：100740）
印　　刷：北京君升印刷有限公司
经　　销：各地新华书店
版　　次：2020 年 8 月第 1 版第 1 次印刷
开　　本：787×1092　1/16　印张：14.5
字　　数：340 千字
书　　号：ISBN 978-7-5184-2767-3　定价：42.00 元
邮购电话：010－65241695
发行电话：010－85119835　传真：85113293
网　　址：http://www.chlip.com.cn
Email：club@chlip.com.cn
如发现图书残缺请与我社邮购联系调换
171081J1X101ZBW

本书编写人员

主　编

孙威江（福建农林大学）

副主编

王校常（浙江大学）

周　育（安徽农业大学）

参　编

薛志慧（福建农林大学）

陈志丹（福建农林大学）

林馥茗（福建农林大学）

赵仁亮（河南农业大学）

陈李林（福建农林大学）

赵　健（福建省农业科学院）

前言

质量安全是消费者对茶叶最基本的需求，直接影响人民群众的身体健康和生命安危。中国是茶叶生产和消费大国，茶叶品类繁多、各有特色，茶叶质量与安全问题（特别是农药残留、重金属含量超标等问题）深受消费者关注，因此从茶叶的种植、加工、贮藏、运输、销售等环节着手，构建茶叶质量管理与安全控制体系，实施相关质量体系认证，保证茶叶从茶园到茶杯，再到人体健康的优质传递。

茶叶质量与安全学是探究茶叶质量与安全的一门学科，服务于茶叶质量与安全控制以及相关体系的发展，研究范畴主要包括茶叶生产和加工过程中的质量控制体系、茶叶及其制品质量安全控制与评价技术、茶叶质量安全政策体系及茶叶安全监测与预警体系。

鉴于学科发展和教学需要，福建农林大学牵头并联合浙江大学、安徽农业大学、河南农业大学和福建省农业科学院的专家学者经过近两年的努力编写了《茶叶质量与安全学》教材。

本教材由孙威江担任主编并负责统稿，由王校常、周育担任副主编。具体编写分工：第一章绪论、第十章茶叶质量与安全标准由孙威江编写；第二章茶叶中风险元素的污染与控制由薛志慧编写；第三章茶叶中杀虫（螨）剂和杀菌剂的污染与控制由陈李林编写；第四章茶园中除草剂的污染与控制由王校常编写；第五章茶叶中多环芳烃和高氯酸盐的污染与控制由林馥茗编写；第六章茶叶中微生物和非茶类夹杂物的污染与控制由周育编写；第七章茶叶质量安全产品与控制体系认证由陈志丹编写；第八章茶叶质量安全监测与风险评估由赵仁亮编写；第九章茶叶质量安全追溯系统的构建由赵健编写。

本教材内容具有一定的学术性、专业性和实用性，可作为我国高等院校茶学专业的教材，也可供茶叶生产、相关科技人员和广大茶业爱好者参考。

本教材在编写过程中，承蒙中国轻工业出版社有限公司、全国高等农业院校茶学专业同仁以及福建农林大学教务处的支持和关怀，福建农林大学茶学专业研究生谢凤和周喆等也提供了很多帮助，此外还引用了很多专家的研究成果，在此一并致谢。

由于编者业务水平有限，书中难免有错漏和不足之处，敬请专家批评、指正。

编者
2020 年 5 月

目录

第一章　绪论

第一节　茶叶质量与安全学的概念

随着生活水平的提高，人们对食品安全的要求也越来越高，对茶叶也是如此。质量安全是消费者对茶叶最基本的需求，直接影响人民群众的身体健康和生命安危。中国是茶叶生产和消费大国，茶叶品类繁多、各有特色，茶叶质量与安全问题（特别是农药残留、重金属含量超标等问题）深受消费者关注，从茶叶的种植、加工、贮藏、运输、销售等环节着手，构建茶叶质量管理与安全控制体系，实施相关质量体系认证，具有很大的必要性和紧迫性，因而推动了茶叶质量与安全学的发展。

一、茶叶质量与安全定义

茶叶质量与安全是指"茶叶的特性及其满足消费要求的程度"，即茶叶产品无毒、无害，在规定的使用方式和用量条件下长期饮用，对食用者不产生不良影响。茶叶质量安全涉及茶叶满足人类需要的两个方面，即质量和安全。茶叶质量涉及茶叶的营养成分、口感、色香味等营养指标，而茶叶安全则主要包括涉及人体健康、安全的质量要求。茶叶质量与安全问题主要表现在农药残留、重金属含量超标、有害微生物和持久性有机物污染、非茶夹杂物和粉尘污染等，涉及茶叶的原料生产、加工、包装、贮藏等过程。

二、茶叶质量与安全学定义

茶叶质量与安全学是探究茶叶质量与安全的一门学科，服务于茶叶质量与安全控制以及相关体系的发展，主要研究茶叶种植生产、茶叶加工、茶叶贮藏等过程对茶叶及其制品安全性的潜在影响因素及其控制手段，并衍生出一系列的模式和体系，供茶农、企业、机构参考实施，保证茶叶从茶园到茶杯，再到人体健康的优质传递。

三、茶叶质量与安全学研究的范畴

茶叶质量与安全学研究的范畴主要包括茶叶生产和加工过程中的质量控制体系、茶叶及其制品质量安全控制与评价技术、茶叶质量安全政策体系及茶叶安全监测与预警体系。茶叶生产和加工过程中的质量控制体系是茶叶质量与安全学的研究重点，茶叶及其制品质量安全控制与评价技术是茶叶质量与安全学的基础，茶叶质量安全政策体系和茶叶安全监测与预警体系是茶叶质量安全的保障，各范畴间并非完全独立，而是相互融合与促进。

（一）茶叶生产和加工过程中的质量控制体系

茶叶生产和加工过程中的质量控制体系即采用有效方法对茶叶生产和加工过程中的质量影响因素进行一定范围的控制，除强调茶叶具有一定的感官品质外，更加注重的是茶叶产品是否含有农药残留、重金属含量是否超标、是否含有非茶夹杂物和添加剂、有害微生物等，此外，茶叶产地环境管理、茶叶生产过程管理、茶叶产品的包装标识管理等也包含在内。

（二）茶叶及其制品质量安全控制与评价技术

茶叶及其制品质量安全控制技术是指在对茶叶及其制品进行质量安全检测和评价时用到的技术手段，如生态茶园基地建设技术、茶园管理控制技术、茶叶清洁化加工技术、两端质量检测技术等，茶叶及其制品质量安全控制技术的发展意味着对茶叶质量安全的监管更加严格而全面。

（三）茶叶质量安全政策体系

茶叶质量安全政策体系包括茶叶质量安全标准体系、茶叶质量安全监督检测体系、茶叶质量安全认证体系、茶叶生产技术推广体系、茶叶质量安全执法体系和茶叶市场信息体系。

1. 茶叶质量安全标准体系

茶叶质量安全标准主要有政府主导制定的强制性国家标准、推荐性国家标准、推荐性行业标准、推荐性地方标准以及市场自主制定的团体标准和企业标准。茶叶质量安全标准体系即与茶叶质量安全标准相关的所有组织或行为。

茶叶标准体系框架（表 1－1）由国家标准化管理委员会统一制定，可涵盖全部除茶叶机械以外的国家标准和行业标准。

2. 茶叶质量安全监督检测体系

茶叶质量安全监督检测体系是保障茶叶质量安全的重要组成部分，也是依照法律法规和标准，对茶叶实现从产地环境、农业投入品、农业标准化生产到市场准入监督管理的重要技术执法手段。

茶叶质量安全监督检测体系是在食品质量安全监督检测体系的基础上建立的。2013 年 3 月，以“建立最严格的食品药品安全监管制度，完善食品药品质量标准和安全准入制度”为目标，国务院调整机构，成立了国家食品药品监督管理总局，对食品药品实行集中统一化的监督管理模式，一整套的食品质量安全监管与执法体系基本形成。

3. 茶叶质量安全认证体系

茶叶质量安全认证体系（图 1－1），按强制程度分为自愿性认证和强制性认证两种，按认证对象分为官方认证、体系认证和产品认证。自愿性体系认证有质量管理 ISO9001 体系认证、HACCP 管理体系认证、ISO22000 食品安全管理体系认证三种；自愿性产品认证，分别有绿色食品、有机产品、生态原产地保护产品三种认证，而绿色食品认证又细分为 AA 级和 A 级。

表 1-1　　茶叶标准体系框架

序号（ID）	体系类目代码	体系类目名称	GB/T 4754	国家标准化管理委员会（SAC）/技术委员会（TC）编号	国家标准化管理委员会/技术委员会名称	重点领域	国际标准化组织技术委员会编号及名称	国家标准化管理委员会专业部	业务指导单位	国际标准分类法（ICS）	中国标准文献分类法
29	000-12	地理标志产品	—	WG4	原产地域产品	—	—	农业食品部	国家标准化管理委员会	—	—
75	000-19-06	食品安全	—	TC313	食品安全管理技术	—	—	—	国家卫生健康委	—	—
349	202-02-00	食品制造通用	—	3-2	食品标签	—	—	农业食品部	国家标准化管理委员会	67.040 食品综合	X00/09 食品综合
431	202-03-04	精制茶加工	1540	TC339	全国茶叶标准化技术委员会	农业	ISO TC34/SC8 食品/茶	农业食品部	中国全国供销合作总社	67.140.10 茶	X55 茶叶制品
431	202-03-04-00	精制茶加工的基础通用	1540	TC339	全国茶叶标准化技术委员会	农业	ISO TC34/SC8 食品/茶	农业食品部	中国全国供销合作总社	67.140.10 茶	X55 茶叶制品
431	202-03-04-01	精制茶加工的产品标准	1540	TC339	全国茶叶标准化技术委员会	农业	ISO TC34/SC8 食品/茶	农业食品部	中国全国供销合作总社	67.140.10 茶	X55 茶叶制品
431	202-03-04-02	精制茶加工的方法标准	1540	TC339	全国茶叶标准化技术委员会	农业	ISO TC34/SC8 食品/茶	农业食品部	中国全国供销合作总社	67.140.10 茶	X55 茶叶制品
431	202-03-04-03	精制茶加工的管理标准	1540	TC339	全国茶叶标准化技术委员会	农业	ISO TC34/SC8 食品/茶	农业食品部	中国全国供销合作总社	67.140.10 茶	X55 茶叶制品

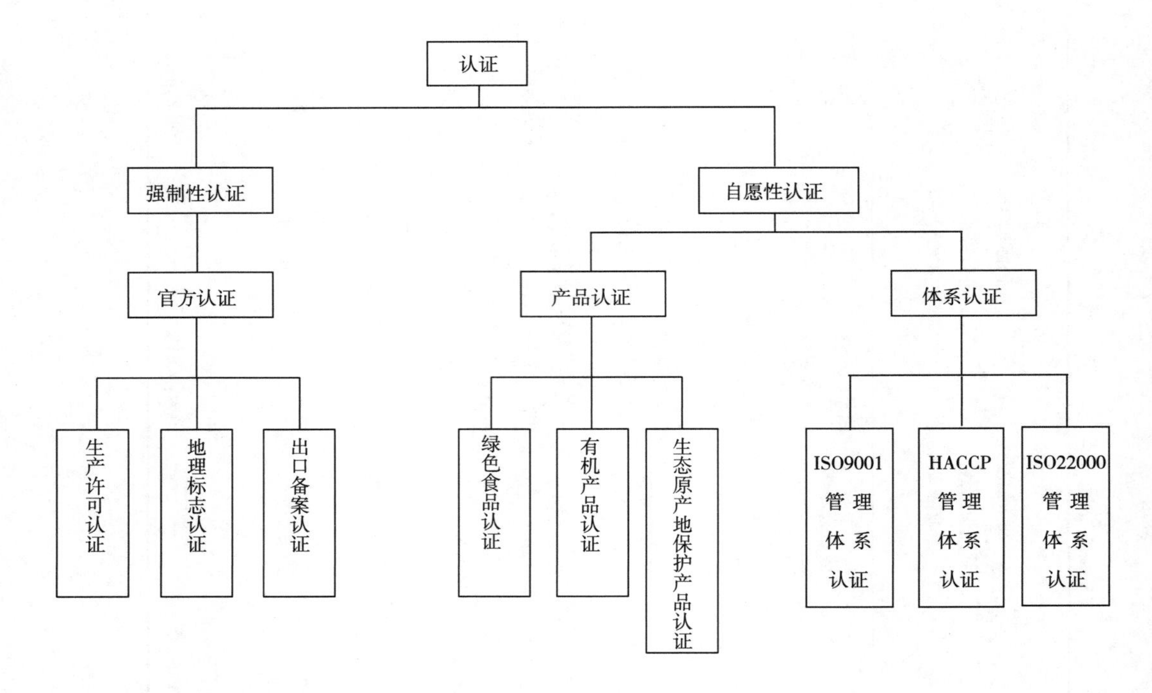

图 1－1　茶叶质量安全认证体系

4. 茶叶生产技术推广体系

茶叶生产技术推广体系是为了加速茶业现代化，把新观念、新技术、新成果、新知识、新信息传播给茶业劳动者，并帮助和促进其采用而进行的一系列活动。茶叶生产技术推广体系是科学技术转化为茶业现实生产力的主导力量。

自然环境、社会环境、经济环境以及农民的个体差异、文化水平都会在一定程度上直接影响到农户对生产技术的选择，技术本身的实用性及推广人员的素质也会间接地影响到农户对生产技术的接受情况。

5. 茶叶质量安全执法体系

茶叶质量安全行政执法体系，是以政府机关或授权机构执行茶叶质量安全相关法律法规为核心，明确执法主体及利益相关者权利和责任，以技术手段作为支撑的综合运行体系。一般包括行政执法的法律依据（现行法律法规）、执法主体（即茶叶质量安全监管的行政机关和授权机构）、权力结构（法定职权和责任的划分）和运行机制等。同时，技术支撑体系可以作为行政执法体系的组成部分。

6. 茶叶市场信息体系

茶叶市场信息体系属于农业信息服务体系范畴，是随着农业信息化的发展而不断深化的。茶叶市场信息体系，狭义上是指在茶叶市场经济运作过程中，对茶叶销售领域涉及的各类信息进行统一组织管理的一个系统；广义上是指针对已经系统化的茶叶生产各个环节的信息在时间和空间上合理调配、有效组织，充分利用信息处理手段，对茶叶市场各类信息进行收集、存储、分析和处理，为农民提供方便、快捷、准确、及时、有效的信息与服务的一个运行系统。

（四）茶叶安全监测与预警体系

茶叶安全监测与预警体系是通过对茶叶可能产生影响人们的身体健康的因素进行监测、追踪、分析，能够实时检测茶叶安全的动态，强调在整个供应链流程上对茶叶安全危害进行预防或发出预先警示，从而构建有效监控茶叶安全风险的预警运作机制，以对已发生或潜在的茶叶安全问题进行有效控制。例如，茶叶质量可追溯体系通过运用数字化管理等技术，对茶叶从生产源头到消费市场实施精细化管理，全程记录茶叶在生产、加工、流通各个环节的质量安全信息，实现茶叶“生产有记录、信息可查询、流向可追踪、责任可追究、产品可召回”。

第二节　茶叶质量与安全学研究的历史与现状

一、茶叶质量安全的提出

当今世界，经济全球化加速发展的同时也推动着贸易全球化的常态化发展。我国自2001年加入世界贸易组织（WTO）以来，经济发展不断向好，对外贸易逐渐扩大，促进了国内生产总值（GDP）增长。我国的经济发展迈上了新台阶，这意味着国民生活水平提高，消费结构向发展型、享受型升级，因此对农产品的质量安全水平提出了更加严苛的要求。

20世纪60年代，我国茶区使用六六六（BHC）和滴滴涕（DDT），在80—90年代，茶农使用氰戊菊酯和三氯杀螨醇，90年代后，农药品种种类更是繁多。茶树中使用化学农药防治病、虫、草害虽然能在一定程度上提高茶叶产量，但与此同时，也带来了一些安全隐患。此外，有害重金属、有害微生物和持久性有机物污染、非茶异物和粉尘污染等问题也受到关注。当欧盟、日本、美国等提高对茶叶质量安全的标准时，中国茶叶的外贸出口受到阻碍，影响了我国茶产业在国际上的健康发展。由此，茶叶质量安全逐渐受到重视。

中国工程院陈宗懋院士率先开创茶叶农药残留研究领域，揭示了不同类型农药在茶树上的降解规律，先后论证了世界茶树病虫区系的组成及演替规律，提出了主要茶树病虫害防治指标、茶园适用农药、农药安全间隔期、茶叶中农药最大残留限量标准、合理施药技术和无公害茶叶生产技术等，构建了茶园有害生物综合防治体系，制定了多种农药在茶树上的安全使用标准。中国农业科学院茶叶研究所鲁成银提出了茶叶质量安全的概念，认为茶叶质量安全包含茶叶质量与茶叶安全，茶叶质量是指“茶叶的特性及其满足消费要求的程度”，茶叶安全是指“长期正常饮用茶叶对人体不会带来危害”。

进入21世纪，茶叶质量安全已经成为影响农业和茶产业竞争力的关键因素，并在某种程度上约束了中国农业和农村经济产品结构和产业结构的战略性问题。由于茶叶贸易的全球化，茶叶质量安全问题也会很快“全球化”，茶叶质量安全是当前制约我国茶叶出口和内销的最重要问题之一。因此，我国先后颁布了一系列的法律法规、相关标准，推行了绿色食品、有机产品和生态原产地保护产品的认证制度，完善了我国茶叶质量安全体系，保障我国茶叶的安全化、规范化、清洁化生产。

二、茶叶质量与安全学研究的现状

机械化、自动化、信息化时代下，茶叶质量安全的控制手段、评价技术、监测方法更新换代，茶叶质量与安全学随着科学技术的发展和科学研究的深入，知识体系日趋科学化、系统化，但内容主要围绕茶叶质量与安全问题的防范、治理、监管与意识的宣传。

（一）茶叶质量安全主要著作

较早的茶叶质量与安全学研究的图书为2007年出版陈雅珍主编的《食品质量安全管理（茶叶）》。该书主要介绍食品及茶叶质量安全管理、茶叶生产、加工及检验的相关标准和要求，着重介绍了茶叶质量安全的相关法律法规、标准和认证制度。此外，还收集了国外发达国家和地区的茶叶农药残留指标以及我国茶叶出口遭遇技术性贸易壁垒的案例等内容，对茶叶行业的相关工作具有较大的参考价值。

2008年，中国农业科学院农业质量标准与检测技术研究所组织编写了《农产品质量安全检测手册（茶叶卷）》。该书在多年开展茶叶质量安全检验检测工作的基础上，对茶叶质量安全检验检测技术与方法进行了收集、筛选与整理。主要内容包括茶叶质量安全检验检测一般要求以及茶叶常规质量检测、无机成分、微生物和茶叶中农药残留检测等检验检测方法。同时编入了满足不同条件实验室、不同要求的茶叶质量安全检验检测的方法。

同年，中国农业科学院研究生院组织编写了《茶叶质量安全与HACCP》。其为进一步提高我国茶叶产品的质量安全水平、打破发达国家或地区的贸易壁垒、提高茶叶产品的国家市场竞争力、在茶叶行业引进和建立HACCP体系提供了参考。

2011年，由赵杰文、陈全胜编著的《茶叶质量与安全检测技术及分析方法》出版。其对茶叶质量与安全的检测技术及分析方法做了系统归纳。

现代科学技术的发展突飞猛进、日新月异，学科间相互交叉、相互渗透。有关茶叶质量与安全的检测技术及分析方法也在不断更新，研究成果涉及茶叶质量与安全的方方面面，反映了学科间的渗透及多种技术的融合。

（二）茶叶质量安全法律法规

目前，欧盟、日本、美国等都通过制定一系列相关的法律法规来对茶叶生产、加工等各个环节的卫生、质量进行管理和规范，特别是对茶叶种植过程中的农药残留问题进行了严格的残留限量规定。

欧盟大多数食品法律以法规或指令的形式存在，以“消费者安全”为出发点，进行食品质量安全的立法。

为了监管农药、兽药等使用，日本设立食品安全委员会，实施《食品中农业化学品肯定列表制度》，加强对农药、兽药等的管理。“肯定列表”即禁止含有未制定最大残留限量（MRLs）标准且含量超过一定水平（一律标准）的农用化学品的食品销售。该系统在2006年5月29日生效，有关茶叶的农药残留量及污染物的限量项目达276项。

我国茶叶质量安全法律法规逐步与国际接轨。面对国内外茶叶市场对质量安全的高要求，我国各部门对茶叶质量安全给予了高度的重视，在茶叶栽培、种植、生产及销售等各个环节都加强了管理。早在 1990 年，原卫生部就已发布了《茶叶卫生管理办法》，贯彻执行《中华人民共和国食品卫生法（试行）》，加强对茶叶的卫生监督管理。农业部第 119 号公告，明令禁止使用六六六、滴滴涕、甲胺磷、对硫磷等高毒、剧毒农药。之后，相关部门又陆续颁布《绿色食品标志管理办法》《无公害农产品管理办法》《无公害农产品标志管理办法》《中华人民共和国农产品质量安全法》（以下简称《农产品质量安全法》）等。

（三）茶叶质量安全标准的研究现状

国际上，与茶叶有关的国际标准主要由国际标准化组织（ISO）、食品法典委员会（CAC）和联合国粮农组织（FAO）主导起草制定的，其中国际标准化组织制定的标准有 25 项。茶叶进口国家及地区都有不同严苛程度的茶叶质量安全标准。欧盟地区是最严格的，茶叶中常见农药残留由欧洲茶叶委员会技术局根据茶叶中农药残留的变化于每年春季会议上更新。截至 2019 年，欧盟茶叶农药残留实施规则中对不可用农药的种类的限制已经高达上千种，此规则对我国茶叶出口欧盟非常不利。日本对农药残留限量要求近年来也不断提高，2003 年颁布的茶叶中农药残留新标准共 81 项。但是日本的标准相较欧盟，并不十分严格。美国对进口食品中农药残留限量达 32 项之多。

按照《中华人民共和国标准化法》（以下简称《标准化法》）的规定，我国的标准分为国家标准、行业标准、地方标准、团体标准和企业标准。国家标准又有强制性标准和推荐性标准之分。从 20 世纪制定标准以来，有关茶叶的卫生标准经历了多次更新，需要检测的项目也随着出口国家和地区的要求而不断增加，说明茶叶质量安全检测技术越来越先进、市场对茶叶质量的要求也越来越严苛。目前我国茶叶现行有效的国家标准有 109 个，其中包括 21 项基础标准、6 项卫生和标签标准、57 项产品标准和 25 项方法标准。

（四）茶叶质量安全技术的研究现状

茶叶质量安全技术贯穿种植到茶杯的整条链，从茶叶质量安全问题防范、治理到监管无不涉及技术。种植栽培技术如茶与经济林木间作、防护林、防虫板等；加工技术如自动筛分机、色选机、清洁化生产技术等；包装技术如绿色包装、自动包装机等；质检技术如 QuEChERS 方法（一种快速、简单、低成本、高效、稳定、安全的检测方法）、近红外光谱法、三维荧光法等；监控追溯技术如茶园实时监控技术、可追溯条形码等。茶叶质量安全技术依赖于科技的进步，并逐渐走向快速高效化、信息化和便携化。

第三节　茶叶质量与安全学的发展趋势

随着现代科学技术的不断发展和人民生活水平的日益提高，茶叶质量安全也日益受到广大消费者的关注。茶叶质量与安全学从其萌芽、形成和发展，经历了不少时间。茶叶质量安全分析技术及检测方法越来越多，法律法规、标准与规范、市场准入、监督管理与认证等茶叶质量与安全学已经有了较完备的体系和内容。但是茶叶质量与安全学的内容也需要结合社会经济发展水平，不断地进行整合和扩充，使内容更加完整和系统化，总的来看，茶叶质量与安全学有以下发展趋势。

一、茶叶质量与安全学与食品质量与安全学结合更加密切

茶叶质量安全属于食品质量安全的范畴。我国现行茶叶质量安全法律法规、标准与规范、安全监管机构绝大多数源于食品安全，茶叶质量安全检验检测技术也与食品安全检验检测技术通用。食品质量与安全学的发展领先于茶叶质量与安全学的发展。因此，茶叶质量与安全学所包含的内容与食品质量与安全学结合得更加紧密，很多知识都是从中衍生出来的。

二、茶叶质量与安全学的内容与世界贸易联系更加紧密且趋向统一

我国作为茶叶出口大国，茶叶质量安全相关政策、法律法规、标准与规范、检验检测方法、认证制度等都在与时俱进，标准化工作逐渐与国际接轨，并且在标准数量上占据首位。欧盟、日本、美国等的质量安全要求日益严苛，我国的茶叶质量与安全学的内容也需不断扩充，与世界贸易结合更加紧密，使之能够更好地与实际情况相匹配。

三、茶叶质量与安全学的复杂性和系统性将进一步增加

随着国内外对茶叶质量安全的重视，茶叶质量与安全学的内容也在不断扩充。如从无公害茶叶、绿色食品茶叶到有机茶叶的发展。与茶叶质量安全相关的法律法规、标准和规范及检验检测技术也在不断地推陈出新，茶叶质量与安全学的复杂性进一步增加。任何学科的知识，都有自己的固有体系，面对茶叶质量安全众多复杂的内容和知识体系，茶叶质量与安全学要有一个整体的思维，从整体出发，先综合后分析，最后提升到更高阶段并进一步综合。

思考题

1. 简述茶叶质量与安全学的概念和研究范畴。
2. 简述茶叶质量与安全学研究的历史与现状。
3. 简述茶叶质量与安全学的发展趋势。

参考文献

［1］陈雅珍．食品质量安全管理（茶叶）［M］．北京：中国计量出版社，2007.

［2］陈宗懋．解读各国制订的茶叶中农药最大的残留限量（MRL）标准及其应对措施［J］．中国植保导刊，2007，27（9）：30－33.

［3］丁勇，张必桦，周坚．茶叶质量管理与安全控制体系的构建［J］．广东茶

业，2010（1）：10－14.

［4］冯广军. 中国农产品质量安全行政执法体系研究［D］. 北京：中国政法大学，2010.

［5］郝向阳，刘畅. 从安全角度谈茶叶质量监管体系的构建［J］. 福建茶叶，2016，38（6）：189－190.

［6］景维华. 基于农户生产技术选择的农业技术推广体系研究［J］. 吉林农业，2012（8）：135.

［7］林伟秋. 构建茶叶技术推广体系促进茶产业发展［J］. 广东茶业，2008（增刊1）：36－37.

［8］鲁成银. 茶叶质量安全［J］. 茶叶，2004，30（2）：67－69.

［9］汪庆华，刘新. 浅谈我国茶叶质量安全现状及应对措施［J］. 茶叶，2006（2）：66－69.

［10］翁昆，张亚丽. 我国茶叶标准体系及建设方向［J］. 中国茶叶加工，2017（增刊2）：5－9.

［11］武志杰. 农产品安全生产原理与技术［M］. 北京：中国农业科学技术出版社，2006.

［12］叶乃兴. 茶学概论［M］. 北京：中国农业出版社，2013.

［13］张昊. “囚徒困境”理论与我国食品质量安全的法律探析［J］. 江西社会科学，2017，37（2）：184－190.

［14］张书芬. 基于供应链的食品安全风险监测与预警体系研究［D］. 天津：天津科技大学，2013.

［15］赵友森，王川，赵安平. 北京现代农产品市场信息体系建设的研究与实践［M］. 北京：中国农业科学技术出版社，2015.

第二章　茶叶中风险元素的污染与控制

近年来，我国茶园面积和茶叶产量大幅增长，茶园普遍使用化肥、农药等化学物质，使茶园生态环境受到不同程度污染。随着社会经济的发展和人们生活水平的提高，人们安全健康意识显著增强，对茶叶卫生质量的要求也更加严格。本章围绕茶叶中的风险元素，介绍茶园及茶叶中风险元素含量现状、土壤中元素形态分布、茶叶风险元素的吸收、富集及分布特性，并提出防控污染的技术措施。

第一节　茶叶中的铅污染

铅（Pb）是一种对人体有害的重金属元素，在人体内的半衰期可达5年之久，还可在体内积累，几乎会对人体所有重要的器官和系统产生毒害，如中枢神经系统、免疫系统、生殖系统和内分泌系统等。铅中毒会导致人体贫血、高血压、脑溢血、骨骼变化和智力下降等病症。即使微量的铅污染也会损害儿童的神经系统，影响其行为和智力水平。因此，铅被列为茶叶卫生质量强制性检查项目之一。GB 2762—2017《食品安全国家标准　食品中污染物限量》中，茶叶铅含量的限定值（以Pb计）Pb含量为≤5mg/kg。

一、铅在土壤中的形态及生物有效性

（一）茶园土壤中铅的化学形态

化学形态指的是元素在环境中以离子态或分子态存在的实际形式，包含了元素在化合态、结构态、结合态、价态四个方面的统一。由于元素这四个方面的因素在不同条件下存在一定的差异，因而使得元素表现出不同的环境行为和生物毒性效应。

铅在自然界中多数以硫化物和氧化物的形式存在，而以污染物的形式进入到土壤中的Pb^{2+}则容易转化为难溶性化合物，被表层土壤有效滞留。随着土壤深度的增加，铅在土壤中的浓度一般呈下降趋势。当外源铅进入土壤后，其化学行为会受诸多过程的影响，包括：①土壤阴离子的沉淀，形成碳酸盐、磷酸盐、硫酸盐和氯化物等；②土壤有机质的络合及黏土矿物的吸附作用，其中水溶态和可交换态铅主要是通过静电作用吸附在黏土矿物、氢氧化铁、氢氧化锰或腐殖质等成分上；③与土壤环境中存在大量的铁、锰、铝无定形水合氧化物以较强的离子键相结合形成铁锰氧化物结合态；④与土壤有机质发生螯合作用而被包裹于有机质颗粒中形成有机结合态；⑤残渣态铅

主要来源于天然矿物，稳定存在于矿物晶格之中。

影响土壤中重金属存在形态的因素包括重金属元素本身的性质及在土壤中的含量、土壤组成成分（有机质、黏土矿物、锰铁铝氧化物，碳酸盐和微生物等）、土壤环境条件（土壤酸碱度、氧化还原电位、温度和湿度）。研究表明，当土壤铅浓度较高时，主要以碳酸盐结合态和铁锰氧化物结合态为主；当土壤铅浓度较低时，主要以铁锰氧化物结合态和残留态为主；随着土壤铅污染程度的增加，其交换态有增加趋势。研究表明，土壤剖面中铅从下至上有规律地显著增加，表土中积累的铅主要为外源铅，土壤中残余态、氧化物结合态、有机质结合态铅的含量主要与土壤中铅积累有关。

（二）茶园土壤中铅的生物有效性

土壤铅的生物有效性指的是土壤环境中的铅被植物体吸收累积的程度以及由此对植物造成毒害效应的程度。从土壤化学的角度看，不仅包括水溶态、酸溶态、螯合态和吸附态，而且还包括能在短期内释放为植物可吸收利用的某些形态（如某些易分解的有机态、易风化的矿物态等）。土壤中铅的各种形态存在的比例直接决定了其在土壤环境中的迁移、转化特性、植物可利用性以对植物产生的毒性效应大小。其中水溶态和可交换态铅最容易被植物所吸收、利用而且对环境的变化也最为敏感；以碳酸盐结合态存在的铅在酸性条件下容易向水溶态或可交换态转变，因此 pH 的变化对其形态转换影响较大，随着土壤 pH 的降低，离子态铅可重新释放而被作物吸收，研究表明生物有效性较高的交换态和水可溶态铅受土壤铅影响很大。因此，长期植茶导致的土壤酸化可能是土壤中铅活度增加的主要原因，并可增加茶树对铅的吸收。碳酸盐结合态铅及铁锰氧化物结合态铅在一定条件下可被植物吸收；有机结合态铅较稳定不易被植物吸收利用，但当土壤有机质发生氧化作用而分解时可造成该形态铅的重新释放；残渣态铅只有通过漫长的分化过程才可能被释放，因而在正常条件下无法被植物所利用。研究表明土壤 pH、有机质含量、微粒的大小、离子交换量以及植物自身因素如根表面积、根分泌物、菌根、蒸腾作用都会影响到土壤中铅的植物可利用性；此外，土壤微生物的生物吸着作用、生物累积作用、增溶作用也会影响到土壤环境中铅的植物可利用性。

二、茶叶中铅含量及分布规律

茶树可以通过根系从土壤中吸收部分铅，也可以从沉降在茶叶表面的大气尘埃中吸收部分铅。茶叶中铅污染有明显的分布特征。

嫩叶铅含量比老叶铅含量低。由于植物具有蓄积作用，因此生长期越长，植物蓄积量越多。研究表明，铅在茶树中的累积特性表现为吸收根 > 茎（生产枝）> 老叶（当年生成熟叶）> 主根 > 新梢（一芽二叶）；对川西蒙山茶树中铅、镉元素的吸收累积特性及茶叶生物量的变化进行研究后发现，铅在茶树体内由高到低的分布秩序为吸收根 > 嫩茎 > 成熟叶片 > 新梢（一芽二叶）；另有研究表明茶树的根、茎、叶中两种主要形态的铅分别为全铅量的 97.34%、98.35% 和 99.65%。根细胞中的铅主要分布在细胞壁和细胞核中，茎细胞中的铅主要分布在细胞核中，而叶片细胞中的铅主要分布在细胞质和细胞壁中。

在茶叶采摘时间上，春茶茶叶铅含量高于秋茶茶叶铅含量。这可能是由于经过一个冬季，茶树处于非活动时期，铅在茶树体内富集时间长，茶树芽萌动期，茶树中铅随着营养元素大量运输到芽叶中，因而春季抽出的新叶铅含量高。而夏季富集时间短，体内铅含量相对较低，因而秋茶含量相对叶较低。研究发现茶树成熟叶片在4~6月份铅含量水平最高，而在7~9月份其含量水平最低；新梢中的铅含量也存在季节性差异：春季最高，夏季最低，秋季处于中间水平。有研究发现，春茶的铅含量显著高于秋茶，春茶中又以第一批新梢铅含量显著高于第二批。

三、茶叶中铅污染的影响因素

茶叶中的铅来源有以下两个方面：外源因素包括茶园土壤母质，汽车尾气和工业废气，施用的农药化肥，机械加工设备和包装材料等方面；内源因素主要是茶树树龄。

（一）外源因素对茶叶铅含量的影响

1. 土壤母质

土壤是植物吸收铅的主要来源，茶树在含铅的土壤母质中生长时，逐渐吸收并累积铅，最终造成茶叶中铅的污染。研究表明根对铅的吸收与土壤母质中铅浓度呈正相关性，同时发现土壤剖面中铅总量从下至上有规律地显著增加，表明表层土壤中的铅主要为外来铅。以福建安溪县铁观音茶园土壤与茶叶的采样分析数据为依据，以土壤-作物系统中元素吸收迁移及其影响因素为理论指导进行安溪土壤-茶叶铅含量关系研究后发现，茶叶（用以制茶的一芽二叶嫩叶样）与土壤铅含量间具有显著正相关关系，土壤铅是茶叶铅的主要来源，为茶叶-土壤铅回归方程的建立以及迁移系数的计算奠定了科学依据。研究表明茶树各部位铅含量与土壤铅含量具有明显的线性关系，且均呈显著正相关，即随着茶园土壤铅含量增高，茶树各器官中铅累积量增加。由于土壤中的有机胶体、无机胶体对铅有强烈的固定作用以及铅本身的理化性状的影响，土壤中铅的有效性通常是较低的，但是在酸性条件下，土壤中的铅可以被活化，从而为植物根系所吸收。

2. 汽车尾气和工厂排放的废气

铅作为汽油的抗爆剂，以四甲（乙）基铅的形式存在于汽油中，其中有70%随废气排入环境，这些铅最后随大气尘埃或降水降落到土壤、水体和植物体表面。因此距离公路越近的地方，茶叶铅污染的程度越严重。汽车尾气中的铅可能从两个方面影响茶叶中的铅含量：一方面，进入土壤中的铅经过茶树的根系吸收进入茶叶中；另一方面，吸附在空气颗粒物上的铅沉降于茶叶的表面。研究表明，汽车尾气对茶园土壤中有效态铅含量有着一定的影响，公路边的茶园土壤中有效态铅含量比其他距离公路较远的茶园土壤要高58.6%~70.6%，茶园土壤心土层中的有效态铅比表土层低12.3%~55.3%；测定不同生态环境特别是公路对茶叶铅含量的影响后发现，在茶树品种、树龄及管理等条件相对一致的情况下，公路边茶园新梢的铅含量要比远离公路的茶园高0.5~2.6mg/kg，离公路越近，茶叶铅含量越高，清洗能将相当一部分铅洗掉。另有研究也表明公路边的茶叶铅含量较高，如新梢和老叶铅含量在距公路50m时分别为1.52mg/kg和2.97mg/kg，而距公路300m时下降至0.96mg/kg和2.20mg/kg。测定漂洗前后茶叶的铅含量后发现，漂洗后茶叶的铅含量比漂洗前降低了29%。

3. 肥料施用

由于茶树喜氨耐氨的特性，很长时间茶园多以氨态氮肥为主要氮源，造成土壤酸化现象严重，土壤酸度增加，导致茶园土壤受铅污染现象严重。一些有机肥料中铅的存在形态明显不同于土壤，有机肥中有机络合和螯合形态的铅所占的比例明显大于土壤。另一方面，有机肥料进入土壤后，有机肥的羧基（—COOH）、羟基（—OH）、羰基（—C═O）和氨基（$—NH_2$）等能与重金属发生络合或螯合，将在一定程度上改变土壤中铅原来存在的形态，从而影响土壤中铅的生物有效性；茶园肥料，特别是部分有机肥中重金属含量超标，长期使用导致土壤重金属积累，从而导致茶叶铅等重金属含量超标。

4. 土壤微生物的影响

菌根真菌与植物的共生增强了植物根部在土壤中吸收金属离子以及其他营养物质的能力。研究发现真菌侵染的植物根系，其吸收面积增加达到47倍。目前有许多关于菌根真菌对植物吸收有毒金属元素影响的研究报道，这些研究表明菌根在植物吸收重金属的效应上具有金属元素种类以及植物种类的特异性，如受菌根真菌侵染的松树对锌的吸收会增加。另外，有研究指出土壤中的微生物能够改变铅元素在土壤中存在的化学形态，进而影响该元素的生物有效性，并且最终影响了植物对铅的吸收。

5. 与金属器械的接触

茶叶的加工工艺环节较多，不同类型茶叶在加工工艺上存在一定差异，在加工过程中由于与金属器械的接触容易造成铅污染。特别是在烘炒揉捻这一工序中可能会造成茶叶的铅污染。研究表明，茶叶加工前后铅含量存在显著差异，茶叶加工后的铅含量是加工前的2.89倍，说明茶叶加工过程造成茶叶铅污染。根据研究，从铅增加量情况分析，乌龙茶初制加工中，各工序对铅污染影响程度依次为烘干、复包（揉）、初包（揉）、杀青。另外，包装容器材料也可能会造成成品茶的铅污染。研究发现，所有炒制未包装样品中铅的含量范围在痕量至3.6mg/kg；所有包装上市样品中铅含量范围在1.8~4.0mg/kg，说明茶叶在生产、包装过程中可能会受到重金属污染。

（二）内源因素对茶叶铅含量的影响

1. 茶树年龄大小的影响

由于吸附、钝化或沉淀作用，植物根系所吸收的铅向地上部运输艰难，90%以上仍然留在根系。但是，茶园的茶树树龄一般都在10年以上，经过多年的积累，茶树的地上部也难免含有较高浓度的铅，在茶树抽芽时也会产生一定的影响。对不同树龄茶树夏、秋梢铅含量的测定表明，夏茶新梢铅含量与茶树树龄关系不大，而与秋茶新梢有一定的相关性（$r=0.74$），表现为随着树龄的增高，新梢铅含量有提高的趋势。其他研究也表明，随着树龄的提高，茶叶铅含量增加。这种差异可能与不同季节新梢的生长期长短和茶树本身铅的背景含量有关，生长期越长，茶树体内的铅含量越高，新梢铅含量也会相应提高。由于铅在茶树体内的累积特性，从而使树龄高的茶树新梢铅含量也相应提高。

2. 茶树品种的影响

任何植物的任何品种对土壤母质中某种金属元素的吸收都有一定的选择性。因此，不同的茶树品种在同一土壤上生长，对铅的吸收也可能会有所不同，进而间接影响茶叶中的铅含量。对不同品种茶树新梢铅含量的测量表明，品种间存在着一定的差异。春茶以龙井 43 最低，夏茶为福鼎大白茶最低，分别为 1. 61mg/kg 和 0. 50mg/kg。春茶时，紫荀的铅含量显著高于龙井 43、紫阳和福鼎大白茶；夏茶时，紫荀与龙井 43、福鼎大白茶有显著性差异，竹枝春显著高于福鼎大白茶。可见，不同茶树品种对铅的吸收累积特性存在着一定的差异。

第二节　茶叶中的铝污染

铝（Al）是地壳主要构成元素之一，在地壳中的含量为 8. 23%，仅次于硅和氧，占地壳各元素含量的第三位。由于铝在地壳中的含量高，而且是表生地球化学行为相当稳定、在大多数表生环境中均难迁移的元素，因而在土壤中的含量也较高。在湿润热带、亚热带的风化壳和土壤中，由于碱金属、碱土金属，甚至硅都大量被淋溶，因而铁、铝高度富集。茶树在这一原生地出现后，长期在热带、亚热带富铝土壤上发育、演化，形成了对高铝，特别是土壤中高活性铝环境的适应，在茶树内可以大量积累铝而不受其毒害。近年来发现，过量铝的摄取和积聚可能对水生生物、动物和人造成危害。

一、铝在土壤中的形态

茶园土壤中的铝是一个包含多种形态的复杂的多相体系，在这个多相体系中，90%以上的铝处于晶质、稳晶质的原生矿物态和次生黏土矿物态，这种形态的铝连强酸、强碱都不能溶解到溶液中，属于惰性的、茶树不可利用的铝，只有百分之几的铝可以通过上述各种提取液提取出来。在可提取的铝中，大部分只能用强酸或强碱才能从土壤中提取出来。用 HCl 提出的水合氧化物、氢氧化物态铝和用 NaOH 提取的腐殖质结合态的铝也是茶树难以利用的，只有通过微生物或土壤各种有机酸的缓慢作用才能转化为可微量溶于土壤溶液的络合态、吸附态或离子态铝（郑达贤等，2012）。通常情况下，铝在土壤中的存在形式为硅酸盐或氧化态，对植物没有毒害作用。但是，在酸性土壤中，大量铝被溶解，生成有毒性的离子形态，限制植物的正常生长。

二、茶叶中铝含量及分布规律

大多数植物体内铝含量都很低，小于 100mg/kg，比较同一生境下茶树、叶类蔬菜和谷类植物体内铝含量后发现，茶树铝含量显著高于其他植物。茶树具有富集铝的生物学特性，体内的铝含量较高且没有铝毒症状，因此被认为是铝富集植物。

（一）茶树各器官中铝的分布

茶树各器官及器官的不同部位铝含量差别很大。研究发现，茶树各器官的铝含量由高到低依次为叶、根、茎，茶树老叶中的铝浓度是幼嫩叶中的 18 倍。另外还发现茶树叶片铝含量随着发育成熟度的提高而增加，不同部位茶树叶片铝浓度依次为落叶、成熟叶（老叶）、根系、树枝、嫩叶，表明铝在茶树体内难以移动。

茶树叶中铝含量随叶龄的增加而增加。这一过程贯穿了从新梢生长开始直至凋落的全过程。因此，茶树的老叶比嫩叶的铝含量高出几倍甚至几十倍。但前期铝含量的增加较快，后期的增加较慢，因而从上部的芽到其下只展开十几至二十几天的第四、五位叶，铝含量就已倍增，故不同采摘标准的茶叶铝含量差别很大。

（二）铝在茶树细胞中的分布

采用光学显微镜及电子探针 X 射线技术发现铝在茶树叶片的表皮细胞中存在，尤其是老叶组织的表皮细胞中铝浓度较高且表皮细胞显著增厚。对水培茶苗根细胞进行细胞器分离并测定其铝含量，结果表明，在茶树根尖细胞中各细胞器的铝含量为细胞壁 > 细胞质 > 细胞核 > 线粒体，大部分铝积聚于根系的细胞壁部分。研究发现基于低能量的 X 射线荧光显微技术对茶树叶片中铝的分布的研究表明，铝优先储存在上表皮细胞壁，其次是液泡。在叶片外表皮细胞壁发现高浓度铝支持了这一观点。研究还发现，茶树新梢及成熟叶中的铝主要分布在细胞壁中，分别占 64.40% 和 83.24%，不同成熟度间含铝比例存在显著性差异。茶叶中铝主要以有机态形式存在，而且随着成熟度的增加分布于细胞壁上的铝比例增加。

利用离子色谱和原子吸收光谱对茶树中铝的亚细胞分布进行分析发现，茶树根、叶中分别有 69.8% 和 75.2% 的铝储存于细胞壁，并且根部细胞壁中 73.2% 的铝与果胶和半纤维素结合，叶片原生质体中 88.3% 的铝被隔离在液泡中，进一步证实了在细胞水平上铝主要储存在细胞壁和被区隔化在液泡中，减少了铝对茶树生理代谢的破坏，这也是茶树耐铝或富集铝的重要机制，细胞壁作为第一道屏障抵御重金属毒害胁迫逐渐被证实而被重视，液泡膜将液泡区隔成相对独立的细胞器，参与细胞渗透调节、细胞内物质的积累与移动及物质的代谢活动等生理功能，是许多超积累植物耐受重金属和盐分的一种重要机制。

三、茶叶中铝含量的影响因素

（一）采摘标准

不同茶类和同类不同等级茶叶的原料茶青采摘标准不同，铝含量差别很大。研究发现金观音茶树新梢随着生长时间的延长，茶叶成熟度提高，铝含量迅速升高，从 4 月 1 日的 201.24mg/kg 提高到 4 月 25 日 665.21mg/kg，提高 2.31 倍。采摘标准不同是茶叶铝含量差别的首要因素。

（二）品种差异

茶树品种之间铝含量的差异，可能主要是由遗传和生理特征的品种差异。茶叶铝含量的品种差异具有一定的遗传生理基础。对同一环境、同一时期种植的 51 个茶树品种叶片铝含量进行测定后发现，铝含量最高的为政和大白茶，高达 2493mg/kg，最低的品种为浙农 25，含量仅为 587mg/kg，二者之间的差异达 4 倍以上。研究还发现，茶树样品中铝含量存在种质间差异，铝含量范围为 420 ~ 960mg/kg。最高值是最低值 2.3 倍。分析 13 个同一树龄的福建省主要适制乌龙茶茶树品种（系）叶片铝含量后发现梅占的铝含量最低，为445mg/kg；肉桂铝含量最高，达到814mg/kg。这些研究充分表明了茶树对铝的吸收积累存在显著的遗传差异性。

（三）季节差异

茶树嫩叶铝含量的季节差异可能与茶树生长的生理节律有关，也可能与气候季节变化及其引起的土壤环境变化有关，或者是由这二者共同作用引起的。因此，有可能认为不同区域的气候季节节律的不同及其引起的土壤水分、温度及氧化还原环境的年内变化不同而出现不同的规律。在福建安溪县的研究中得到的结果是茶树嫩叶铝表现为夏季 > 暑季 > 秋季≈春季，由季节引起的茶树嫩叶铝含量的变异系数达0.230。对安溪县茶树品种园内的同样成熟度的春、夏和秋季的茶树种质间铝含量研究后发现，不同季节的茶树铝富集能力具有差异，茶树叶片铝浓度呈现出季节性变化规律，铝元素富集的季节性表现为秋季 > 夏季 > 春季。

第三节　茶叶中的氟污染

氟（F）是人体必需的微量元素，茶树是富氟聚氟植物，可吸收、富集分散在大气、水和土壤中的氟。叶片是茶树富集氟的主要器官，因而饮茶成为人们摄取氟的方式之一。适量的氟能促进人体骨骼和牙齿的钙化、增加骨骼强度，并促进牙釉质的形成，防治龋齿；但若长期摄入过量氟化物，将干扰人体钙代谢和骨组织中胶原蛋白合成，引起氟中毒，临床表现为氟斑牙、氟骨病和尿氟增高等。世界卫生组织（WHO）规定，人均每天适宜的氟摄入量（adequate intakes，AI）为2.5～4.0mg。据此，我国原农业部规定茶叶中氟化物含量不得超过200mg/kg。因此，作为世界主要饮料之一的茶叶氟含量研究受到人们普遍的重视。

一、茶园土壤中的氟

（一）土壤中的总氟

氟在地壳岩石中平均含量为700mg/kg，土壤中平均含量200mg/kg，我国各地土壤背景氟含量较高，一般在300～600mg/kg，且有南方较低、北方较高的趋势。研究发现茶树种植区范围内的南方砖红壤、赤红壤的氟含量较低（分别为213、485mg/kg），红壤和紫色土的氟含量其次（分别为480、485mg/kg），黄壤和黄棕壤较高（分别为485、515mg/kg）。研究发现，不同类型供试土壤中全氟含量顺序为棕壤和褐土（分别为1118mg/kg和1114mg/kg）> 黄棕壤（908mg/kg）> 黄壤（681mg/kg）。氟在土壤中主要集中于表层土壤，通过测定贵州省湄潭县茶园土壤含量，研究其与土壤理化性质的关系后，结果表明，上层、下层土壤中水溶性氟含量分别为2.76～10.12mg/kg（均值5.05mg/kg）和2.59～9.50mg/kg（均值4.51mg/kg）。

从全国总体角度看，茶区土壤全氟含量大致呈如下态势：从陕南经重庆东北部和鄂西至贵州，是一条在古生代高氟岩层上发育的相对高氟的土壤带，这一带许多茶园土壤氟含量在500mg/kg以上，甚至在1000mg/kg以上；在这一带东南侧，除局部氟矿区外，苏、皖、浙东、赣、鄂东、湘等地茶园土壤的氟含量处于中等水平，土壤全氟在300~500mg/kg；进一步向中国东南部，浙、闽、粤、琼茶园土壤全氟处于较低水平，大致在300mg/kg以下。

（二）茶园土壤中氟的形态

氟是地表最活跃的元素之一，氟离子容易与土壤各种成分发生反应，形成结合态而保留在土壤中。土壤中的氟以难溶态、交换态和水溶态三种形式存在，水溶性氟是茶树吸收的主要形态，难溶态氟和交换态氟不能被吸收，茶树吸收氟与土壤理化性状有关。对高氟茶园土壤氟形态研究后发现土壤中不同形态氟含量以残余态最高，其平均含量为940mg/kg；其次为有机束缚态氟，平均含量为7.82mg/kg；铁锰结合态氟也较高，平均含量3.99mg/kg；水溶态氟和可交换态氟均较低，其平均含量分别为1.98、1.14mg/kg。由此可见，土壤中氟形态大部分均以残余态形式存在于土壤中，可被茶树叶吸收的水溶态氟和可交换态氟含量均不高。

土壤水溶态氟含量除受土壤母质、气候条件等影响外，还与土壤pH、交换性钙、镁以及铁铝盐基离子有关。研究表明，茶园土壤0~20cm和20~40cm深土层中土壤水溶性氟和pH之间存在相关性；还有研究报道了土壤pH、有机质、黏粒、交换性钙是影响土壤氟形态分布的重要因素。其中，pH最为重要，对水溶态氟和可交换态氟的影响大于其他土壤因子；另有研究指出土壤水溶性氟含量与土壤交换性H^+和土壤交换性Na^+含量呈显著正相关性。李张伟等（2010）研究结果表明，土壤交换性Ca^{2+}、Mg^{2+}、Na^+、K^+的含量与土壤中的水溶性氟含量呈极显著的正相关性，土壤中这4种交换性阳离子含量增大使得土壤对氟离子吸附性减少，从而使水溶性氟含量增大。

二、茶叶中氟含量及分布规律

（一）茶树各器官中氟的分布

氟在茶树体内是可以转移的，氟从土壤进入茶树之后，除少部分在吸收器官和输导器官残留外，绝大部分随茶树的蒸腾液流经茎、枝输送到茶树有机体的最外侧（皮）和最顶端（叶）淀积下来，少部分传输到花蕾和籽实中。对茶树氟积累特征进行研究后发现，茶树各器官对氟的积累强度顺序为叶>花蕾>籽>皮>细枝>骨干枝>细根>茎（主轴）>茎（主干）>主根>侧根，茶叶中的氟占全株氟积累量的98.1%，而茶树其他部位积累的氟只占全株氟积累量的1.9%；研究发现，在一定的氟浓度条件下，水培茶苗各器官的氟含量随着培养时间延长呈显著增加趋势，水培茶苗根、茎、叶中的氟吸收累积量大小顺序是老叶>嫩叶>根>茎。茶树成熟叶是氟的主要累积部位，在250mg/L氟浓度条件下，培养18d后，成熟叶片氟含量高达（6809.39±254.69）mg/kg，远远高于处理液中氟浓度。推测茶树体内尤其是叶片可能存在着某种不同于其他植物的“氟存储机制”。由于这种机制的存在下，茶树根系才能源源不断地将氟由低浓度主动吸收并运输至体内。

研究茶树叶片和根亚细胞中氟的富集规律后发现，细胞壁是氟的主要富集部位，突破细胞壁进入原生质体的氟主要富集在细胞的液泡中。对茶树叶片中氟的亚细胞分布及氟与细胞壁结合的可能方式进行分析后发现，三个品种茶树叶片中氟都主要分布于细胞壁（39.74%~56.49%），其次分布于可溶性组分（28.35%~37.32%），果胶和半纤维素组分聚集了细胞壁 90% 以上的氟，是细胞壁富集氟的主要组分，且细胞壁官能团—COOH 和—NH_2在氟与细胞壁结合中有重要作用，根系和叶片细胞壁中多糖的存在形式对茶树吸收和富集氟可能会有一定影响。

（二）茶叶中的氟

不同茶类的氟含量有明显的差别，氟含量最高的是砖茶，其次是乌龙茶、红茶，较低的是绿茶、花茶、黄茶、珠茶。测定 2000—2001 年我国主要产茶省份的 262 家单位的绿茶、红茶、乌龙茶、花茶和黑茶共计 577 只茶样的水溶性氟含量（表 2－1）的结果表明，不同茶类水溶性氟含量不同，以绿茶最低，平均含量为 67. 53μg/kg；黑茶最高，平均含量为 196. 14μg/kg；红茶类、乌龙茶类及花茶类含量居中，分别为 177. 01、167. 68μg/kg。

表 2－1　　我国主要茶类氟含量

茶类	茶样数量/只	含量范围/（μg/g）	平均含量/（μg/g）	变异系数/%
绿茶	320	4. 81 ~ 349. 56	67. 53 ± 69. 49	102. 90
绿茶（名优茶）	193	4. 81 ~ 150. 42	30. 07 ± 21. 44	71. 30
红茶	154	23. 98 ~ 457. 46	177. 01 ± 121. 49	68. 63
红茶（名优茶）	41	23. 98 ~ 149. 56	66. 41 ± 21. 47	32. 33
乌龙茶	72	20. 98 ~ 501. 22	167. 68 ± 112. 28	66. 96
乌龙茶（名优茶）	23	20. 98 ~ 234. 35	87. 14 ± 46. 73	53. 63
花茶	25	18. 33 ~ 444. 53	140. 97 ± 150. 51	106. 77
黑茶	6	112. 78 ~ 637. 04	196. 14 ± 246. 07	83. 09

研究全国 18 个省（市）9 种茶叶 128 个样品的氟含量后发现，砖茶氟含量最高，平均 159. 14μg/kg；茉莉花茶氟含量最低，平均 35. 54μg/kg。这种差异可能主要不同茶类采摘标准不同所致，砖茶原料皆为粗老采，原料中有大量的成熟叶和老叶，使成品茶氟含量很高；绿茶及其所制的花茶，以及黄茶、珠茶皆为细嫩来，因而茶氟含量较低；乌龙茶多采驻芽大开面三四叶，因而氟含量略高。不同等级的茶叶氟含量也有一定差异，高档茶叶氟含量一般低于低档茶叶，这可能主要也是由于采摘标准不同所致，高档茶叶制作的原料多为细嫩采的茶青。

三、茶叶氟含量的影响因素

茶叶中氟主要来源于茶树所生长的环境，主要受品种、土壤、大气、水源、肥料等因素以及采摘嫩度的影响。

（一）茶树品种

茶树品种不同，同等条件下对氟的吸收量也不同。茶树经过长期对环境的选择和适应，可引起茶树叶片组织结构等生理特性的改变，从而造成茶树品种间对氟吸收特性的不同。研究发现，不同茶树品种氟含量差异显著，在检测的 4 个品种中，氟含量最高的品种是最低品种的近1.6倍；通过测定20个品种氟含量后发现，黔湄809一芽五叶氟含量最多（521.48μg/kg），约是氟含量最少的名山213（106.98μg/kg）的4.87倍；其他研究发现，湖南安化县16个茶树品种间的鲜叶氟含量差异显著。因此，在其他条件一致的情况下，品种是茶叶氟含量的重要决定因素，茶树品种由于其遗传背景的差异，在氟元素的代谢和富集方面存在差异。

（二）茶树生长环境

茶树所处的土壤、大气、水环境以及都对茶叶氟含量有一定的影响。当大气受到污染后，空气中的氟对植物氟富集的影响甚至强于土壤中的氟对植物氟富集的影响。茶树叶片通过气孔直接吸收、积累大气中的氟，氟与叶片组织中的钙质发生反应，会生成难溶性的氟化物，沉淀于局部。茶叶中氟的富集量与大气中氟浓度的变化一致，空气中氟浓度较高的监测点，茶叶中氟的富集量也较高。低地茶的氟含量比高山茶的高，可能是由于低地区的氟污染比高山区严重，因此，茶园选址对降低茶树氟含量具有重要意义。

除了大气环境，土壤环境中的氟及其存在形态也直接影响茶树中氟的含量，茶树主要吸收土壤中的水溶态氟，而难以吸收难溶态氟与交换态氟，茶叶中氟含量与土壤水溶态氟呈正相关关系。研究表明，茶园土壤中水溶性氟、交换性酸含量与茶叶氟含量呈显著正相关性。研究表明，茶叶对土壤中氟的吸收量与土壤pH和阳离子交换量呈显著负相关，酸性土壤中的氟更易被植物吸收。

茶园灌溉水中氟含量的高低也是影响茶叶氟含量的因素之一。水中的氟主要来源于岩石及其风化产物和土壤，其次是降水。研究表明地表水中的氟含量比深层地下水氟含量低。一般茶园都是利用地表水进行灌溉，即使是氟含量偏高的地区，茶园也只利用河、溪、水库等地表水灌溉，因此，灌溉水中的氟对茶树氟吸收的影响不大。

（三）肥料

肥料（尤其是化学肥料）是茶园土壤氟的重要来源，磷肥原料含氟磷灰石[$Ca_3(PO_4)_2 \cdot CaF_2$]，其含氟量可达4%，因此施含氟磷肥可能造成茶园土壤氟污染。研究发现单施氮肥或氮、磷、钾配施能够增加土壤溶液中氟含量。含钙化合物能显著降低茶树新梢对氟的吸收和富集。通过水培试验发现在含氟元素的溶液中添加钙离子能显著降低茶树对氟的吸收，可能原因是钙影响了茶树根系细胞膜或细胞壁的结构，从而影响氟的吸收。

（四）采摘嫩度

氟在叶片中的积累量与新梢生长周期有关，生长周期越长，新梢越成熟，叶片中氟含量越高。因此，茶叶在生产过程中选用的原料越嫩，氟含量就越低；原料越粗老，氟含量就越高。不同级别的茶叶产品，大宗茶的氟含量高于名优茶，级别低的茶叶含氟量高于级别高的茶叶。茶叶类别不同，选用的原料等级不同，也会造成茶叶产品的氟含量差异，如绿茶、红茶选用的鲜叶原料一般较嫩，其产品的氟含量也较低；黑茶、普洱茶选用的鲜叶原料相对较粗老，产品的氟含量则相对较高。

第四节 茶叶中的稀土污染

稀土元素（rare earth element，RE）在地壳中分布广泛，一般是指化学周期表中的镧系元素（15种）以及与镧系元素化学性质相似的钪和钇共17种元素的总称。土壤中的稀土元素常以稀土氧化物（RE_2O_3）来计，含量为76～629mg/kg，均值为176.8mg/kg，绝大部分是以难溶态形式存在，不能被植物吸收利用。我国的稀土资源分布广泛，目前在全国20多个地区发现有稀土矿产。早在1972年，我国已开展稀土农用的相关研究，在作物增产促质方面取得了丰富的经验。

一、稀土元素及其研究背景

稀土元素包括镧（La）、铈（Ce）、镨（Pr）、钕（Nd）、钷（Pm）、钐（Sm）、铕（Eu）、钆（Gd）、铽（Tb）、镝（Dy）、钬（Ho）、铒（Er）、铥（Tm）、镱（Yb）、镥（Lu）及钪（Sc）、钇（Y）。“稀土”一词是18世纪沿用下来的名称，因为当时用于提取这类元素的矿物比较稀少，而且获得的氧化物难以熔化，也难以溶于水，故很难分离，加之其外观酷似“土壤”，而称之为稀土。稀土元素可分为“轻稀土元素”和“重稀土元素”两大类：“轻稀土元素”是指原子序数较小的La、Ce、Pr、Nd、Sm、Eu；“重稀土元素”是指原子序数比较大的Gd、Tb、Dy、Ho、Er、Tm、Yb、Sc、Y。稀土元素质软，有展性和韧性；切割断面光滑，初期为银白色，后在空气中形成稀土氧化物，变为板栗色和深棕色。稀土氧化物较稳定，是合成其他化合物的原材料。

我国是稀土大国，从20世纪80年代初起开始研究稀土的农用。因稀土元素具有对动植物生理生化反应的“类激素”等作用，被公认为农牧渔业的“生长调节剂”和工业“维生素”。稀土对植物生长能起到一定的调节、促进和刺激作用，是植物生长的有益营养元素。低浓度的稀土元素可以提高植物的叶绿素含量，增强光合作用，促进根系发育，增加根系对养分吸收，促进种子萌发和幼苗生长，提高种子发芽率，还具有能够提高产量、改善品质和提高农作物抗病能力等多重效应。当稀土元素作为一种生理激活剂进入生物体内，对生物体内系统的功能产生协调和活化作用，可激活生物体内多种酶的活性，从而提高酶的活力，促进新陈代谢，使得生物体内有效营养成分的吸收、利用得到提高。当稀土施用于作物的浓度过高时，稀土对植物的生长发育、生理生化反应和植物产品的品质以及植物的抗逆性则起着抑制的作用，表现为显著的低促高抑。

二、稀土在茶树上的应用及富集特性

稀土元素在茶树上的应用研究是稀土元素农用研究的重要组成部分，包括生物有机肥、农药降解剂。茶树叶面喷施稀土是一项增产提质的栽培措施，始于20世纪80年代初期，在湖南、浙江、安徽、福建、贵州等省茶区试验并推广。

许多植物都可以从土壤中吸收稀土元素，植物体内稀土元素含量不高，不同部位对土壤稀土元素的富集能力按其含量高低排序为根>茎、叶>花>果实和籽粒，主要富集在植物根部，茶树各部位稀土总量大小为根 > 茎 > 老叶 > 成熟叶 > 叶柄 > 芽头，且叶片中稀土元素含量与成熟度呈正相关。

对 5 个茶类（铁观音、岩茶、红茶、白茶）进行稀土含量、元素组成差异分析后的结果表明，稀土含量依次为铁观音、岩茶、红茶、白茶，其中铁观音和岩茶稀土含量显著高于红茶和白茶。另有研究发现，茶树中稀土的分布模式为根 > 茎 > 老叶 > 成熟叶 > 叶柄 > 芽头，轻稀土比例的大小在茎和叶柄间略有不同，相比较而言，叶柄更容易累积轻稀土，茎更容易累积重稀土。还有研究发现不同位置叶片中稀土元素的积累有很大差异，芽部积累最低，叶片积累相对高很多；生长期越长、成熟度越高的叶片稀土元素积累越多，表现为离芽最远的第 5 叶稀土总量是离芽最近、生长期最短的第 1 叶的 3 倍以上。综上所述，大部分的稀土元素分布于根部，茶树中稀土元素的分布方式大致相似，稀土在茶树体内自顶端向根部有明显的累积增加，同时稀土元素积累量与叶片成熟度也呈极显著正相关。

茶树主要对轻稀土具有较强的富集作用，尤其对镧吸收较多，对重稀土则富集较少或基本不吸收。分析贵州省 144 个绿茶样品后表明，所检样品中以轻稀土镧、铈为主，占稀土总量的 86.5%，其中以镧最高。测定福建省乌龙茶主产区安溪县、武夷山市和南靖县茶叶的稀土元素含量后表明，吸收的轻稀土含量占稀土元素总量的 74.4%。说明茶叶中明显存在轻/重稀土元素的分异现象，茶树更易积累轻稀土元素。

三、茶叶稀土元素溶出特性

茶叶主要以饮用方式为主，许多学者对茶叶稀土溶出规律做了较为深入的研究。研究发现，在不同浸出条件下，稀土元素（以氧化物总量计）的总浸出率均在 20% 以内，依据每日允许摄入量（acceptable daily intake，ADI）参考值，仍处于低暴露水平；通过等离子体发射光谱分析 2007—2010 年全国各地 1000 多份茶叶中稀土氧化物总量的现状，并对不同含量及不同加工方式的茶叶中稀土元素溶出特性进行研究后发现，我国的茶叶中稀土氧化物总量中值约为 2.0mg/kg，超过九成的茶样中含量不高于 5mg/kg，含量小于 2mg/kg 的茶叶比例占半数；乌龙茶中含量小于 2mg/kg 的茶叶比例低于 50%，其他茶类如绿茶、花茶等，其含量小于 2mg/kg 的茶叶比例均在七成以上；并且发现茶叶磨碎后其稀土浸出率均显著高于原样，推断茶叶加工过程中对芽叶的破壁程度可能是影响稀土溶出率的一个主要因素。各类茶的稀土浸出率大小为针形茶 < 扁形茶 < 卷曲形茶 < 粉茶。

四、茶叶中稀土元素含量的影响因素

茶叶中稀土元素含量的影响因素主要有土壤、季节、茶叶成熟度等。

（一）土壤

不同区域茶叶稀土含量不同，茶叶中稀土含量与土壤本身所含的稀土含量有关。我国是富稀土国家，稀土元素广泛存在于自然界中，土壤中的稀土本底是茶叶富集稀土的一个重要来源。研究发现，土壤中稀土含量与茶树鲜叶中稀土含量具有一定的正相关关系（$r = 0.282$）。经测定，福建省乌龙茶主产区土壤中的稀土含量大小为武夷山

市 > 安溪县 > 南靖县，轻稀土占稀土总量的 87.5%，轻稀土含量大小为安溪县 > 南靖县 > 武夷山市。通过测定云南省西双版纳州有代表性的普洱茶古树茶和台地茶的稀土含量，并基于稀土元素指纹对普洱茶来源进行判别，建立两类茶的判别模型，产地检验判别率为 94.4%，可有效区分开古树茶和台地茶。另外，通过分析安溪县 5 个主产区茶叶中的稀土含量发现，金谷地区含量最高，和其他 4 个主产区相比差异达到极显著水平。因此，土壤稀土本底含量高是造成茶叶中稀土含量较高的因素之一。

（二）季节

不同季节间茶叶稀土元素含量也存在一定差异。不同季节茶树稀土元素吸收差异显著，如安溪县 13 个种质稀土元素含量表现为春季大于夏季和秋季。

（三）茶叶成熟度

同样的生态条件下，生长期越长，叶片越老，其对稀土元素的积累越高，总体表现为稀土总量与叶片成熟度呈正相关。检测 280 份乌龙茶、白茶、红茶、花茶以及绿茶五种类型茶叶中残留稀土元素含量后表明，茶类不同稀土元素含量也不同，主要由于不同类型茶叶选取鲜叶成熟度不同。乌龙茶采摘原料较老，导致其稀土含量较高，白茶、绿茶和红茶所选原料鲜嫩，因而其稀土含量较低。对全国 1245 份茶叶稀土氧化物总量进行分析后表明，乌龙茶稀土元素氧化物总量大部分高于平均值，其他茶类如绿茶、花茶等稀土元素氧化物总量则相对低得多。

第五节　茶叶中的其他风险元素污染

一、茶叶中砷污染的来源

砷（As）是一种类金属元素，具有致畸、致癌、致突变性，长期或过量摄入砷会对人体健康造成严重威胁。污染环境的砷主要来源于砷矿的开采，含砷矿石（如铅、锌、铜、镍等）的冶炼，以及皮革、颜料、农药、硫酸、化肥、造纸、橡胶、纺织等工业“三废”。土壤中的砷，主要来源于成土母质和人类生产活动。由于化肥、农药等的大量施用以及其他人为的污染，茶园土壤中砷的水平逐渐上升，并在茶树的生长过程中被吸收和累积，使茶叶中的砷处于较高水平，且以高毒性的 As^{3+} 和 As^{5+} 为主，导致茶叶及冲泡后的茶汤成为人体无机砷暴露的潜在威胁，严重影响茶叶的质量安全和饮用安全。世界自然土壤的平均砷含量为 9.36mg/kg，土壤砷含量中位值为 6.0mg/kg，中国土壤砷的平均含量为 13.8mg/kg。土壤中砷的常见形态有三价和五价两种价类，茶园主要为三价砷，以含氧酸根形式与金属离子形成盐类，它在水体和土体中能与钙、铝重金属生成难溶的砷酸盐。被吸附的砷，1/3 以上为代换态，其余为固定态。研究发现，不同土壤类型的平均全砷含量大小表现为黄壤（9.72mg/kg）> 红壤（6.70mg/kg）> 赤红壤（4.23mg/kg）。砷不是作物生长的必需元素，但和镉一样容易在生物体内积累。微量砷能刺激某些作物的生长。

砷在茶树体内活性较低，大部分被吸收根固定，向地上部运输的比例较低。研究发现，砷元素在茶树体内由高到低的分布次序是吸收根 > 茎（生产枝）或主根 > 老叶

（当年生成熟叶）>新梢（1 芽 2 叶）。吸收根砷含量为茎秆或主根的 2～50 倍，为老叶的 5～100 倍，为新梢的 25～600 倍。茶树受砷、镉污染时，吸收根对阻止土壤砷、镉向新梢转移起到明显的缓冲及屏障作用。茶树不同品种砷含量差异很大，但都表现出相同的规律，即从根部至新梢自下而上依次递减。茶树的主根和茎秆是砷在茶树体内传输的主要通道，也是主要的（仅次于吸收根）累积部位。

茶叶从种植到加工的各个过程中，都有可能受到砷的污染。土壤是茶叶中砷的主要来源，茶叶中砷含量与土壤中砷含量有很强的正相关性；此外，硫酸铵和过磷酸钙肥料中含有微量的砷，茶鲜叶加工过程不合理或不清洁会产生不同程度的二次污染。

二、茶叶中镉污染的来源

镉（Cd）因其毒性强、易吸收积累、难消除等特点，被认为是重金属中最具危害性的一种污染元素。镉对人体会产生慢性、急性中毒危害等负面影响，镉中毒会造成肾小管再吸收障碍，造成肾损害、骨痛病等，严重中毒甚至危及生命。研究表明，土壤中镉形态包括以下几种：离子交换态、碳酸盐结合态、有机结合态、铁锰氧化物结合态、残渣态等。其中离子交换态活性较大，所占比率最高，对环境影响严重，是重要的镉污染来源形态。碳酸盐结合态在 pH 偏低的环境时，会重新释放进入环境，是潜在的镉污染来源形态，因此对于碳酸盐结合态，酸度减弱有利于镉的固化。有机结合态是金属离子被有机质吸附、络合或者螯合，固定在土壤中，可分为腐殖酸结合态和强有机结合态，腐殖酸结合态镉活性大些，强有机结合态则相对稳定，能起到固定土壤镉的作用。

镉在茶树根中含量最高，其次是茎、老叶，新稍含量最低。研究发现，不同品种茶树中的镉元素分布规律由高到低分别为吸收根>茎（生产枝）>老叶（当年生成熟叶）>新梢；另有研究结果也显示，同一生境下不同茶树品种，镉在茶树中含量从根部自嫩叶自下而上依次递减。研究发现，茶树对镉吸收累积呈以下规律：茶树不同部位吸收镉有明显差异，茶树受到镉污染时，大部分累积在根部，向茎和叶迁移量较少，镉从根部向叶片的平均迁移量仅为 2% 左右；有效态镉离子活性与 pH 呈负相关。

镉元素的主要来源有以下几种途径。

①成土母质，如含锰铁铅矿地区：对广西思荣锰铁铅矿恢复种植区的土壤进行镉含量分析的结果表明，该复垦区土壤中的镉含量较高，达 31.42～46.5mg/kg，明显高于非矿区，作物中镉含量也超出正常范围。

②随含镉污染的液体进入土壤，再被截留固定：如污水中镉离子很容易被水中的悬浮物、有机质和黏土矿物吸附累积。

③随大气尘埃进入土壤：来源于能源、冶金和建筑材料的镉，在使用、生产和加工中伴随产生的气体和粉尘，以气溶胶的形态融入大气，通过自然沉降和降水进入土壤带来污染。

④随固体废弃物进入土壤：以工矿业固体废弃物、农资废弃物污染为主，其次过

度不合理使用农资也带来污染。如在个别农药和肥料组成中含有镉等重金属，造成茶叶镉污染。

第六节　茶叶中的风险元素控制技术

影响茶叶中风险元素含量的因素有茶叶生长环境，如土壤、大气、水源等，以及化肥、农药的施用、茶叶加工等。针对这些影响因素控制措施如下。

（1）科学选址建园，改善茶园周边环境　茶叶中的风险元素主要受土壤、大气、水源等因素的影响。当土壤中重金属含量较高，特别是可吸收态重金属含量高时，茶叶中重金属元素含量会明显提高。如果茶园所在地区空气污染，也会导致茶叶中重金属含量明显增加。因此，发展、建设新的茶园基地，要做好总体发展规划，对基地环境空气、灌溉水质、土壤质量等方面进行检测、评估，选择适宜的基地发展茶园。此外，可以修建防护林，改善生态环境。对于一些已经受到重金属污染的土壤，提高茶园土壤有机质含量和生物活性，施用符合标准的有机肥料，增强土壤自净能力，适当采用工程、生物和化学等措施进行修复。

（2）规范茶园农艺措施　茶行间裸露土地采用稻草、青草等植物源材料覆盖，以提高茶园的保土保肥蓄水能力；采用合理耕作、施用有机肥等方法改良土壤结构；加强对茶园废弃农资物品的收集，茶园避免单纯使用化肥和矿物源肥料，宜多施有机肥，特别是生物菌肥，肥料应该符合相关国家标准规定，农家肥施用前应经渥堆等无害化处理。

（3）综合利用生物修复技术　生物修复包括植物修复与微生物修复，具有效果显著、操作方便、成本较低、不会造成二次污染等特点。植物修复，是指利用某些植物对一些重金属高富集、高累积的原理，带走受污染土壤的重金属，从而净化和修复污染地区土壤的一种绿色环保技术，是一种最具有发展前景的污染土壤植物修复方法。目前，国际上报道的重金属超积累植物已有500多种，主要集中在十字花科，涵盖主要在芸薹属、庭芥属及遏蓝菜属。如油菜、宝山堇菜、龙葵和东南景天等为镉超积累植物。微生物修复，是指利用微生物新陈代谢过程中所产生的代谢物，如酶、多糖、蛋白质、DNA、纤维素、糖蛋白、聚氨基酸等对金属离子进行还原沉淀、絮凝、吸附等作用来降低重金属离子溶解度及毒性的一种技术。目前市面上有一种土壤重金属镉修复剂（金无踪）就是利用这种原理降低农作物中镉的含量，据在镉污染的试验田应用试验，发现对稻谷中镉含量的降低平均可以达到21.62%。

思考题

1. 茶叶中的铅污染有哪些主要来源？
2. 造成茶叶中铝污染的来源和控制措施各有哪些？
3. 如何实施茶叶在生产、加工过程中风险元素的污染控制？

4. 茶叶中氟、铝的分布规律是什么？

5. 茶叶中风险元素污染的来源有哪些？

参考文献

[1] FAN Z P, GAO Y H, WANG W, et al. Prevalence of brick tea – type fluorosis in the tibet autonomous region [J]. Journal of Epidemiology, 2016, 26 (2): 57 – 63.

[2] 黄丹娟，毛迎新，陈勋，等．茶树富集铝的特点及耐铝机制研究进展 [J]．茶叶科学，2018，38 (2)：125 – 132.

[3] 李勇，唐澈，赵华，等．茶树耐铝聚铝特性及其机理研究进展 [J]．茶叶科学，2018，38 (1)：1 – 8.

[4] 林虬，姚清华，苏德森，等．福建省主要茶类稀土含量区域分布及组成特征 [J]．中国食品学报，2016，16 (10)：190 – 196.

[5] 林昕，王丽，兰珊珊，等．云南普洱茶产地微量元素的指纹溯源 [J]．现代食品科技，2018，34 (8)：231 – 239.

[6] 刘淑娟，钟兴刚，覃事永，等．茶叶氟含量现状及控氟措施研究进展 [J]．茶叶通讯，2016，43 (3)：41 – 45.

[7] 刘思怡，朱晓静，房峰祥，等．茶树叶片氟亚细胞分布及其与细胞壁结合特性的研究 [J]．茶叶科学，2018，38 (3)：305 – 312.

[8] 罗杰，丁力杰，康彬彬，等．福建主产乌龙茶中无机砷的分析与风险评价 [J]．食品安全质量检测学报，2018，9 (9)：2124 – 2128.

[9] 马立锋，石元值，阮建云，等．我国茶叶氟含量状况研究 [J]．农业环境保护，2002，21 (6)：537 – 539.

[10] 彭传燚，李大祥，宛晓春，等．茶叶中稀土元素的研究进展 [J]．食品安全质量检测学报，2015 (4)：1199 – 1204.

[11] 王琼琼，孙威江．茶叶稀土元素分异现象的研究进展 [J]．亚热带农业研究，2015，11 (1)：57 – 62.

[12] 王琼琼，薛志慧，陈志丹，等．不同茶树种质间氟铝元素积累特性的研究 [J]．热带作物学报，2016，37 (5)：862 – 869.

[13] 吴志丹，江福英，张磊．茶树品种及采摘时期对茶叶铝含量的影响 [J]．茶叶学报，2016，57 (1)：13 – 17.

[14] 张永利，王烨军，宋莉，等．氮磷钾肥料对茶园土壤溶液中氟含量的影响 [J]．中国土壤与肥料，2017 (3)：28 – 35.

[15] 章剑扬，王国庆，陈利燕，等．茶叶中稀土研究进展 [J]．广州化工，2015 (21)：13 – 15；33.

[16] 赵明，蔡葵，王文娇，等．茶叶氟含量与茶园土壤特性的相关性及其影响因素 [J]．农业资源与环境学报，2016，33 (3)：276 – 280.

[17] 钟秋生，林郑和，陈常颂，等．不同品种茶树对氟富集的差异研究 [J]．

茶叶通讯，2018，45（1）：20－23.

［18］钟兴刚，覃事永，罗意，等．茶树镉的吸收富集与控制研究进展［J］．茶叶通讯，2016，43（3）：8－12.

［19］周国华，孙彬彬，贺灵，等．安溪土壤—茶叶铅含量关系与土壤铅临界值研究［J］．物探与化探，2016，40（1）：148－153.

第三章 茶叶中杀虫（螨）剂和杀菌剂的污染与控制

茶是中国的国饮，也是当今世界三大非酒精饮料之一。茶叶质量安全问题是茶叶市场重点把控的对象，是茶产业发展新阶段中亟待解决的主要矛盾之一。陈宗懋院士在2013年中国茶叶博览会上表示，中国茶叶的质量安全问题80%是农药残留超标。本章介绍茶叶中杀虫（螨）剂和杀菌剂的污染来源与控制，主要包括农药残留的来源和超标原因，植物检疫、农业防治、物理机械防治、生物防治化学生态防治和化学防治相结合的茶园绿色防控措施，从而保证和促进茶叶安全生产。

第一节 茶叶中杀虫（螨）剂和杀菌剂的污染来源

茶园高毒高残留农药的使用、害虫抗药性增强导致的农药使用量增加及盲目施药是产生茶叶农药残留的主要因素。虽然最大农药残留限量标准一直在提高，但我国茶叶的农药残留却下降明显。2015年10月1日，《中华人民共和国食品安全法》（以下简称《食品安全法》）修订并施行。新《食品安全法》首次明确中国食品安全工作将构建“预防为主、风险管理、全程控制、社会共治、科学严格”的监督管理体制。2016年中央一号文件提出“到2020年农兽药残留限量指标基本与国际食品法典标准接轨”的目标。欧盟2017年6月发布了（EU）2017/1142委员会实施条例，这个法律法规每隔半年会进行调整，目的是要控制中国到欧盟茶叶进口的频率。一系列的文件检查，增加了中国茶企10%的费用，来自中国的每10个产品中会有1份产品接受检查，官方会进行杀虫剂残留和其他农药残留的检测。中国出口产品中接受检查的样品比其他国家多。2017年12月13日，欧盟发布（EU）2017/2298号法规，修订了（EC）No669/2009法规的附件Ⅰ，修订强化官方检查的非动物源食品和饲料进口清单，其中对我国产甘蓝和茶叶的检查频率仍维持在20%和10%。

欧盟、美、日等发达经济体历来是我国茶叶出口农药残留检测重点区。目前，欧盟针对茶叶的残留限量标准有400多项，日本“肯定列表制度”涉茶化学品近300种，同时此类标准涉及的指标更迭周期短。这些都对我国茶产业今后的发展方向和目标提出了新要求。

一、农药残留的直接来源

农药喷施在茶树叶片上后，部分留在叶片表面，部分渐渐渗入茶树叶组织内部

（若是内吸剂，如乐果，还会随着水分和营养素的运输而转移到茶树其他部位去，直至传导到嫩梢部位），在日光、雨露、温度、茶树体内的酶类等因素的影响下，逐渐分解和转变成其他无毒的物质，这个过程就是农药的降解过程。如果在这些农药还未完全降解或还未降解到很低水平时就采收下来，这种鲜叶经加工后制成的成茶中，便有可能含有残留的农药。这种农药残留量的高低取决于农药的性质以及茶树的特点两方面因素。

（1）在农药因素中首先是农药的种类　不同农药种类由于其化学性质的不同，喷施在茶树叶片上的降解速度也不同，这就构成了茶树叶片上的农药残留水平也会有高低，如有机氯农药（如三氯杀螨醇）和拟除虫菊酯类农药（如溴氰菊酯、氰戊菊酯、氯氰菊酯等）一般性质都比较稳定，在茶树叶片上不易降解，因此，在同样条件下，他们的残留水平相对会比较高。而有机磷农药（如辛硫磷、敌敌畏、马拉硫磷等）一般较易降解，因此一般残留水平较低。有些内吸性农药在进入茶树体内后可以随液流而传递到其他组织，特别是芽梢部，而且不易降解，所以，残留水平会很高。

（2）农药商品的有效成分含量对残留水平有很大影响　有效成分含量越高，喷药后的原始沉积量（就是喷药后留在茶树叶片上的残留量）也越高。如氰戊菊酯制剂的有效成分含量为20%，而溴氰菊酯制剂的有效成分含量为2.5%，两者相差8倍。因此在喷施20%氰戊菊酯6000倍液后，在茶树芽梢上的原始沉积量为17～25mg/kg，而喷施2.5%溴氰菊酯6000倍液的原始沉积量为0.6～1.5mg/kg。在使用相同剂量的条件下、喷施氰戊菊酯比喷施溴氰菊酯在茶树上的沉积量高10倍以上。原始沉积量是构成茶叶中农药残留的基数。

（3）农药的加工剂型也是影响残留水平高低的一个因素　在同样施药剂量条件下，乳剂施用后的残留量比施用可湿性粉剂和粉剂的残留量要高。因为粉剂和可湿性粉剂在茶树叶片上的附着力不如乳剂，易被雨水淋失。同时，乳剂剂型中含有一定数量的溶剂和乳化剂，它可以溶解植物表面上的蜡质层，使更多的农药可以渗入到茶树叶片的表皮层中，减少了外界因素的影响。

（4）施药剂量和浓度与残留量高低也有直接关系　施药量越多、浓度越高，茶树叶片上的残留量相应也越高。

（5）除了农药因素外，茶树本身的形态结构和生物学特性对残留水平也有很大影响。芽梢的生长对喷施在上面的农药起着稀释作用，在经过同样时间后，刚萌发的新梢（如一芽一叶新梢），其残留水平会比萌发较早的芽梢（如一芽二叶、三叶芽梢）的农药残留要低。

（6）茶树芽梢和叶片上的茸毛数量、光滑和粗糙程度也和农药残留水平有关。叶表茸毛数量多和叶面粗糙的茶树往往会聚集有较多的农药，因此残留水平相对会比叶面茸毛少和光滑的茶树上的残留水平高。

二、农药残留的间接来源

除了因农药喷施在茶树叶片上构成农药残留直接来源外，还有如下间接来源：

（1）从土壤中吸收　在喷药过程中有80%～90%的农药会流失到土壤中，这些农

药中的一部分在土壤中蓄积并传输到茶树植株中。如乐果等内吸性农药可通过茶树根系在吸取水分和营养物质的同时，将农药输送到茶树芽梢部。但是，这种数量往往是有限的。

（2）由水携带　茶树喷药和灌溉需要大量的水喷施在茶树上，因此，水中的农药就会随着药液转移到茶树上。其决定因素是农药在水中的溶解度，如拟除虫菊酯农药和有机氯农药一般在水中溶解度很低，因此，以这种形式转移到茶树芽梢上的可能性很小。但另一些水溶解度很高的农药（如乐果、马拉硫磷、甲胺磷等）便有可能随着用水而转移到茶树芽梢上。如甲胺磷虽然在茶叶生产上是禁止使用的，但由于稻田中大量使用这种农药，污染农区水域，且随着稻田水流入江河，便有可能随着茶园用水而转移到茶树芽梢上，这也是目前茶叶中常发现有甲胺磷微量残留的一个重要原因。因此，在选择有机茶的原料基地时就要考虑到这种可能性。否则，即使茶园中不用药，在茶叶中也会有微量农药残留出现。

（3）空气飘移　空气飘移是茶树芽梢中农药残留除了直接喷药以外的另一个重要来源。农药在喷施后可以通过挥发进入大气，或是吸附在大气中的尘粒上，或是成气态随风转移。这些被吸附在尘粒上或直接随气流转移的农药会在一定距离外直接沉降或由雨水淋降。这样，茶树芽梢就有可能接受外来的农药污染。

三、农药残留超标的原因

在茶叶生产中农药残留超标的主要原因有三点。

（一）茶园管理不科学

部分茶园在管理上存在不深挖松土，土壤理化性质恶化，土壤墒情降低；不实行配方施肥，偏施氮肥，而磷、钾及微量元素不足，茶园土壤偏酸性，茶树抗逆性减退；修剪不合理，茶园修剪一般是根据茶树的树势进行轻修剪、深修剪、重修剪和台刈；不进行封园处理等问题。茶园整体管理不科学导致茶树抗性下降、病虫害多发、用药量增加，进而使得茶叶农药残留偏重。

（二）农药施用不科学

1. 农药品种选择不合理

在不了解茶树病虫害发生种类和主要防治对象等情况时，长期使用单一农药品种，一旦病虫产生了抗药性，随意加大用药量、增多用药次数，形成恶性循环，从而增加了茶叶农药残留量。

2. 施药时间不正确

没有根据茶园病虫害发生的具体情况用药，凭经验或跟风打药，从而增加了茶叶农药残留量。

3. 施药方法不恰当

在施药时只讲究用药量，不注意用水量，随意混配复配使用防虫治病的农药，从而造成了农药积累多、降解慢，也造成了茶叶农药残留超标。

4. 使用高毒高残留农药

为了尽快消灭病虫害，保证茶树正常生长，不影响来年茶叶产量，使用高毒高残留违禁农药，造成农药残留超标。

5. 因标识名称而造成的误用

以氰戊菊酯为例，2002 年农业部发布公告禁止在茶树上使用氰戊菊酯，但其还有速灭菊酯、灭杀菊酯、敌虫菊酯、异戊氰菊酯、来福灵等多个商品名称，一旦识别不清或未认真阅读标签就有可能误用而导致农药残留超标。

（三）其他原因

1. 漂移污染

很多茶园与农田、果园交杂，导致其他农作物上可以使用但茶园禁用的农药通过空气、水源等途径对茶树造成漂移污染。

2. 农药安全间隔期被忽略

有部分茶农为了保证茶叶不受病虫害危害，在对茶园进行施药时，只要芽叶能采，不管是否过了农药安全间隔期都进行采摘，导致茶叶农药残留超标。安全间隔期是指作物最后一次施药距收获时所需间隔时间，是自作物最后一次喷药后到残留量降到最大残留限量以内所需的最短间隔时间。安全间隔期不同于使用间隔期和农药残效期，使用间隔期是两次或以上施药中的间隔时间；残效期是指农作物上喷施农药后，在自然条件下能保持一定防治效果的时间。

安全间隔期具有如下特点。

（1）安全间隔期只有同时满足农药最大残留限量和作物种植生长实际的要求才有意义　安全间隔期的制定是将作物生长的规律与试验数据相结合，通过科学推荐、风险评估获得。

（2）安全间隔期是变化的　由于安全间隔期受作物种植模式、病虫害发生规律及防治时期、农药最大残留限量等因素的影响，当某一因素变化时，有可能导致安全间隔期的调整。如农药抗性增强，施药量提高，可能导致安全间隔期延长；如果农药最大残留限量提高，可能导致安全间隔期变短。

（3）不是所有农药都制定安全间隔期　对一些毒性低，或者不用于食用作物的农药，经过风险评估和管理部门批准，无须标注安全间隔期，也可免除制定农药对应作物上的最大残留限量。如我国登记的生物农药、矿物油农药等均无须规定安全间隔期。另外，对规定了作物生长期特定施药时期的一般不规定安全间隔期，如芽前、种植时、开花前、剑叶期或苗期等特定时期施药以及大部分除草剂，此时，安全间隔期的重要性则排在第二位，可以不标注。

3. 施药器械造成农药残留

目前使用最多的施药器械还是很早以前推广的工农 16 型手动喷雾器，该喷雾器跑、冒、滴、漏现象严重，容易造成环境污染和农药残留。

（四）茶叶中的农药最大残留限量

残留物（residue definition）是指由于使用农药而在食品、农产品和动物饲料中出现的任何特定物质，包括被认为具有毒理学意义的农药衍生物，如农药转化物、代谢物、反应产物及杂质等。农药最大残留限量（maximum residue limit，MRL）是指农药在某农产品、食品、饲料中的最高法定允许残留浓度，即在农产品、食品、饲料内部或表面法定允许的农药最大浓度，以每千克农产品、食品、饲料中农药残留的质量表示（mg/kg）。茶叶中农药残留不仅可能引起慢性毒性，也会引起急性中毒，特别是对儿童的危害性更大。茶叶中农药残留允许标准每20年降低1个数量级。再残留限量（extraneous maximum residue limit，EMRL）是指一些持久性农药虽已禁用，但还长期存在于环境中，从而再次在食品中形成残留，为控制这类农药残留物对食品的污染而制定的其在食品中的残留限量，以每千克食品或农产品中农药残留的质量表示（mg/kg）。每日允许摄入量（acceptable daily intake，ADI）是指人类终生每日摄入某物质，而不产生可检测到的危害健康的估计量，以每千克体重可摄入的质量表示（mg/kg bw）。

2020年2月15日，国家标准GB 2763—2019《食品安全国家标准　食品中农药最大残留限量》正式实施。GB 2763—2019于2020年2月15日代替GB 2763.1—2018《食品安全国家标准　食品中百草枯等43种农药最大残留限量》和GB 2763—2016《食品安全国家标准　食品中农药最大残留限量》。因此，我国食品安全国家标准规定了483种农药7107项最大残留限量，涉及茶叶中的65种农药残留限量，新增了百草枯和乙螨唑两种农药最大残留限量。

随着我国国家食品安全标准的不断完善，茶叶中最大农药残留限量参数不断扩增，农药残留限量值不断修订，茶叶农药残留限量标准趋于更加合理与完善（图3-1）。自2012年起，GB 2763每两年修订或增补1次，至今已修订4次，增补1次。

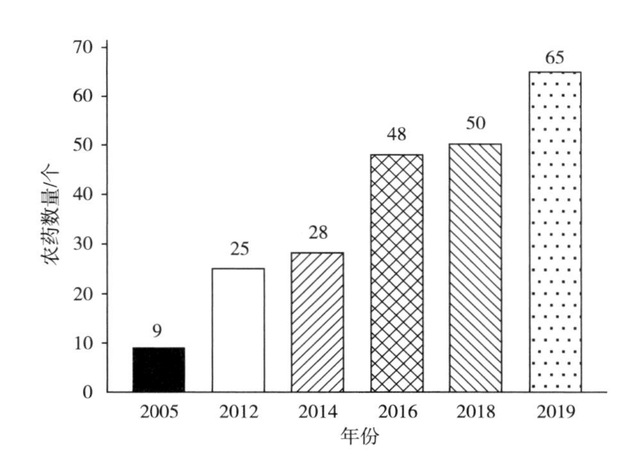

图3-1　GB 2763中茶叶最大农药残留限量的参数数量

我国食品安全国家标准共规定了茶叶中50种最大农药残留限量，其中包括22种在我国茶树上登记的农药，18种禁限用农药和10种未登记农药（表3-1）。现行有效的农药残留限量标准不仅为登记农药的卫生指标提供了判定依据，同时为茶园病虫害防治提供了指导。禁限用农药残留限量的要求不断提高，以及未登记农药残留限量的参数扩增，为我国登记农药提供了指导意义，为茶产业质量安全和消费安全提供了有力保障。

表 3 - 1　　我国茶叶中最大农药残留限量值与欧盟、日本的对比

序号	农药	最大残留限量/（mg/kg）		
		中国	欧盟	日本
1	乙酰甲胺磷	0.1	0.2	0.2
2	杀螟硫磷	0.5	0.1	0.1
3	六六六	0.2	0.2	0.02
4	滴滴涕	0.2	0.2	0.2
5	氯菊酯	20	20	20
6	氯氰菊酯和高效氯氰菊酯	20	20	20
7	氟氰戊菊酯	20	20	20
8	溴氰菊酯	10	5	5
9	氰戊菊酯和 S - 氰戊菊酯	0.1	1	—
10	苯醚甲环唑	10	15	15
11	啶虫脒	10	30	30
12	吡虫啉	0.5	10	10
13	草铵膦	0.5	0.3	0.3
14	草甘膦	1	1	1
15	除虫脲	20	20	20
16	哒螨灵	5	10	10
17	丁醚脲	5	20	20
18	多菌灵	5	10	10
19	联苯菊酯	5	30	30
20	甲氰菊酯	5	25	25
21	硫丹	10	30	30
22	灭多威	0.2	20	20
23	噻虫嗪	10	20	20
24	噻嗪酮	10	30	30
25	杀螟丹	20	30	30
26	氯氟氰菊酯和高效氯氟氰菊酯	15	15	15
27	喹螨醚	15	10	10
28	氯噻啉	3	—	—
29	噻螨酮	15	15	
30	甲拌磷	0.01	0.1	0.1
31	甲基硫环磷	0.03	—	—
32	灭线磷	0.05	—	—

续表

序号	农药	最大残留限量/（mg/kg）		
		中国	欧盟	日本
33	内吸磷	0.05	—	0.05
34	茚虫威	5	—	—
35	氯唑磷	0.01	—	—
36	甲基对硫磷	0.02	0.2	0.2
37	硫环磷	0.03	—	—
38	三氯杀螨醇	0.2	3	3
39	吡蚜酮	2	—	—
40	氟氯氰菊酯和高效氟氯氰菊酯	1	20	15
41	水胺硫磷	0.05	—	—
42	特丁硫磷	0.01	—	0.005
43	辛硫磷	0.2	0.1	0.1
44	敌百虫	2	0.5	—
45	氧乐果	0.05	1	1
46	克百威	0.05	0.1	0.2
47	虫螨腈	20	—	40
48	甲胺磷	0.05	0.2	0.05
49	百草枯	0.2	0.3	0.3
50	乙螨唑	15	15	15
51	吡唑醚菌酯	10	—	25
52	呋虫胺	20	25	25
53	甲氨基阿维菌素苯甲酸盐	0.5	—	0.5
54	醚菊酯	50	10	—
55	噻虫啉	10	25	25
56	西玛津	0.05	—	—
57	印楝素	1	—	—
58	莠去津	0.1	0.1	0.1
59	丙溴磷	0.5	0.2	0.2
60	毒死蜱	2	10	10
61	氟虫脲	20	15	15
62	甲萘威	5	—	—
63	噻虫胺	10	50	50
64	唑虫酰胺	50	20	20

第二节　茶叶中杀虫（螨）剂和杀菌剂的污染控制

本节从植物检疫、农业防治、物理机械防治、生物防治、化学生态防治、化学防治等方面介绍茶叶中杀虫（螨）剂、杀菌剂的污染控制措施。

一、植物检疫

病、虫、杂草的分布具有明显的区域性，各地发生的病、虫、杂草不尽相同，但能扩大其分布范围。某一种病、虫或杂草，在其原产地往往由于天敌制约、植物的抗性以及其他长期发展起来的农业防治措施影响，其发生和危害性常不足以引起人们的重视，但一旦传入新的区域后，因缺乏上述控制因素有可能生存下来，以至蔓延危害而难以控制。

（一）植物检疫的定义

植物检疫是由国家颁布具有法律效力的植物检疫法规，并建立专门机构进行工作，目的在于禁止或限制危险性病、虫、杂草人为地从国外传入国内，或从国内传到国外，或传入以后限制其在国内传播，并尽力清除，以保障农业生产的安全发展。

植物检疫工作是根据国家或省（自治区、直辖市）颁布的植物检疫法规（令）中明确规定的植物检疫对象、任务和措施，并设置专门的机构来执行。其内容具有严格的法规性，故植物检疫又称作法规防治。

植物检疫工作具有相对的独立性，但又是整个污染控制体系中不可分割的一个重要组成部分。植物检疫是能从根本上杜绝危险性病、虫、杂草的来源和传播，也最能体现贯彻“预防为主，综合防治”的植保工作方针，防止危险性病、虫、杂草的侵入与蔓延，巩固防治成果，保护农业生产的积极措施。在当今交通发达、国际贸易和旅游业日趋繁荣，植物检疫的任务越来越重，植物检疫工作也显得尤为重要。

（二）植物检疫的类别

植物检疫分为对外检疫和国内检疫两大类。

1. 对外检疫

对外检疫分为进口检疫和出口检疫两种。其目的是防止随植物及其产品输入国内尚未发现或虽有发现但发布不广的植物检疫对象，以保护国内农业生产，并履行国际义务，按输入国的要求，禁止危险性病、虫、杂草自国内输出，以满足对外贸易的需要，维护国际信誉。对外检疫由国家在对外港口、国际机场以及其他国际交通要道设立专门的检疫机构，对进出口及过境物资、运载工具等进行检疫和处理。

2. 国内检疫

国内检疫是防止国内已有的危险性病、虫、杂草从已发生的地区蔓延扩散。由各省（自治区、直辖市）农业厅（局）内的植物检疫机构会同交通、邮政及有关部门，根据政府公布的国内植物检疫条例和检疫对象执行检疫，采取措施，使局部地区发生的检疫对象不再扩散，甚至将其消灭在原发地。

（三）植物检疫对象确定的原则

植物检疫对象是指可人为地随种子、苗木、农产品和包装物等运输，作远距离传播的且有危险性的病、虫和杂草。

（1）必须是对农业生产确有严重威胁且防治又较为困难的。

（2）必须是人为传播的（即容易随同植物材料、种子、苗木和所带泥土以及包装材料等传播），对饥饿和其他恶劣条件有一定的忍受能力，且遇到良好条件即能继续生活并行繁殖的。

（3）必须是我国尚未发生或局部发生的危险性病、虫和杂草。

我国已公布的“输出、输入植物应施检疫种类与检疫对象名单”中虽尚无专门茶树病虫害种类，但农业部在1995年4月17日发布的《应施国内植物检疫对象和应受检疫的植物、植物产品名单》中包括了茶树的种子、种苗及其他繁殖材料。但蚧类、粉虱类、螨类、卷叶蛾类、茶梢蛾、茶细蛾、茶饼病等都能随苗木传播，茶角胸叶甲的卵和幼虫可随苗圃土壤携带，调运时应予注意。最好从无病虫的茶园调运，实行检疫。发展新茶园、调运茶苗、扦插时应选用无检疫病虫害的茶树苗木，外地引进的茶树苗木应严格检疫，防止检疫病虫害进入茶园。

二、农业防治

农业防治是以茶园栽培管理为基础，通过选用抗（耐）病虫茶树品种、加强茶树保健栽培管理以及改造茶园自然环境等来抑制或减轻茶树病虫害的发生。农业防治通过结合茶园管理，如茶园耕作、合理采摘与适时修剪、合理施肥、疏枝清园、调整品种布局、选育抗（耐）病虫茶树品种等措施来促进茶树生长发育、天敌生存繁衍，创造不利于病虫害生长发育繁殖的环境，达到直接消灭或阻碍病虫害为害的目的。

农业防治采用的各种措施除直接杀灭病虫害外，主要是恶化病虫害的营养条件和生态环境，调节益害比达到压低虫源基数、抑制其繁殖率或使其生存率下降的目的，或减少侵染病来源、抑制病原菌侵染。农业防治可以把病虫害消灭在茶园之外或为害之前。结合茶树丰产栽培技术，不需增加防治病虫害的劳力和成本，可充分利用病虫害生活史中的薄弱环节，如越冬期、不活动期采取措施，收益显著；如选用抗病虫品种、健康栽培、优化茶园生态环境等，对某些病虫害可起到有效的控制作用，这是其他防控办法难以做到的；又如有利于天敌生存繁衍，抑制病原菌发生发展，无污染环境的弊病，符合生态防控的要求。但农业防治与其他防治措施一样并非万能，具有一定的局限性。因病虫害种类不同，贯彻某项防控措施，仅针对某种或某类病虫害有效，但可能导致其他种类病虫害发生或回升。作为应急措施，在病虫害爆发时，往往显得无能为力。

农业防治主要措施有以下几种类型。

（一）通过合理采摘与适时修剪，摘除病虫害枝

采摘和修剪是茶树树冠管理的重要措施。采摘和修剪除了直接剪除茶树病虫害外，还改变了茶园的生物营养链和茶园小气候，进而影响整个茶园生态系统的种群结构和生物多样性。茶小绿叶蝉、蚜虫、绿盲蝽、黑刺粉虱、蓟马类害虫、茶橙瘿螨、侧多

食蹄线螨、茶细蛾、蓑蛾类、茶饼病、茶芽枯病、茶白星病等主要为害茶树嫩梢，通过分批多次及时采摘和修剪，可以极大地减轻病虫害危害。

研究发现，绿茶标准（一芽一二叶）采摘区和按乌龙茶标准（对夹二三叶）采摘区茶小绿叶蝉虫口数量分别为5.00头/百叶和15.60头/百叶，而不采摘对照区茶小绿叶蝉虫口数量高达31.40头/百叶。按乌龙茶标准采摘区茶小绿叶蝉虫口数量比对照区下降了50.32%，按绿茶标准采摘区茶小绿叶蝉虫口数量比对照区下降了84.08%。不同的采摘处理对茶小绿叶蝉虫口数量的影响程度不同，分批多次采摘（按绿茶采摘标准要求）对茶小绿叶蝉的控制效果更明显。还有研究也发现，若以一芽三叶为采摘标准，则每次害虫的采治率，小绿叶蝉为85.5%，茶橙瘿螨为67.5%，茶细蛾幼虫为92.6%，茶蚜为97.7%。对于侧多食蹄线螨，在春茶时采除茶蓬内幼嫩芽叶，挑采第一轮春梢的早发芽和在春茶结束前强采一次对夹叶，对控制螨口密度有显著作用。

修剪可剪除分布在茶丛中上部的病虫害，尤其对趋嫩性病虫害有良好的控制作用。研究发现采茶结束后实施修剪措施的茶园，全年茶小绿叶蝉种群数量低于不修剪的药剂控制茶园，修剪茶园茶小绿叶蝉的高峰出现的时间晚且数量低，修剪措施对茶小绿叶蝉的控制效果可以达到与药剂控制相同的水平。国外研究发现，应用修剪措施可以有效控制茶枝小蠹虫（*Xyleborus fornicatus* Eichh.）、紫伪叶螨［*Brevipalpus phoenicis*（Geijskes）］和咖啡小爪螨［*Oligonychus coffeae*（Nietner）］。修剪在我国绿色食品（茶叶）和有机茶的生产技术规程行业标准中均被作为一项重要的农业防治措施列入。

研究发现，春茶采摘后及时修剪可降低小绿叶蝉、黑刺粉虱、茶黄蓟马、毒蛾类、螨类及茶饼病、茶白星病等茶园病虫害基数，在修剪后50d，对茶黄螨、黑刺粉虱和蚜虫的控制效果达70%以上，对茶饼病和白星病的控制效果达75%以上。

在秋茶采摘结束进行10～15cm的深修剪、清园并用药剂封园后，能有效减少茶园病虫越冬基数，减轻来年病虫害。对茶黄螨和黑刺粉虱的控制效果达70%以上，对小绿叶蝉、茶橙瘿螨、蚜虫、茶黄蓟马、茶尺蠖的控制效果达62%以上。秋季封园对病害的控制效果很好，对茶饼病的控制效果坝固茶场高达90.54%，对白星病的控制效果平均为80.25%。

茶园修剪一般是根据茶树的树势进行轻修剪、深修剪、重修剪和台刈。一般来讲，修剪的程度越深，被剪除的病虫害种类和数量也越多。轻修剪可以把茶蚜、茶梢蛾、茶小绿叶蝉和茶黄螨等栖集于茶树冠表面的害虫除去。对茶蛀梗虫危害严重的茶园，可在8月中旬剪梢，一次性剪梢除虫率可达90%以上。对茶尺蛾类、茶毛虫、长白蚧等危害严重的茶园，要及时采取深剪或重剪。剪下的枝条及时清出茶园，集中销毁。对发病的老茶园，如茶炭疽病，可采取春茶后实行台刈更新的办法来防治。将台刈下来的枝条和地面落叶全部收集烧毁，台刈后耕翻施足基肥，增强抗病能力，2～3年茶园能投产。茶饼病（*Exobasidium vexans* Massee）在秋茶采摘结束后及时修剪，在茶树生长季节不宜进行修剪，避免茶树代谢旺期长出大量的幼嫩芽叶给病原菌提供适宜的侵染源。采取台刈、重修剪等方法改造老茶树，至少应在采茶前50d进行。褐色叶斑病也是以修剪病死枝叶为主要手段，收集病落叶，同时将出现霉层的病叶进行集中销毁，降低其进一步感染其他部位或是其他茶树的概率。

（二）选育和推广抗性品种，增强茶树抗病虫害能力

茶树品种间抗虫性差别很大，选用抗虫品种是最经济有效的防控害虫措施之一，抗性品种能减少茶树病虫害的发生发展，减轻对茶树的危害，减少农药使用量。因此，选育和推广抗性品种是茶树病虫害防治的一项根本措施。茶树在长期培育过程中进化形成能抵抗或耐受病虫害侵害的可遗传的特性，包括忌避性、抗生性和耐害性三种机制，产生与抗性相关的物理和化学障碍。

（1）忌避性　也就是不选择性，指害虫不喜欢在某些茶树品种上取食、产卵，相较于其他品种虫害数量少。这一特征与茶树的形态结构和理化成分密切相关，如茶树芽叶颜色、茶树叶片茸毛的有无和长短、表皮角质层厚度及其分泌物、蜡质存积、叶片的硬度和含水量等。通常表现为，芽叶颜色偏浅的黄绿色会更吸引害虫；叶表皮、角质层越厚对害虫的抗性较强；气孔密度越高害虫虫口数量也越高，表现出正相关性；茸毛密度与气孔密度则相反，茸毛密度越高害虫虫口数量越低，表现出负相关性。

（2）抗生性　是指茶树内含有某些具有毒性作用的物质或缺乏某些必需营养成分，导致虫体弱小、活力下降等，从而影响叶蝉生长、发育和繁殖。茶树在生长到某个阶段由于自然环境变化或受外界刺激导致组织中的多酚类物质、生物碱、糖类、氨基酸等成分变化，超过害虫所能忍受的范畴，影响害虫的生长、代谢。品种表现出较强的抗性通常是因为寄主植物中缺乏利于昆虫生长发育的成分，又或者是寄主植物中含有阻碍、抑制昆虫取食的物质。

（3）耐害性　不同于前两个特征，耐害性是茶树本身所具有，而非与病虫害互作所形成的，是指某些茶树品种在受到病虫害危害后，具有忍耐和补偿的能力，使自身损失降低。

国内研究人员开展了大量茶树抗性品种选育的工作。不同品种茶树在自然环境条件栽培下，形态学特征存在一定的差异。茶树发芽迟早、一芽三叶长度、持嫩性能力、茸毛密度和叶片组织结构都与叶蝉危害发生情况相关。发芽早、叶背卷、持嫩性强和一芽三叶生长较快的茶树品种易受茶小绿叶蝉为害。在形态学特征上，茶小绿叶蝉的种群数量与福建 4 个主要茶树品种（福云 6 号、铁观音、毛蟹、黄棪）叶片的物理结构——叶片总厚度、上表皮、上表皮角质层、下表皮、海绵组织厚度之间的相关性不显著，而与叶片下表皮角质层和栅栏组织厚度之间存在显著负相关。在生化特征上，茶小绿叶蝉的种群数量与福建 4 个主要茶树（福云 6 号、铁观音、毛蟹、黄棪）叶片中茶多酚、水溶性糖、可溶性蛋白、儿茶素含量之间的相关性不显著；与咖啡碱的含量有一定负相关，相关关系接近显著水平；而与游离氨基酸含量呈显著正相关。

早在 1989 年研究人员便从 55 个茶树品种中筛选出 11 种对茶尺蠖幼虫具有较强抗性的品种。研究还发现，茶多酚含量与茶尺蠖幼虫发育速率呈负相关，高茶多酚含量品种（红芽佛手）对茶尺蠖发育有较强抑制作用。研究人员还从 10 个茶树品种中筛选出龙井长叶和上梅州这两个对茶尺蠖抗性较强品种，发现茶尺蠖抗性（历期）与可溶性碳水化合物、含水量呈负相关，与多酚类、氨基酸呈正相关。另有研究发现，灰茶尺蠖幼虫喜食含水量和可溶性糖含量高的茶树品种，而不喜食茶多酚和游离氨基酸含量高的品种。

分子技术和生物信息学技术的发展为研究茶树抗病虫机制提供了新思路。研究人员利用反转录PCR技术研究与茶尺蠖取食有关的基因表达差异，发现了222条差异片段，其中5条片段在植物抗虫分子机制中首次发现，并发现木糖苷酶可能在茶树抵御害虫方面起作用，热激蛋白HSP70可防御茶尺蠖引起的间接伤害。研究人员运用cDNA－扩增片段长度多态性（AFLP）技术挖掘茶树被茶尺蠖取食前后相关基因差异及表达特征，根据表达差异谱扩增出多个抗虫基因。还有人研究了不同茶树品系对茶尺蠖的抗性，指出核苷酸结合位点——亮氨酸重复类（NBS－LRR）基因$CsNBS_1$和$CsNBS_2$在强、弱抗虫品种的表达调控模式恰好相反，可能具有潜在的抗性作用。还有研究人员通过克隆获得了茶树丝氨酸蛋白酶抑制剂（SPI）CsSPI基因，发现4个不同茶树品种（抗性品种恩标、紫笋；感性品种蓝天、斑竹园）丝氨酸蛋白酶抑制剂活性高低不同，抗虫性存在差异，即抗性品系饲喂的灰茶尺蠖幼虫、蛹的生长发育受到抑制，初步表明茶树丝氨酸蛋白酶抑制剂的表达水平可能与其对灰茶尺蠖的抗性有关。

（三）加强茶园田间管理

1. 科学施肥

通过测土配方，合理科学施肥，施足基肥，多施有机肥和生物菌肥，可以减轻茶树病虫害的发生，增强茶树的耐害性。茶园冬季施肥，以经过无害化处理的堆沤肥、厩肥、人畜粪尿等农家肥或土杂肥为主，每亩（1亩≈666.7m^2）施用量为1500kg，配施茶树专用肥，每亩50kg，在茶树行间开沟20cm深施，施肥后覆土，以防止肥料流失。台地茶园施肥，肥料应施在台地内侧。若偏施氮肥，改变了茶树体内的碳氮比例，有利于叶蝉类、蚜虫类、蚧类、螨类等吸汁性害虫及茶饼病、茶炭疽病等的病虫害发生为害。反之，增施有机肥、磷钾肥和生物菌肥，能够增强茶树树势，增强其对多种病虫害的抗性，减轻刺吸式口器害虫如蚧类、螨类的发生，可提高茶苗对根结线虫病等病虫害的抵抗力。

2. 合理除杂修剪

田间管理是关于清洁茶园、合理的耕作制度等增产提质措施的综合应用。加强茶园田间管理，及时清除杂草、疏枝修剪、中耕除草，促进茶园通风透光，避免郁闭，降低茶园湿度，破坏病虫害繁殖场所。对于郁闭的茶园，要适当疏除无效枝条，以改善茶园小气候环境。也可采取清蔸亮脚的方法，剪去茶丛下部的枯枝、纤弱枝、病虫枝，特别注意剪蛀梗性害虫的被害枝干。还可人工采除茶饼病、茶白星病、茶炭疽病等严重的病枝条，摘除茶毛虫卵块、卷叶蛾虫苞、蓑蛾护囊，击碎枝杆上的丽绿刺蛾、褐缘绿刺蛾、黄刺蛾的茧，用竹刀刮除被害枝干上的蜡蚧类害虫、苔藓类病害等。

3. 抓住越冬期防治

认真贯彻“预防为主，综合防治”的植保方针，每年10月至翌年3月是茶树的休眠期，时间长达5～6个月，此时也是很多茶园病虫害的越冬期。茶园病虫害的越冬场所一般都在茶树中下部枝叶上，地表层枯枝落叶下或茶园土壤中越冬。越冬期间可结合茶园培管措施防治病虫害。土表层和落叶层中越冬的病虫害，如尺蛾类、茶毛虫、地老虎、扁刺蛾、斜纹夜蛾、棉铃虫、蛴螬，象甲类幼虫、金针虫、金龟甲、茶短须螨等害虫的蛹、幼虫和卵及多种病原物等，深耕秋挖或结合中耕除草，可以恶化害虫生存环境，把地表的害虫卵、蛹、有害的病菌翻到土壤下层，使之窒息而死，或者把下层土壤中的卵、蛹、病菌翻到土表上被日光晒死或冻死，或被天敌捕食，从而达到控制病虫害的目的。对丽纹象甲、角胸叶甲幼虫发生较多的茶园，也可在春茶开采前翻耕一次。深翻茶园土壤的同时整理台面、清沟理渠，达到茶园“三保一护”（即保水、保土、保肥、护根）要求，减少水土流失。越冬期是茶园病虫防治的大好时机，此时不采茶，劳力充足，病虫处于休眠状态易于清除，不会影响天敌的生存，不会污染茶园环境，是全年中病虫综合防治的关键，真正体现了“预防为主，综合防治”的植保方针。

4. 降低茶园湿度

低洼茶园注意开沟排水，以降低茶园湿度。

5. 局部发生病虫害的茶园，应剪去病虫害枝

对发生严重、树势衰退的茶园，宜于春茶结束后，根据情况进行重修剪或台刈，并对留下的茶丛树桩适时喷药。在茶树生长季节不宜进行修剪，避免茶树代谢旺期长出大量的幼嫩芽叶给病原菌提供适宜的侵染源。修剪和台刈的虫枝要及时清除出园。秋茶采收结束后，在冬季茶园封园时结合茶树修剪适时喷施石硫合剂，在介壳虫类发生严重的茶园喷施松脂酸钠，对防治螨类、粉虱、蚧类和茶树病害（如茶圆赤星病、茶饼病）效果显著。采取刈剪、重剪等方法改造老茶树，至少应在采茶前50d进行。在河南信阳地区，春季茶饼病的发生比秋季轻，推测这和每年白露前后茶季结束进行蓬面修剪有关。

6. 茶园越冬防护

防止冰冻灾害天气对茶树生长造成的不利影响，一般采用越冬浇水、培土、搭风障、行间铺草、行间铺膜、蓬面撒草、小拱棚、大拱棚、温室等防护措施。蓬面覆盖时间不宜过长，也不宜过于严实，气温0℃以上时应及时揭去覆盖物。培土能使在土中越冬的害虫遭机械损伤或被深埋或被裸露而死亡。如群居茶树基部越冬的茶褐蓑蛾，被土埋后，死亡率达100%。薄膜覆盖的茶褐蓑蛾死亡率在97%以上，且残存虫口活动晚，生命力降低。

（四）间作功能植物

茶园生态系统是一个开放的、受人为因素干扰的相对稳定生态系统，各种病虫害和天敌栖息环境相对稳定，对病虫害最容易实行生态调控。茶园生态系统就其生境而言，包括茶树生境和非茶树生境两部分，其中非茶树生境包括茶树周围的茶行、路边杂草地、沟渠、蔬菜地和果园等。茶树生境是病虫害及其天敌滋生繁衍的主要场所，而非茶树生境则是有害生物及其天敌寻求替代寄主或补充营养以及在空间上逃避不良环境的主要场所，或某些病原物的过渡寄主、转主寄主的主要场所。在茶园间作功能植物，是茶园病虫害生境管理和绿色防控的主要措施之一，是农业防治的重要措施之一，对茶园生态系统中的物种组成与结构、生物多样性和生态系统服务功能都具有重要的作用。

作为一种害虫种群控制的功能植物通常需要具备以下四种重要特征。

（1）能够提供适合的花粉及花蜜等食物资源，这些食物资源可作为寄生蜂必需的

食物，有时也能为捕食性天敌提供替代食物。

（2）这些植物能够维持大量的植食性昆虫，但茶树害虫不能取食，而且这些植食性昆虫不能在茶树上扩散危害，天敌可能把这些植食性昆虫作为替代猎物，在茶树上害虫种群较低时仍然能够在其他生境中维持天敌种群较高的密度，一旦茶树害虫暴发，这些天敌能够迅速涌入茶园，发挥生物控害功能。

（3）具有特定的物理结构，有些天敌需要越夏或越冬，这种特定的物理结构适合天敌的躲避，以避免更高营养级动物的取食。

（4）能够产生挥发性物质，这种挥发性物质对害虫及天敌有趋避作用或诱集作用，在茶园生态系统中以“推－拉”策略能够取得较好的生物防治效果。

在茶园间作适宜的功能植物，可有效增加茶园天敌生存所必需的基本资源，使天敌在有害生物周围即可得到所需一切，而不需要到很远的地方去寻觅。这些资源包括食物（特别是花蜜和花粉）、避难所和替代猎物等。在茶园间作适宜的功能植物，可使天敌替代猎物的种群数量和密度增加，并可增加替代猎物在系统中的存在时间（特别是靶标有害生物出现之前）和空间均匀度，从而使天敌能够长时间内存留于茶园生态系统中。同时，有助于保水固坡、提高土壤理化性质、提高茶树根系肥水利用、强树势抗病虫害、减少和防治杂草、提高主产品茶叶的产量和品质，间作的功能植物还可作为饲料、生产原料等，还可提高茶园审美价值，促进建设观光茶园。

在茶园间作适宜的功能植物，可以促进茶园保益控害的系统服务功能。研究发现，间作功能植物茶园节肢动物群落和寄生性类群的物种丰富度均显著高于对照茶园的；间作圆叶决明茶园（*Chamaecrista rotundifolia* Pers.）和间作爬地兰茶园（*Indigofera hendecaphylla* Jacq.）植食性类群和捕食性类群的物种丰富度均显著高于其他三种生境茶园的；间作功能植物茶园节肢动物群落和植食性类群的个体数均显著低于对照茶园的；而寄生性类群的个体数则显著高于对照茶园的；间作圆叶决明茶园和间作爬地兰茶园捕食性类群的个体数显著高于其他三种生境茶园的。对各功能团内的主要类群个体数进行比较并发现，植食性类群中，间作圆叶决明茶园的茶小绿叶蝉、蚜虫类、粉虱类和蝽类的个体数显著高于对照茶园的，而蓟马类和尺蠖幼虫的个体数则显著低于对照茶园的；捕食性类群中，间作圆叶决明或间作爬地兰茶园的蚂蚁类和蜘蛛类个体数显著高于对照茶园的；寄生性类群中，间作茶园的各主要类别的个体数均显著高于对照茶园的。对亚热带丘陵幼龄茶园覆盖稻草与间作白三叶草（*Trifolium repens* L.）采用目测法调查发现，与清耕茶园相比，间作白三叶茶园增加天敌和害虫物种丰富度，主要天敌蜘蛛目、膜翅目和鞘翅目的个体数量极显著提高，主要害虫茶小绿叶蝉、茶尺蠖（*Ectropis oblique* Prout）、茶蚜（*Toxoptera aurantii* Boyer）的个体数量极显著降低。在茶园间作决明子（*Catsia tora* L.），可以增加蜘蛛、草蛉等天敌种群数量，显著减少茶小绿叶蝉种群数量。

三、物理机械防治

物理及机械防治具有不污染环境、操作简便等优点，可作为茶园害虫综合防治中的辅助措施。物理及机械防治是利用简单器械和各种物理因素（光、热、电、温湿度

和放射能等）来防治害虫。即通过创造不利于害虫发生但却有利于或无碍于茶树生长的生态条件的防治方法，可通过害虫对温度、湿度、颜色、光谱、声音等的反应能力，杀死或驱避害虫。物理及机械防治与化学防治相比具有对环境污染小、无残留、不产生抗性等特点，顺应了绿色茶叶和有机茶生产的要求，因而采用物理及机械方法防治茶园害虫是一种较理想的绿色防治方法。目前，物理及机械防治主要作为一种辅助措施用于茶园害虫防治，尤其在绿色茶叶和有机茶园的病虫害防治上发挥着较大的作用。绿色茶叶和有机茶园害虫物理及机械防治采取的主要方法有以下几种。

（一）人工器械捕杀

在害虫发生量少的情况下，对体型较大、行动较迟缓、容易发现、容易捕捉或有群集性、假死习性的害虫，可采用捕杀的方法，如茶毛虫、茶蚕、尺蠖类、蓑蛾类、茶丽纹象甲等均可用人工捕杀的办法。人工摘除初龄群集幼虫的叶片及其虫茧和卵块；用铜丝钩杀天牛幼虫；剪除有虫枝条；对具有假死习性的害虫可用振落法收集处理；翻耕土壤，消灭暴露出来的地下害虫。这些方法简单易行，效果较好。

（二）诱集和诱杀

利用害虫的趋性或其他习性进行诱集，然后加以处理，也可以在诱捕器内加入洗衣粉或杀虫剂及设置其他装置（如高压诱虫灯）直接杀死害虫。

1. 灯光诱杀

灯光诱杀法是利用害虫趋光性诱捕害虫的方法。目前在农业害虫防治中应用广泛的有黑光灯、频振式杀虫灯和高压汞灯等。在斯里兰卡、日本、印度的有机茶园中都有使用黑光灯诱杀有趋光性的茶园害虫。近年来日本专门研究开发了对一种茶小绿叶蝉有较强趋性的专性高压诱杀灯，由于其有特殊的波长，而且有高电压，因此对趋集的叶蝉类害虫有很好杀灭效果。利用茶园内的半翅目、鳞翅目等害虫的趋光性，安置杀虫灯诱杀。按照一定的面积安装杀虫灯，并要控制与地面的距离，开灯的时间为 5～9 月。

频振式杀虫灯对茶园害虫有一定的防治效果，但其特异性不强，会误杀天敌。采用新型 LED 杀虫灯防治茶园害虫，其光源可以根据目标害虫调节发光波长，提高杀虫灯对茶园主要害虫的诱杀效果，且大大降低对天敌昆虫的诱捕量。研究人员根据茶园主要害虫的生活习性、趋光光谱和扑灯节律设计了双光谱 LED 太阳能杀虫灯，实现最大量、最优化诱捕害虫。另有研究人员通过安装光源离地面 130cm 高的风吸式新型 LED 灯与灰茶尺蠖性诱素组合，使得诱杀效果更佳且诱捕天敌数量更少。杀虫灯和诱虫板的使用应注意避免开“长明灯”、诱虫板长期放置，以防误杀天敌。

研究还发现，采用天敌友好型 LED 杀虫灯的诱虫光源和风吸式杀虫设备，克服了传统频振式电网型杀虫灯在茶园应用中的缺陷，安装简便，使用寿命长，显著降低了天敌昆虫的诱杀量，同时提高了杀虫灯对小体型害虫的诱杀效果。该杀虫灯对茶小绿叶蝉的有效防控距离达 65m，尺蠖类达 100m，悬挂高度高于茶蓬面 40cm 或 60cm，光控模式下工作 3h 对茶园害虫诱捕效果最好。有效控制距离决定了 LED 杀虫灯对茶园主要害虫的有效防控范围以及在茶园中安置时的最佳间距，以茶小绿叶蝉为基准，每盏 LED 杀虫灯的有效控制面积为 1.33hm^2。通过对比安装 LED 杀虫灯的茶园和未安装杀虫灯的茶园，LED 杀虫灯防控区内叶蝉成虫的数量在叶蝉爆发期显著低于未安装杀虫灯茶园，说明 LED 杀虫灯对叶蝉具有一定的防效，高峰期安装 LED 杀虫灯的茶园，有效防控区内叶蝉的数量比对照区降低了 28% ~73%。因此，LED 杀虫灯在和其他技术协同使用的情况下，例如在茶园悬挂茶小绿叶蝉的粘虫板，或者在杀虫灯附近叶蝉的聚集范围内直接喷施农药等，可能会对茶小绿叶蝉起到高效的控制作用（控制率 >90%）。

2. 嗜色诱杀

利用害虫对不同颜色的偏嗜性进行诱杀，如茶蚜对黄色、茶黄蓟马对蓝色、茶小绿叶蝉成若虫对琥珀色、茶尺蠖幼虫对黄色、绿盲蝽成虫对浅绿色板都有趋性。在茶丛行中安装害虫偏嗜颜色的粘板，能够有效地控制害虫种群。同时也发现很多天敌昆虫如瓢虫等被诱杀。研究发现，和数字化色板相比，茶小绿叶蝉天敌友好型黏虫色板对叶蝉诱捕量春季提高 28.9%，秋季提高 65.8%，且显著降低对天敌的诱捕量（春季降低 30.0%，秋季降低 35.4%）。茶小绿叶蝉天敌友好型黏虫色板可生物降解，环境友好，在春茶修剪后悬挂 1 ~2 周，悬挂高度高于茶棚面 20cm，对叶蝉第一个高峰期可起到显著的遏制作用。

3. 潜所诱杀

利用害虫的某些习性，用人工的方法造成各种适合的场所，引诱害虫前来潜伏或越冬，然后及时给予消灭，如在树干上束草，可以诱集多种害虫进入其中越冬，解下草束，即可将之烧杀；又如苗地堆草可诱集大量地老虎、油葫芦等害虫，掀开草堆，很容易将它们消灭。

4. 毒饵诱杀

以饵料诱集害虫，将其消灭，如用炒香的花生壳、谷壳粉、米糠、豆麸粉炒香，或用各类茶叶及各种野嫩杂草和植物茎叶（如甘薯叶、萝卜苗等）0.5 ~1.0cm 切成碎粒，拌入较浓的植物源农药，傍晚前堆放或撒于茶园地面上，蟋蟀、蝼蛄等害虫夜间取食后会被毒死。

5. 糖醋诱杀

取糖（45%）、醋（45%）、黄酒（10%），放入锅中微火熬煮成糊状糖醋液，倒入盆钵底部少量，并涂抹在盆钵的壁上，将盆钵放在略高于茶园茶丛上方，具有趋化性的卷叶蛾、地老虎等成虫会飞入取食，接触糖醋液后粘连而死。

（三）阻隔

通过掌握害虫发生规律及生活习性，人为设置各种障碍，阻止害虫为害或阻止其扩散蔓延，保护茶树免受害虫的危害，或就地消灭害虫。如在茶树树干涂胶或刷白，可以防治钻蛀性害虫或白蚁；利用网纱覆盖防治茶小绿叶蝉或茶蚜为害；在茶冠层四周或上方挂银色薄膜带，可以避蚜防病。

（四）应用现代物理技术

应用辐射可直接杀死害虫或影响生殖功能而引起不育，如钴射线、红外线、激光、超声波等防治茶树害虫。利用辐射造成昆虫雄性不育，可以有效地降低茶园害虫的种群数量。用 ^{60}Co 照射油桐尺蠖蛹，使羽化的成虫不能正常交配，茶园油桐尺蠖种群数量大为下降。在室内通过3.5万R $^{60}Co-\gamma$ 射线辐射茶尺蠖雌雄蛹的前期、中期和后期，发现辐射对 F_1 代均造成较高的不育率，子代幼虫死亡率高，具有遗传不育效应，且对成虫羽化、交尾和寿命无不良影响，推断在田间防治应用时，茶尺蠖雌雄蛹不需要分开辐射。采用紫外线辐射茶尺蠖2龄和5龄幼虫，随辐射时间延长，茶尺蠖2龄幼虫发育历期显著延长，存活率、化蛹率、蛹重、羽化率显著降低，畸蛹率显著提高，但对茶尺蠖5龄幼虫生长发育影响不显著。

四、生物防治

狭义的生物防治是指利用天敌昆虫防治害虫。广义的生物防治是指利用某些生物或生物代谢产物来控制病虫害，以达到压低或消灭病虫害的目的。生物防治的特点是对人、畜安全，对环境污染极少，病虫害不易产生抗药性，有时对某些病虫害可以达到长期抑制的作用，而且天敌资源丰富，便于利用。但生物防治也有缺点。如杀灭病虫害作用缓慢，不如化学药剂速效；多数天敌对害虫的寄生或捕食有选择性，范围较窄；多种害虫同时并发时，利用一种天敌难以奏效；天敌的人工繁殖技术难度较高，商品化天敌种类有限，且防治效果受气候条件影响大。但生物防治仍是一项具有广阔发展前景的防治措施。

（一）天敌的利用

在茶园生态系统中，有丰富的天敌种类，保持天敌与害虫之间的自然平衡。茶园害虫的天敌包括捕食性昆虫、寄生性昆虫、蜘蛛、捕食益螨和食虫益鸟等。张汉鹄等自20世纪80年代开始，通过对具有代表性的茶区进行考察和大量的资料收集，确定我国茶树有害生物有814种（有害昆虫801种，其他害茶动物13种），天敌1110余种。814种有害生物分属3门、4纲、17目、117科，主要为昆虫，少数为螨类、软体动物和哺乳动物等其他有害动物。害虫以危害极为突出的鳞翅目和同翅亚目昆虫为主。鳞翅目尺蛾科、毒蛾科及刺蛾科均达到50余种，同翅目蚧总科有100余种，其中盾蚧科达50种以上。茶园食物网复杂，受到昆虫种群内及种间反馈机制的限制，单种种群数量稳定，即优势种群往往能稳定地保持优势，在经济地位上比较突出。因此，茶园中虽有多种有害生物存在，其中危害严重需要防治的有害生物仅有6~9种，防治靶标有害生物一般为2~3种。因此整个茶园有害生物防治的成败，往往取决于对关键性有害生物的防治对策。

1. 利用天敌进行防治病虫害的途径：

（1）自然天敌的保护利用　自然界天敌种类和数量非常多，但它们常受到不良环境条件如气候、生物及人为因素的影响，使其不能充分发挥对害虫的控制作用。因此，必须通过改善或创造有利于自然天敌发生的环境条件，促进其生存繁殖。

保护利用天敌的基本措施如下。①采取安全保护措施，如束草诱集，供瓢虫等停息，并在草束缝隙中安全过冬或引进室内蛰伏等，保证天敌安全越冬，从而增多早春天敌数量。②必要时补充寄主，使其及时寄生繁殖，从而保护和增殖天敌。③注意处理害虫的方法。在获得的害虫体内通常有天敌寄生，故需妥善处理，如采用“卵寄生蜂保护器”、蛹寄生昆虫保护笼，或其他形式的保护器来保护天敌，将人工采集的茶毛虫卵块、蓑蛾护囊、卷叶蛾虫苞等放在保护器内，害虫不能爬出或飞出，而寄生蜂体小能飞出；茶树修剪下来的茶枝堆放在茶园附近，茶树上的某些害虫因不能远爬而饿死，寄生蜂能飞回茶园。④茶园四周多种乔木或用人工巢箱招引益鸟啄食茶园害虫。保护蝌蚪及青蛙，养鸡鸭防治茶蚕等。⑤合理用药，避免农药杀伤天敌。

（2）大量繁殖和饲养释放天敌昆虫　当本地天敌的自然控制力量不足，尤其是在害虫发生前期，可大量繁殖天敌昆虫释放到茶园，主要如小花蝽尺蠖绒茧蜂、赤眼蜂、缨小蜂、草蛉、食虫瓢虫及农田蜘蛛、捕食螨（如植绥螨、大赤螨）。

（3）移殖和引进外地天敌　从国外引进或从外地移殖有效天敌来防治本地害虫，这在生物防治历史中是很经典的方法。世界上第一个成功引进天敌防治案例是1888年美国引进澳洲瓢虫［*Rodolia cardinalis*（Mulsant）］防治柑橘吹绵蚧壳虫（*Icerya purchasi* Maskell），此后捕食性天敌昆虫的引进和研究利用在世界各国得到了快速发展。我国台湾在1909年就从美国引进澳洲瓢虫，1932年经由我国台湾进入上海；1955年再次从苏联引入广州，用于防治柑橘和木麻黄树的吹绵蚧。20世纪60年代初助迁至重庆北碚防治柑橘吹绵蚧，1963年又将此虫引进昆明防治柑橘和圣诞树上的吹绵蚧获得成功。移引外地天敌防治本地害虫的成功事例虽然不少，但其成功率并不太大，一般在20%左右。因此，要做好这一工作，必须首先做好天敌的调查研究。

2. 茶园天敌的分类

（1）捕食性天敌　茶园捕食性天敌隶属于18目近200科，其中用于生物防治效果较好且常见的种类有蜘蛛、捕食螨、瓢虫、步甲、草蛉、食蚜蝇、食虫虻、蚂蚁、食虫蝽、胡蜂、蜻蜓等。一般捕食性天敌捕获猎物后即咬食虫体或刺吸其体液。国内已报道的茶园天敌日控制能力总结如下：鞘翅目天敌的日捕食量为3.5～100.9头，日取食卵量为60.2～70.8粒；脉翅目天敌的日捕食量为13.2～20.1头，日取食卵量≥3.5头；半翅目天敌的日捕食量为4.1～110.6头，日取食卵量为7.1～9.5头；双翅目天敌的日捕食量≥120.1头（表3－2）。符合生态系统食物链中从高一营养级同化低一级的10%～20%定律，说明天敌对害虫控制能力很强。湖南省茶科所用蜘蛛防治茶小绿叶蝉，防控区连续8年不用农药；湖南农大南岳茶场通过繁育释放黑缘红瓢虫防控油茶绵蚧，连续15年不用农药。

表3－2　茶园常见天敌对害虫的日捕食能力

分类地位	天敌种类	日捕食能力
鞘翅目	异色瓢虫	鳞翅目害虫卵量≥70.8粒；≥100.9头蚜虫
	中华广肩步甲	鳞翅目幼虫≥18.9头
	青翅蚁形隐翅虫	蚜虫≥60.6头；鳞翅目害虫卵≥6.2粒；茶小绿叶蝉≥3.5头
双翅目	大灰食蚜蝇	蚜虫≥120.1头；鳞翅目害虫卵≥7.6粒；茶小绿叶蝉≥4.2头
	黄绿斑水虻	蚜虫≥75.9头
脉翅目	中华草蛉	蚜虫≥120.0头；鳞翅目害虫卵≥5.3粒；茶小绿叶蝉≥3.3头
	全北褐蛉	蚜虫≥70.2头
	粉蛉	螨类≥90头；介壳虫≥15.0头；黑刺粉虱≥13.2头

续表

分类地位	天敌种类	日捕食能力
半翅目	南方小花蝽	鳞翅目害虫卵≥7.1 粒；茶小绿叶蝉≥4.2 头；蚜虫≥110.6 头
	黑厉蝽	鳞翅目幼虫≥13.3 头
	黑肩绿盲蝽	茶小绿叶蝉卵≥9.5 粒
	小姬猎蝽	茶小绿叶蝉≥4.1 头
螳螂目	中华绿螳螂	鳞翅目幼虫≥15.1 头
膜翅目	李蜾蠃	鳞翅目幼虫≥12.1 头
蜘蛛目	蜘蛛	茶尺蠖幼虫≥5.0 头；油桐尺蠖≥5.3 头；茶刺蛾≥5.4 头；茶小绿叶蝉≥5.6 头；茶毛虫≥5.4 头；茶树蚜虫≥7.1 头
雀形目	灰喜鹊	茶尺蠖≥72 头
	棕头鸦雀	茶蚜≥386 头

捕食性天敌是茶园生态系统中重要的一环，对茶园生态平衡起到重要作用。利用捕食性和寄生性天敌可以有效地控制茶园害虫，日本在研究捕食性天敌应用上已取得很大进展，推广用捕食性蜘蛛、捕食螨防治茶园害虫，并在静冈县提出保护蜘蛛的运动。印度和斯里兰卡更加强调保护利用天敌。此外，多种捕食性天敌（包括瓢虫、草蛉、蜘蛛、捕食螨等）对各种蚧类、茶蚜、茶小绿叶蝉、尺蠖等均起着重要的自然控制效果。20 世纪 70 年代以来，我国茶树害虫、害螨的生物防治有了较大的进展，贵州、浙江、安徽、福建、四川等省相继对茶园害虫害螨的天敌进行了调查，特别是对几种主要害虫的天敌优势种进行了应用研究。但是捕食性天敌的人工大量繁殖问题，仍是限制生物防治推广应用的主要原因，此外，释放天敌与化学防治也存在着矛盾。因此，培育对茶园常用农药具有抗性的捕食性天敌是一个研究方向。食虫鸟对茶园害虫绿色防控起着非常重要的作用，鸟类、蛙类、蛇类等在茶园害虫绿色防控方面应引起足够重视。

（2）寄生性天敌　寄生性天敌分属 5 目近 90 科，大多数种类均属膜翅目和双翅目，即寄生蜂和寄生蝇。寄生性天敌通过寄生的卵、幼虫体或者蛹来达到控制害虫种群数量的目的。通过多年考查鉴定，发现贵州茶园各类天敌 356 种，其中天敌昆虫 50 科 305 种、虫生真菌 7 种、昆虫病原细菌 1 种、昆虫病原病毒 14 种、蜘蛛目 12 科 29 种。天敌昆虫中，膜翅目 20 科 116 种，占天敌总种数的 32.16%；其中天敌寄生蜂有 105 种。姬蜂类、茧蜂类、瓢虫类、步甲类和蜘蛛类是茶园优势天敌类群。

针对茶园常发害虫、造成较大损失的害虫以及可能发生的害虫，搜集其天敌，并对其进行保护筛选，在关键时候进行释放，已成为天敌控制的新途径。我国利用寄生性天敌最成功的案例是赤眼蜂防治多种鳞翅目害虫。如我国在 20 世纪 80 年代初用澳洲赤眼蜂人工繁殖技术，控制茶卷叶蛾，卵寄生率达 85%。

通过插梢观察的方法发现 20 世纪 60 年代寄生茶小绿叶蝉卵主要为两种缨小蜂。还有研究发现，茶小绿叶蝉卵寄生蜂有两种，隶属于三棒缨小蜂（*Stethynium* sp.）和裂骨缨小蜂（*Schizophragma* sp.），其中三棒缨小蜂（*Stethynium* sp.）是优势种。随后，研究人员对茶小绿叶蝉的两种卵缨小蜂寄生蜂进行了一系列的调查，发现目前已知的两种茶小绿叶蝉卵寄生蜂，经鉴定分别为叶蝉三棒缨小蜂（*Stethynium empoasca* Subba Rao）和微小裂骨缨小蜂（*Schizophragma parvulas* Ogloblin），并首次报道了茶小绿叶蝉卵缨小蜂的生物学、生态学特性及其各虫态形态特征。叶蝉三棒缨小蜂成蜂的寿命都较短，高温不利于其生存，在室内以10%的蜂蜜水饲喂，能显著延长雌蜂寿命。因此在茶园种植蜜源植物可能会延长寄生蜂的寿命。对茶小绿叶蝉卵寄生蜂两种缨小蜂的寄生率调查结果中，显示它们的寄生率与寄主卵量关系密切，寄生高峰期基本与茶小绿叶蝉着卵高峰期一致。缨小蜂寄生高峰期与茶小绿叶蝉卵量高峰期大体一致，滞后几天，但最高寄生率只有40%。另外，研究发现冬季间作茶园茶小绿叶蝉卵缨小蜂的寄生率最高达76.5%，而另有报道说冬季茶园茶小绿叶蝉卵缨小蜂的寄生率最高可达90.0%。

在保护利用天敌资源的措施上，应提高茶园生物多样性，提高茶园生态系统保益控害系统服务功能。如茶园间作绿肥可以固土、防塌、护梯（沟、路），提高土壤理化性质；同时，间作物的花粉、花蜜，是许多天敌昆虫生存和繁殖所需的营养。茶小绿叶蝉卵寄生蜂可以利用花蜜补充营养，从而延长寿命，并增加产卵量。因此，在茶园生态系统中适当种植一些开花蜜源植物，能够起到引诱天敌，并提高其寄生能力的作用。为了克服天敌和害虫发生的滞后现象，还有研究人员提出利用载体植物、诱集植物、陪植植物等，“以害繁益”和“保益控害”，使作物的天敌在早期得到大量补充，达到与害虫同步发生，从而起到“以益灭害”和“保益控害”的作用。

（二）生物源农药的利用

1. 病原微生物

由于化学农药的大量使用，使得“3R”问题（即残留、抗药性、再增猖獗）日益严峻，随着人们对茶叶食品安全的关注度日益增长，对生物农药的开发和应用也日益增多。目前主要采用真菌、细菌和病毒防治茶树病虫害。

（1）真菌　除白僵菌、绿僵菌、青虫菌、黑刺粉虱韦伯虫座孢菌外，还有虫霉、链霉菌等菌种的代谢物等。目前真菌杀虫剂研究最多的是球孢白僵菌和金龟子绿僵菌，其不同剂型已在防治多种农林害虫中大面积应用，白僵菌能够在自然条件通过体壁接触感染杀死害虫。白僵菌可寄生15个目149个科的700余种昆虫，对人畜和环境比较安全、害虫一般不易产生抗药性，可与某些杀虫剂、杀螨剂、杀菌剂等化学农药同时使用。白僵菌是我国已大量生产并广泛应用的一种有益病原真菌，它对茶园中的茶毛虫、茶尺蠖、茶小卷叶蛾等多种鳞翅目害虫的幼虫有很强的致病作用，对茶小绿叶蝉、茶丽纹象甲也有一定的控制作用。国外对白僵菌研究较多的国家有美国、日本、德国、法国等。20世纪90年代，美国登记注册了防治粉虱和蚜虫类的白僵菌商品制剂Botani GardES、MycotrolWP、Naturalis－L和白僵菌GHA菌株的生物农药产品Mycotrol，白僵菌GHA菌株登记的防治对象除粉虱类、蓟马类、菜蛾类外，还以蚜虫、介壳虫类、丽金龟等为防治对象进行了登记。Naturalis－L主要成分为特异杀虫真菌白僵菌ATCC74040分生孢子，是一种对许多主要茶树和蔬菜害虫有明显防治效果的生物农药产品。

测定从球孢白僵菌（*Beauveria bassiana* Vuill）（871菌株）侵染的茶丽纹象甲虫尸上分离的8个分离株的生长速率、产孢量和孢子萌发率等生物学性状，以及对茶丽纹象甲成虫的杀虫活性后发现，菌株XJBb3005表现出最强的杀虫活性，第7天校正死亡率为100%，半数致死时间（LT_{50}）仅为3.46d，90%致死时间（LT_{90}）为5.45d，僵虫率达93.75%。在茶角胸叶甲成虫出土前和出土后两个时期连续喷施100g/hm^{2}的400亿孢子球孢白僵菌后，能有效减少茶角胸叶甲对茶树的危害，喷施白僵菌的茶树芽头数量显著大于空白对照区，嫩叶和老叶被角胸叶甲取食的孔洞数量及越冬代幼虫基数均显著小于空白对照区。经相容性研究和撒菌粉防治试验，发现白僵菌BLK和绿僵菌Ma1775分别与1.5%除虫菊素和3.0%阿维菌素的相容性较好，田间防治15d后，BLK+1.5%除虫菊素和Ma1775+3.0%阿维菌素复配剂的防治效果均极显著高于单剂，BLK+1.5%除虫菊素复配剂防治，茶小绿叶蝉虫口减退率与防治效果均极显著高于其他处理，分别为76.7%和73.9%。利用40亿/g球孢白僵菌600倍稀释液防治茶园茶小绿叶蝉，结果表明14d后防效最好，达75.9%。

绿僵菌也是一种有效的昆虫病原真菌，对鳞翅目食叶害虫幼虫和鞘翅目的害虫均有很好的防治效果。拟青霉是茶树上多种害虫的病原真菌，可以寄生于茶尺蠖、茶毛虫、卷叶蛾等鳞翅目害虫和粉虱类害虫上。选择不同剂量的金龟子绿僵菌CQMa421（孢子含量80亿个/mL）可分散油悬浮剂进行田间防治试验，发现金龟子绿僵菌CQ-Ma421防治茶小绿叶蝉的效果较好，推荐使用剂量120mL/hm^2，防治适期为茶小绿叶蝉百叶虫量3~5头。采用随机区组试验研究绿僵菌油悬浮剂对茶小绿叶蝉的防治效果，发现孢子含量80亿个/mL绿僵菌油悬浮剂防治茶小绿叶蝉效果较好，持效期较长，最佳施用剂量为0.6~0.9kg/hm^2，药后7d和14d的防治效果分别为73%~76%和75%~78%。

（2）细菌　应用病原细菌来防治有害生物以苏云金芽孢杆菌［*Bacillus thuringiensis* Berliner（Bt）］最为普遍和有效，苏云金芽孢杆菌制剂称为Bt制剂，目前有悬浮剂和可湿性粉剂两种剂型，它对多种鳞翅目食叶害虫有良好的防治效果。但苏云金杆菌在田间使用中存在防效不稳定、残效期短等问题。由于Bt制剂对家蚕有高致病力，在茶桑交叉的地区一般慎用。利用苏云金芽孢杆菌对茶尺蠖进行毒力测定，结果其中40-1新分离株对茶尺蠖的毒力最强。用生物农药Bt-781与敌杀死、氧乐多药效进行比较，结果生物农药Bt-781不仅安全有效、无残留，而且防治效果较好。用日本金龟子杆菌（*Proteus* sp.）稀释100倍的水溶液喷施茶树，对茶小绿叶蝉和茶橙瘿很有效。

（3）病毒　利用昆虫病毒防治害虫是生物防治的重要手段之一。病毒作为昆虫病原微生物，在昆虫疾病流行中起着十分重要的作用。因其具有对寄主专一性强、对人畜安全、后效作用明显、对环境友好等特性，日益为人们所重视，应用前景十分广阔。但高温会影响病毒的增殖，因此最好在阴天使用。昆虫病毒在农业实践中的应用已有100多年的历史，昆虫病毒如核多角体病毒（NPV）、昆虫痘病毒（EPV）和颗粒体病毒（GV）等已广泛应用于生产实践。据不完全统计，世界上已从1100多种昆虫中发现了1690多株昆虫病毒，其宿主涉及昆虫11目43科，目前全世界注册的杆状病毒杀虫剂已有20种，在森林、蔬菜和仓储害虫的防治中发挥了重要作用，我国已从7目35

科 127 属的 196 个虫种中分离到 247 株昆虫病毒。利用茶树病毒防治茶树害虫从 20 世纪 50 年代起开始发展，70 年以后在我国发展迅速。据不完全统计，我国从 40 多种茶树害虫上分离得 81 种昆虫病毒。其中核多角体病毒 45 种、颗粒体病毒 24 种、质型多角体病毒 9 种、非包涵体病毒 3 种。病毒防治茶园害虫已经得到广泛的应用，茶尺蠖核多角体病毒、茶毛虫核多角体病毒也大规模应用于生产。在国外，日本应用颗粒体病毒防治茶小卷叶蛾和茶卷叶蛾已非常普遍，并已有制剂进行商业化生产，在鹿儿岛茶区每年使用面积 4000hm^2 以上。在我国，病毒被广泛应用于茶树害虫防治，如茶尺蠖、灰茶尺蠖、茶毛虫、茶刺蛾等。

茶尺蠖核多角体病毒（*Eo*NPV）和灰茶尺蠖杆状核多角体病毒（*Eg*NPV）作为生物农药，具有环境友好、专一性等优点。研究人员推荐在每年茶尺蠖第 1、2 代和第 5、6 代的 1 ~2 龄幼虫期使用茶尺蠖病毒控制茶尺蠖。在 $7.5\times10^9\sim15.0\times10^9$ PIB/hm^2 的使用剂量下，幼虫期的防治效果可达 98% 以上。采用不同的喷雾器、不同的用水量及不同的喷施方式喷施，对防治效果无影响。但挑治和丛面喷施可大幅度节约防治成本费。苏云金芽孢杆菌制剂存在防效不稳定、残效期短等问题，而茶尺蠖核多角体病毒虽具有杀虫专一性强、杀虫效果好，且能垂直传播、持效期长、对人畜无害的优点，但是存在杀虫速度缓慢问题，使害虫的危害难于控制在经济阈值以下。为了克服苏云金芽孢杆菌和茶尺蠖病毒杀虫剂的缺点，研究人员分离、筛选了新型苏云金芽孢杆菌、病毒菌株，并对苏云金芽孢杆菌高毒菌株与茶尺蠖病毒的联合作用进行了研究。研究发现，茶尺蠖对苏云金芽孢杆菌具有较强的耐药性，温度、光照是影响茶尺蠖核多角体病毒应用效果的主要因素。苏云金芽孢杆菌和茶尺蠖核多角体病毒间具有协同增强作用。苏云金芽孢杆菌与茶尺蠖核多角体病毒联合作用，对茶尺蠖作用速度加快，致死中时间缩短，且杀虫范围较病毒明显扩大，对茶毒蛾等并发害虫兼治效果达 85.8%。害虫对混合应用药剂拒食作用加强，保叶效果达 92.1%。利用苏云金芽孢杆菌和茶尺蠖核多角体病毒协同增强作用，研制了茶尺蠖微生物杀虫剂——尺蠖清，属微毒级，无急性致病性，对鱼和鸟均为低毒，对蜜蜂和家蚕均为低风险性农药。研究人员采用生物测定方法测定茶尺蠖核多角体病毒和苏云金芽孢杆菌的联合作用，也发现苏云金芽孢杆菌与茶尺蠖核多角体病毒混用具有增效作用。茶尺蠖对 *Eo*NPV + Bt 制剂处理茶树的食叶量比单独使用茶尺蠖核多角体病毒制剂的食叶量减少 65.9%。*Eo*NPV + Bt 制剂对茶刺蛾、茶银尺蠖等茶树鳞翅目害虫的兼治作用分别达 85.8% 和 88.7%，用“茶核·苏云菌”防治茶园害虫既保证防效又克服病毒制剂见效缓慢的缺点。多点田间药效试验结果表明，*Eo*NPV + Bt 制剂药后 10d 对茶尺蠖防效达 81.80% ~93.24%。研究人员研制推广了多种茶尺蠖核多角体病毒制剂（*Eo*NPV 水剂、*Eo*NPV – Bt 混剂、*Eo*NPV 农药混剂、*Eo*NPV 乳剂、*Eo*NPV – Bt 乳剂、*Eo*NPV – 溴氰可湿性粉剂），防效达 90% 以上。研究人员发现茶尺蠖核多角体病毒对灰茶尺蠖第 2 代 1 龄幼虫致病力最强，并筛选出高效毒株 QF_4。茶尺蠖核多角体病毒与化学增效剂的混用可增加其毒力，且降低生产成本，降低茶尺蠖抗性的选择压，延缓茶尺蠖抗性的产生。研究人员还发现茶皂素对两品系病毒（*W* – *Eo*NPV 和 *Z* – *Eo*NPV）具有增效作用，茶皂素以 4mg/mL 增效最显著，而大豆卵磷脂仅对 *W* – *Eo*NPV 品系病毒有较高增效作用。利用重组病毒防治茶园尺蠖可提高茶尺蠖核多角体病毒的杀虫力，解决增殖困难等问题。研究人员将茶尺蠖几丁质合成酶保守基因双链干扰序列转化病毒构建重组病毒，从而抑制茶尺蠖几丁质生物合成，提高杀虫效率。研究人员提出利用家蚕作为宿主增殖重组病毒杀虫剂，构建了重组家蚕核多角体病毒。

研究人员利用茶刺蛾核型多角体病毒（IrfaNPV）控制茶刺蛾，发现病毒对茶刺蛾幼虫致病力强、田间防效高、大面积示范应用效果在87%以上。在茶刺蛾第1代喷施茶刺蛾核多角体病毒和苏云金芽孢杆菌混剂，可有效控制第1代茶刺蛾的发生，且对第2、3代也有防控效果。研究人员还利用茶毛虫核多角体病毒防治茶毛虫，室内和田间防治效果均达98%以上。还有研究人员用茶毛虫病毒制剂大面积防治茶毛虫，1个月内茶毛虫死亡率达到98%。

2. 植物源农药

植物源农药是来源于植物体的农药（从人工栽培或野生植物中提取活性成分），其有效成分通常不是单一化合物，而是植物有机体中的一些（甚至大部分）有机物质。它包括从植物中提取的活性成分、植物本身和按活性结构合成的化合物及衍生物，主要有生物碱、萜类化合物、黄酮类化合物、精油及羧酸脂类5类。其杀虫活性成分主要是次生代谢物质，对害虫的作用方式独特、多样化，作用机理复杂，主要有毒杀、拒食、忌避、干扰正常的生长发育和光活化毒杀等作用。由于其来源于自然界，能在自然界降解，不污染环境，且活性成分复杂，能够作用于昆虫的多个器官系统，利于克服抗药性，以及具有低毒、低残留、广谱性、高效等优点，20世纪80年代以来植物源农药成了各国植物保护工作者研究热点。植物源农药主要用于蔬菜、茶叶、中药材、园林绿化、棉花及水果上，特别是在有机茶的生产技术规程中禁止使用化学合成农药，植物源农药便成为有机茶园理想的防治药剂。例如苦参碱，又名苦参素，是由中草药苦参的根、果用乙醇等有机溶剂提取制成的生物碱制剂，主要防治茶黑毒蛾、茶毛虫和茶尺蠖；鱼藤酮，又名鱼藤精，是一种应用历史悠久的植物源杀虫剂，主要防治茶尺蠖、茶毛虫、茶蚕、卷叶蛾类、蓑蛾、刺蛾、小绿叶蝉、黑刺粉虱、茶蚜；印楝素是从印楝树提取的植物性农药，印楝素对直翅目、鳞翅目、鞘翅目等害虫表现出较高的特异性抑制功能，而且不伤天敌，对高等动物安全；除虫菊素是由除虫菊花中分离萃取的具有杀虫效果的活性成分，主要防治茶茶小绿叶蝉；烟碱是由烟碱植物中提取出来的植物源杀虫剂，主要防治茶尺蠖、茶蚕、茶蚜、卷叶蛾、蓟马、叶蝉、飞虱等多种茶树害虫。又如用桐籽壳熬制后防治茶蚜、介壳虫、鳞翅目幼虫；苦楝防治小绿叶蝉、茶蚜等害虫；土农药烟草液防治茶毛虫、茶蚕、茶蚜；土农药茶籽饼防治茶苗根结线虫；放线酮防治茶云纹叶枯病；多氧霉素防治茶饼病；井冈霉素防治茶苗白绢病等。由于植物源农药毒性低，防治鳞翅目害虫，应掌握在抗药性弱的1~2龄幼虫期喷施。如防治尺蠖类、茶黑毒蛾、茶毛虫等害虫，最好是在1龄、2龄幼虫期，或卵孵化高峰期，每667m^{2}用0.5%苦参碱水剂20~30mL加水50~70L，稀释成2500~3700倍液喷雾效果较好。需注意的是，苦参碱药效较缓慢，应提前3~5d施用，以增强防治效果。建议有机茶园的病虫害防治，在使用植物源农药的同时还应该配以其他方法如天敌灭虫、以虫治虫、真菌治虫、细菌治虫、灯光诱杀、糖醋诱杀、性诱杀、防虫网作为辅助方法，以提高杀虫的效果。

3. 矿物源农药

矿物源农药是指有效成分来源于无机化合物（矿物）的农药，在有机茶园中限制使用，主要有波尔多液、石灰硫黄合剂、硫酸铜、硫悬浮剂等。

（1）波尔多液　由石灰和硫酸铜配制而成，主要是0.6%～0.7%石灰半量式波尔多液，对茶树叶部病害和苔藓地衣具有良好的防治效果，喷后25d可采茶。

（2）石灰硫黄合剂　由石灰和硫磺配制而成，具有杀虫、杀螨和杀菌多种作用，对介壳虫的防治效果也较好。一般用于秋茶结束后的封园防治。

（3）硫酸铜　是水溶性铜素无机化合物，杀菌能力很强，可配成0.5%的硫酸铜溶液使用。一般用于种苗浸渍消毒。

（4）硫悬浮剂　该药耐冲刷，对茶园天敌影响小，每亩喷施100g对茶橙瘿螨药效高，加入的助剂应经认可才能在有机茶园中使用。此药一般用于非采摘茶园，如果在采摘茶园使用，喷施过后相隔20d后才能采茶。

（5）矿物油　99%绿颖对茶树上的茶橙瘿螨防效高。研究人员选择4种生物农药，在云南永德县进行药效试验，其中99%绿颖（矿物油）和松针提取液对茶饼病的防治效果优于10%多抗霉素可湿性粉剂和2%武夷菌素水剂，防止率分别为71.8%、65.8%，这两种制剂可在有机茶园中推广应用。当气温高于35℃或土壤干旱和作物缺水时，不要使用本品。夏季高温时，请在早晨和傍晚使用。勿与离子化的叶面肥混用，勿与不相容的农药混用，如硫黄和部分含硫的杀虫剂和杀菌剂。

五、化学生态防治

半个世纪以来，我国茶园害虫治理经历了化学防治—全部种群防治—综合防治—有害生物综合治理四个阶段，其中茶园有害生物综合治理是指采用农业防治、物理防治、生物防治、化学防治、化学生态防治等多种方法综合治理茶园害虫，尤其自20世纪90年代发展起来的化学生态防治新方法发展迅速。化学生态防治新方法是建立在生物化学和生态学交叉学科的化学生态学基础上，根据寄主和害虫、寄生物和天敌、昆虫和植物、植物诱导抗性和生物种群等关系，利用生物间的化学信息联系进行化学生态防治，其核心是昆虫信息化合物利用技术。

（一）利用寄主挥发物

寄主挥发物在茶树—害虫—天敌的三级营养关系中发挥着重要的信息交流和调节作用。20世纪80年代，国内开始对茶树挥发物的分离、鉴定及生态功能进行研究，发现茶尺蠖危害后的茶树与完整植株释放的挥发物相比种类和数量都有显著增加，增加组成型化合物4种，新形成型化合物51种，萜类化合物20种，含苯环的醇类化合物2种。电子鼻（zNose^{TM}）和气质联用技术可依据害虫取食危害茶树时挥发物成分和含量均会发生改变来检测茶树受害信息。对植物挥发物的相关研究文献证明植物所释放的信息化合物可分为两类，其中一类是植物在生长发育过程中自然释放的气味物质，这类物质对植食性昆虫的寄主识别和寄主定位行为、求偶和产卵行为、逃避行为、聚集和传粉行为等起着诱导作用。

（1）植物挥发性物质是昆虫远距离定位寄主植物的主要信息来源，表现为挥发性物质对植食性昆虫的引诱作用。茶树在生长过程中会稳定地向周围释放以五碳和六碳醇类化合物为主的挥发性化合物。室内试验证明多种茶树害虫对茶梢释放的挥发性化合物具有很强的趋性。

（2）植物挥发性物质与昆虫交配、寻找合适的产卵场所紧密相关。通常昆虫在具有寄主植物气味场中交配成功率较高，且许多昆虫根据寄主植物产生的挥发性物质来寻找产卵场所以保证后代的食物来源。茶尺蠖雌成虫的产卵选择试验表明雌成虫明显趋向于在其幼虫为害后的茶苗上产卵。

（3）植物挥发性物质还可作为植物的直接或间接防御手段，如抑制昆虫的生长发育、吸引其天敌寄生蜂等。茶树经外源茉莉酸甲酯（MeJA）处理后，诱导茶树叶片多酚氧化酶、脂氧化酶和蛋白酶抑制素提高使得其生长受阻（直接防御），并诱导茶树挥发物增加，诱发的挥发物对单白绵绒茧蜂具引诱作用，应用茶园中能明显提高单白绵绒茧蜂的寄生率（间接防御）。研究证明，茶尺蠖的口腔分泌物在茶树释放互利素中起到直接作用，其中β－葡萄糖苷酶是启动物质。通过气味选择试验发现机械损伤的茶树新梢＋幼虫的口腔分泌物、幼虫危害的茶树气味均对单白绵绒茧蜂有较好的吸引作用。研究还发现，顺－3－己烯醇是绿叶植物防御茶尺蠖的重要组成部分，其诱导茉莉酸和乙烯水平提高，从而吸引茶尺蠖寄生蜂。研究人员发现，经过茶尺蠖幼虫取食后的茶树挥发物可通过增强茉莉酸和乙烯途径来提高邻近茶树对茶尺蠖幼虫的防御能力。另外还发现，灰茶尺蠖为害会诱导茶树释放31种挥发物，而健康茶树则只释放25种挥发物，通过Y形嗅觉仪检测和田间诱导试验鉴定出吸引茶尺蠖绒茧蜂的互利素有苯甲醛、水杨酸、反－2－己烯醛和己醛。

（二）利用非寄主植物挥发物

随着“推－拉”策略在茶园害虫生态控制方面研究的深入，利用种植引诱/驱避植物或利用人工合成的引诱/驱避物质干扰、驱避茶园害虫以保护目标作物，或者通过这些手段增强天敌控制害虫种群的作用已经越来越受到人们的关注。植物挥发物含有吸引或排斥效应的信息化合物，能引导植食性昆虫产卵、取食、躲避天敌等行为，当2种或2种以上寄主植物共同存在时，昆虫倾向于选择喜好植物的气味。斯里兰卡在茶园中种植诱虫植物诱捕茶树主要害虫以减轻危害。以茶园群落中常见的6种植物为味源、以茶叶为参照，评判7种植物对茶尺蠖的引诱性或驱避性，发现薰衣草（*Lavandula angustifolia* M.）气味对茶尺蠖有排斥作用，而薄荷（*Mentha haplocalyx* Briq）气味对茶尺蠖的引诱力强于茶叶。研究芳香植物对茶园主要害虫茶小绿叶蝉或茶尺蠖成虫调控作用后发现，丁香罗勒、迷迭香、柠檬桉和芸香植株挥发物及甲醇提取液对茶尺蠖成虫有显著的驱避效果，推断迷迭香是适合作为“推－拉”防治策略的理想植物。在茶园间作决明子，可以增加蜘蛛、草蛉等天敌种群数量，显著减少茶小绿叶蝉种群数量。在茶园中将引诱效应显著的寄主植物或排斥效应显著的非寄主植物合理间作，将减轻茶树害虫的危害。

（三）外源植物激素诱导茶树抗虫性

植物的抗性机制包括组成抗性和诱导抗性。组成抗性是指植物在遭受外界刺激前就已存在的抗性，它由遗传因素决定；诱导抗性是指植物在生物或者物理、化学因子影响下，发生某种局部的或系统性的改变，抵御它原来不抵抗的病原微生物或植食性生物侵害的能力，它是高等植物的一种生物潜能，是一种类似于免疫反应的抗性现象，因此又称为获得性抗性或植物免疫。根据作用时效的不同，诱导抗性又分为迅速的诱导抗性和滞后的诱导抗性，前者是指对当前发生的刺激产生响应，而后者是指刺激发生后延续一段时间发生的响应。

大多数植物在生物因子例如真菌、细菌、病毒（包括微生物提取物）或植食性生物（如昆虫）或非生物因子（如机械损伤、辐照）的作用下都能诱导产生抗性。具有诱导活性的因子又称激发子或诱抗剂，包括生物因子、物理因子和化学因子，其中化学诱抗剂以其广谱、系统和持久的诱抗特点成为植物保护研究的热点之一。茉莉酸和茉莉酸甲酯、水杨酸和水杨酸甲酯以及乙烯等作为重要的信号分子和植物激素，广泛存在于植物体中，外源应用能够激发防御基因的表达，在植物的化学防御反应中发挥着重要作用。其诱导功能已分别在番茄、烟草、水稻等植物中先后得到证实。外源植物激素在诱导茶树抗病虫功能的研究上，也取得了一定的进展。

（1）水杨酸甲酯作为茶叶香气的次要组分，外源应用可诱导茶树芽梢中苯丙氨酸解氨酶脂氧合酶和多酚氧化酶活性升高，以及过氧化氢信号分子含量的增加；改变茶树维管束内汁液的组分，并使茶梢韧皮部的理化因子发生某些目前尚不清楚的改变，下降了叶蝉的取食适合度，从而产生了一定程度的抗性。在茶园中，采用缓释技术施用水杨酸甲酯对茶小绿叶蝉可产生比较明显的趋避效应，而对龟纹瓢虫、异色瓢虫、小黑瓢虫、蜘蛛和寄生蜂等天敌表现出了明显的诱集效应。

（2）植食性昆虫为害可引起植物体内急速茉莉酸的快速代谢，茉莉酸信号转导途径在植食性昆虫诱导的植物防御反应中发挥着重要作用。外源施用茉莉酸甲酯可以诱导茶树产生直接抗虫性和间接抗虫性。直接抗虫性主要通过脂氧合酶、多酚氧化酶和蛋白酶抑制剂等防御蛋白在茶树叶片中的累积，破坏叶片中正常的营养成分的同时，亦可导致茶尺蠖幼虫中肠消化酶活性的失衡。外源使用茉莉酸甲酯处理茶树，诱导产生的反-罗勒烯和2-乙基-1-已醇等物质对茶尺蠖的寄生蜂——单白棉绒茧蜂具有强烈的引诱活性。在茶园中喷施茉莉酸甲酯可提高茶尺蠖绒茧蜂40%左右的寄生率。

（3）乙烯是具有生物活性的简单有机分子，由于缺乏良好的遗传模型和研究手段的限制，目前对乙烯信号转导途径的研究远远落后于其他生物合成途径。茶尺蠖取食危害茶树4h即可引起乙烯释放量的显著升高，说明乙烯信号分子子在茶树防御反应中具有重要作用，但目前关于该信号转导途径在茶树上尚未进行过其他研究。

（四）性信息素诱杀

1. 昆虫信息化合物

昆虫信息化合物是能够引起昆虫特定行为或生理反应的1种化合物或1组特定的化合物，包括植物、动物或其他生物释放的化合物或人工合成的类似物。这些化合物作用于昆虫与昆虫、昆虫与植物以及昆虫与环境之间。昆虫和植物的生长发育与该类信息化合物有着极其密切的关系，其在以信息化合物为基础的信息化合物生态网中发挥重要作用。随着化学生态学和行为生态学的发展，昆虫信息化合物与茶园害虫防治的关系研究越来越受到重视。1959 年，德国人（Karlson）和瑞士人（Lüscher）提出了“信息素”一词，并将其定义为由昆虫分泌并释放到体外引起同种其他个体产生行为反应的化学物质。根据它们的作用性质不同，将昆虫信息化合物分为两大类，一类为作用于种内的信息素，另一类为作用于种间的它感化学物质。

（1）种内昆虫信息化合物　种内昆虫信息化合物指是同种昆虫与昆虫之间的生物种内通信的化合物，主要有五种。

①性信息素：由昆虫某一性别个体分泌于体外能被同种异性个体所接受并引起异性个体来求偶、交配等的化学物质。能引诱雄性的鳞翅目雌性性信息素就是典型的例子。虽然已经鉴定出上千种蛾类性信息素，但仅有很少一部分害虫的性信息素成功用于防治害虫。

②聚集信息素：由昆虫的两性之一产生或释放的化合物或特定化合物组成的混合物，可引诱同种的两性，是群居性昆虫召集同种个体在同一有利生境中求偶、觅食、防御等的化学信息物质。聚集信息素通常由鞘翅目昆虫产生，众所周知的是已在害虫管理略中成功开发的北欧和美洲的小蠹以及亚洲和中美洲的棕榈象。

③反聚集信息素：由昆虫释放的能使同种两性远离特定区域的化合物。小蠹使用反聚集信息素调节种群密度并减少竞争。

④报警信息素：群居性昆虫受到侵扰时向同种个体报警的从而分泌的信息物质。

⑤示踪信息素：社会性昆虫如蚂蚁、白蚁等分泌的借以招引其他同种群个体前来取食等行为的化合物。此外，还有寄主标记信息素、疏散信息素等。

（2）种间昆虫信息化合物　种间昆虫信息化合物是指不同种昆虫与昆虫或昆虫与植物之间传递信息的化合物，即它感化合物。美国科学家 Whittaker 于 1970 年提出“它感化合物”一词，并将其定义为由生物分泌，可引起不同种类生物反应的信息化合物。1976 年，研究人员根据不同作用性质，将它感化合物分为三类。

①利它素：由一种生物释放，引起它种个体做出对接受者有利的行为反应的化学物质。如捕食性或寄主性昆虫利用猎物或寄主释放的利他素寻找追寻猎物或寄主。研究人员研究了茶毒蛾黑卵蜂识主利它素，发现茶毒蛾黑卵蜂的识主利他素存在于茶毒蛾的卵块和卵粒上，不仅可增强黑卵蜂的搜索活动，缩短寄生时间，提高对寄主卵的寄生效能，还能引诱其寄生原来不寄生的非寄主卵，有利于茶毒蛾黑卵蜂的室内大量饲养和繁殖。该类化合物一般是植物释放的招引天敌的信息物质，如玉米受到甜菜夜蛾危害后释放的萜烯类化合物引诱天敌寄生蜂。

②利己素：由一种生物释放，引起它种个体做出对释放者有利的行为反应的化学物质，如植物释放利己素引诱天敌防御植食性动物，花粉中含有对蜜蜂具有引诱作用的物质，有利于植物传粉。

③协同素：也称互利素，由一种生物释放，引起它种个体产生对释放者和接受者都有利的行为或生理反应的化学物质，如蚜虫的分泌物刺激蚂蚁来取食，蚂蚁不仅保护蚜虫免遭天敌伤害，还能帮助蚜虫迁移寻食。茶园利它素和互利素主要集中在植物挥发物和昆虫气味挥发物引诱天敌、驱避害虫上，目前被报道过的茶园利它

素和互利素主要应用在蚜虫、黑翅粉虱、叶蝉、茶尺蠖等上。茶树生长过程中稳定地向环境释放醇类化合物为主的挥发性物质，包括香叶醇、芳樟醇、水杨酸甲酯、顺-3-乙酸己烯醇、反-2-己烯醛、苯甲醇、1-戊烯-3-醇等。咀嚼式口器害虫（茶尺蠖）、刺吸式口器害虫（茶蚜、茶小绿叶蝉）危害茶树后均释放出挥发性互利素，且不同种类的害虫会释放出不同的互利素化合物，其中茶尺蠖危害茶树后形成的挥发性互利素为5，6-碳醛类化合物，茶蚜危害茶树后形成的挥发性互利素为苯甲醛，茶小绿叶蝉危害茶树后形成的挥发性互利素为2，6-二甲基-3，7-辛二烯-2，6-二醇。

2. 昆虫性信息素

昆虫性信息素，又称性外激素，是由同种昆虫某一性别个体的特殊分泌器官分泌于体外，能被同种异性个体的感受器所接受，并引起异性个体产生一定的行为反应或生理效应（如觅偶、定向求偶、交配等）的微量化学物质。绝大多数昆虫由雌虫释放性信息素来唤起雄虫的求偶反应，引诱雄虫进行交配。昆虫性信息素的研究始于舞毒蛾［*Lymantria dispar*（L.）］，但由于当时科研条件及分析方法的局限而以失败告终。直到德国人（Butenandt）经过多年的艰苦摸索，从约50万头雌蚕蛾（*Bombyx mori* L.）体内提取分离出12g性信息素纯物质，命名为蚕蛾醇（Bombykol，反-10，顺-12-十六碳二烯醇），这是世界上第一次成功鉴定昆虫性信息素。近几十年来，与性信息素相关的生物学、行为学、生理学、生物化学各学科的研究不断深入，分离手段和化学结构鉴定方法得到了巨大发展。触角电位技术（EAG）、单感器记录（SSR）等电生理技术大大提高了信息素研究水平；气质联用仪（GC-MS）、气相色谱触角电位联用仪（GC-EAD）、气相色谱傅里叶变换红外光谱（GC/FT-IR）、液相色谱飞行时间质谱（LC/TOFMS）和全二维气相色谱飞行时间质谱（GC×GC/TOFMS）等技术的应用使得信息素的提取鉴定工作效率大大提高，性信息素研究进入快速发展期，越来越多的昆虫性信息素被相继鉴定。在性信息素化学结构鉴定的基础上，昆虫性信息素的多样性、性信息素组分的功能、性信息素生物合成酶、性信息素生物合成的调节机制、性信息素的感受机制以及性信息素的应用技术等方面的研究迅速发展。基于性信息素开发的防治产品因其具有高效、环保、专一性强等优点，受到各国科学家的肯定，被认为是“生物合理农药”，是一种十分理想的绿色防控手段。在茶园害虫防治中主要应用于两方面：一是用于茶园害虫诱捕防治，主要是一些性信息素引诱、干扰雌雄虫或引诱天敌；二是用于茶园害虫预测预报，主要是利用雌虫性信息素引诱雄虫，通过诱捕到的雄虫数量来预测害虫发生高峰期、发生量、分布区域等，预测预报害虫防治适期。

当前茶树害虫以刺吸式口器害虫和咀嚼式口器害虫为主，其中刺吸式口器害虫往往因为个体微小，性信息素研究较少；咀嚼式口器害虫中，鳞翅目害虫因其性信息素结构相对简单且易于提取，故性信息素研究较为深入，已有多种害虫性信息素被鉴定并应用于生产中。到2018年为止，茶树共有15种害虫的性信息素被成功分离鉴定，其中鳞翅目害虫12种，半翅目害虫3种（表3-3）。

表 3－3　　15 种茶树害虫的性信息素化学成分

昆虫分类	种名	性信息素化学成分
鳞翅目	茶小卷叶蛾 *Adoxophes honmai* Fischer von Roslerstamm	顺－9－十四碳烯乙酸酯 顺－11－十四碳烯乙酸酯 反－11－十四碳烯乙酸酯 10－甲基十二烷乙酸酯
	茶长卷叶蛾 *Homona magnanima* Diaknoff	顺－11－十四碳烯乙酸酯 顺－9－十二碳烯乙酸酯 11－十二碳烯乙酸酯
	褐带长卷叶蛾 *Homona coffearia* Neitner	反－9－十二碳烯乙酸酯 1－十二醇乙酸酯 1－十二醇
	茶黄毒蛾 *Euproctis pseudoconspersa*（Strand）	10，14－二甲基十五醇异丁酸酯 10，14－二甲基十五醇丁酸酯 14－甲基十五醇异丁酸酯
	黄尾毒蛾 *Euproctis similis*	顺－7－十八醇异丁酸酯 顺－7－十八醇丁酸酯 顺－7－十八醇－2－甲基丁酸酯 顺－9－十八醇－2－甲基丁酸酯 顺－7－十八醇异戊酸酯 顺－9－十八醇异戊酸酯
	台湾黄毒蛾 *Euproctis taiwana*	顺－16－甲基－9－十七烷异丁酸酯 16－甲基十七烷异丁酸酯
	茶细蛾 *Caloptilia theivora* Walsingham	反－11－十六碳烯醛顺－11－十六碳烯醛
	艾尺蠖 *Ascotis selenaria cretacea* Butler	顺－6，9－环氧－3，4－十九碳二烯 顺－3，6，9－十九碳三烯
	油桐尺蠖 *Ascotis selenaria* Denis & Schiffermuller	顺－6，9－环氧－3，4－十九碳二烯 顺－3，6，9－十九碳三烯
	茶尺蠖 *Ectropis obliqua* Prout	顺－3，9－环氧－6，7－十八碳二烯 顺－3，6，9－十八碳三烯
	灰茶尺蠖	顺－3，6，9－十八碳三烯 顺－3，9－环氧－6，7－十八碳二烯
	茶蚕 *Andraca bipunctata* Walker	十八碳醛 反－11－十八碳烯醛反－14－十八碳烯醛 反，反－11，14－十八碳二烯醛

续表

昆虫分类	种名	性信息素化学成分
半翅目	桑白盾蚧 *Pseudaulascaspis pentagona*	顺-3，9-二甲基-6-异丙烯-3，9-癸二烯丙酸酯
	茶蚜 *Toxoptera aurantii*	荆芥内酯荆芥醇
	绿盲蝽 *Aploygus lucorum*	4-氧代-反-2-己烯醛丁酸己酯 丁酸-反-2-己烯酯

性信息素通过调控成虫的虫口密度进而影响下一代幼虫的种群密度，因此性诱剂需长时间连续使用。茶树鳞翅目害虫性诱剂建议春茶结束后即开始布置使用，直至11月中旬结束，实现茶树生长期内对害虫的持续控制。为保证诱杀效率，性诱剂需2~3个月更换一次。应用性信息素防治茶园害虫主要体现在三个方面。

（1）虫情监测　性信息素诱捕器内是否有目标昆虫可准确反映相应区域范围内是否存在目标害虫及相关目标害虫的发生规律。如监测该目标害虫成虫数量的消长情况，得出目标害虫的为害高峰，确定其发生程度划分标准和消长动态，为该目标害虫的准确预测预报、合理防治奠定了基础。性信息素不仅能及时准确地反映当年害虫的消长情况，还能比较不同年份各代发生峰的明显区别，而且监测结果与田间实际发生期发生量的情况相一致。利用性信息素进行虫情监测可为化学施药提供指导，如确定防治阈值、防治时机等。另外，利用性信息素还可以探明害虫的日活动规律，如利用性信息素监测茶细蛾的发生期和发生量，通过发生时间与物候因子、发生量与危害程度相关性的分析建立回归模型，对佳防治时机和危害的风险阈值进行预测；或利用茶尺蠖与灰茶尺蠖性信息素诱芯的引诱效果差异为茶园尺蠖的预测预报和防治提供指导。

（2）诱杀法　利用雌虫释放的性信息素对雄虫的引诱原理进行害虫诱杀，在茶园放置性信息素诱捕器诱杀雄虫或化学农药将被引诱的昆虫消灭，造成雌雄比例失调，使下一代虫口密度大幅度下降，从而达到防治害虫的目的。相比于交配迷向法，诱杀法使用成本比较低，但是与化学农药结合使用并不适用于有机作物上。田间试验表明茶尺蠖性信息素诱捕器在茶园诱杀茶尺蠖颇有成效，能有效抑制茶尺蠖密度。比较三种性信息素诱捕器后研究人员发现湿式诱捕器等能达到较好的防治效果，确定最佳投放间距为15m，最佳投放高度为高于茶丛20cm，最佳投放时间为15~20d更换诱芯。研究人员利用灰茶尺蠖性信息素在茶园对灰茶尺蠖雄蛾进行诱杀实验取得了十分明显的诱杀效果；比较3种载体类型、5种性信息素诱捕器发现异戊二烯橡胶塞、船型诱捕器能达到较好的防治效果，确定最佳投放间距为15m，最佳投放高度为茶树上部25cm；应用茶尺蠖、茶毛虫、茶细蛾三种茶树害虫的性诱剂诱捕茶树植株上的成虫，除茶尺蠖性诱剂外，其他两种性诱剂均有较好的诱集效果，能在一定程度上降低虫口基数。

（3）交配迷向法　也称干扰交配法，是利用人工合成的性信息素或雌虫的粗提物，放置于茶园中以扰乱雌雄虫交配的信息联系，从而达到防治害虫的目的。利用性信息素对茶毛虫可实现大面积诱杀，并能使茶毛虫迷向从而导致越冬代交配率显著下降。茶毛虫性信息素引诱剂以 B 型效果最好，42d 内两地平均每晚分别诱到 3.41 头/盆和 7.51 头/盆，最高可诱到 198.00 头/盆，大面积使用区内茶毛虫雌蛾怀卵量比对照区减少了 93.50%，卵块减少了 85.21%，幼虫数量减少了 81.15%。大部分昆虫的求偶通讯主要依靠感受性信息素来完成。交配迷向是通过人为释放性信息素制造性信息素味源，使得昆虫在求偶通讯中获得错误信号，从而延迟、减少或者阻止昆虫顺利找到异性完成交配，从而达到控制害虫的目的。交配迷向法是性信息素应用最多的一种策略，尤其是某些昆虫的性信息素引诱力较弱，不适应采用大量诱杀法的时候，交配迷向是更为有效的防治方法。性信息素的比例、释放速率和空气中的浓度是决定交配迷向是否成功的重要因素，研究表明空气中性信息素浓度至少需要 $1ng/m^3$ 才能有效干扰昆虫的求偶通信，因此一个作物生长季节，每公顷需要 10～100g。

统计资料显示，到 2017 年我国的茶园面积已达 274.19 万 hm^2，加之农药减量化的呼声越来越高，利用性信息素进行害虫管理，将成为减少茶树化学农药使用，提升茶叶品质的重要途径之一。

六、化学防治

化学农药防治是直接利用化学农药杀死病虫害，具有高效、快速、广谱、简易等优点，不受地区和季节性局限，受环境条件影响小；农药种类繁多、作用方式多样，各种病虫害均有相应的农药品种来防治；使用方便、容易掌握，能工厂化生产和大面积机械化应用。当病虫害大发生时，可短时间内达到有效的防治目的。现代化学防治虽然时间不长，但发展迅速，使用广泛，成了目前最主要的一种防治方法。对于防治茶树病虫草害等，保证茶叶提质增产增收，农药具有快速、高效、经济等特点，它对确保茶叶的优质高产起到了不可磨灭的作用。在目前及今后相当长的一段时间内，要实现较高的产量和效益仍离不开化学农药。化学农药不可能被其他手段完全代替，化学农药仍然是茶树病虫害防治的一个重要手段，仍将是不可替代的植保措施。但在防治过程中，由于茶园存在长期使用单一农药品种、滥用农药、施药次数过频、农药用量过大等问题，促使病虫害产生了抗药性。而反复用药、施重药，长期大量不合理使用化学农药防治茶园病虫害，不仅浪费人力、财力、物力，污染茶叶，同时还严重破坏茶园生态系统中病虫害和有益生物之间的相对平衡和稳定，还可能引起人畜中毒、环境污染和造成公害，而且长期大量使用化学农药，会引发严重的“3R”问题。

（一）化学防治存在的问题——“3R”问题

化学防治存在一些严重问题，就是国际上通称的“3R”问题，即残留（residue）、抗药性（resistance）和再增猖獗（resurgence）。使用化学农药后，“3R”问题已成为全世界公认的、亟待解决的难题。由于“3R”问题是常常互相关联、互为因果的，所以必须统一解决。茶园高毒高残留农药的使用、病虫害抗药性增强导致的农药使用量增加及盲目施药是产生茶叶农药残留的主要因素。因此，科学合理使用农药是确保茶叶质量安全的重要措施。

1. 残留

农药残留（pesticide residues）简称农残，是指农药施用后一个时期内没有被分解而残留于生物体、农副产品和环境中的微量农药原体、有毒代谢物、降解物和杂质的总称。残留的数量称为残留量。在一般情况下主要是指农药原体残留量和具有比原体毒性更高或相当毒性的降解物的残留量，其大小与农药本身属性、环境条件、使用量等多种因素有关。一些化学性稳定、不易自然降解或生物降解的内吸性农药，残留问题尤为严重。任何农药都是有毒的，尤其是人工合成的有机化学农药，它们本来是自然界不存在的，人工合成后大量施放到自然界，在一定时间内不会完全消解，残留在大气、土壤、水体、植物体乃至农产品中，通过“生物富集”作用累积到高等动物体内，产生累积中毒现象（图 3 - 2）。

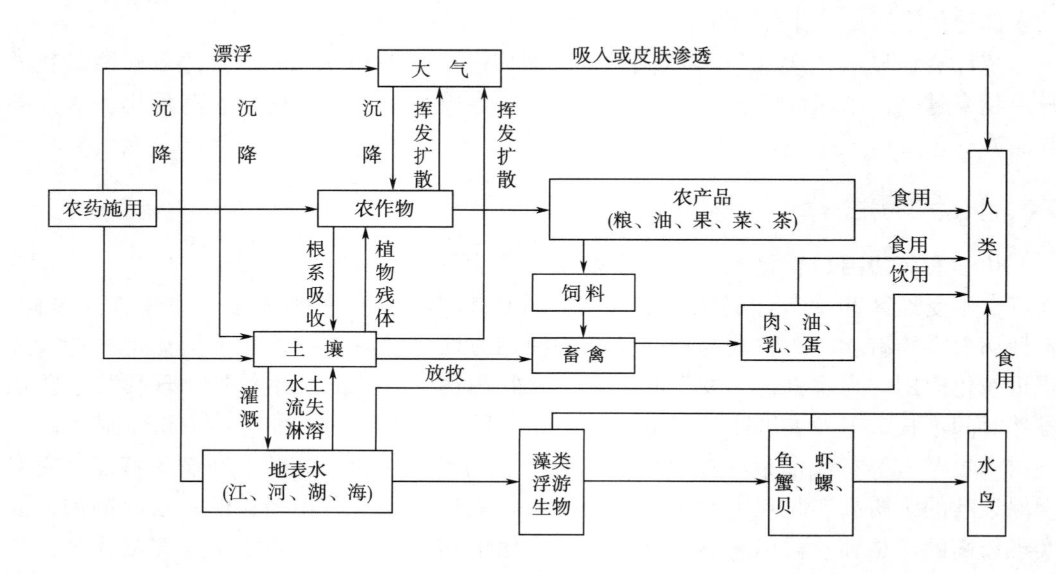

图 3 - 2　农药使用后在自然界的转移

施药、施肥、土壤、空气和水源等都是农药残留的主要来源。土壤、水源中含有各种残留农药和金属元素的含量，将直接影响到茶叶中农药含量和金属元素含量。其中不科学合理施药施肥是导致茶叶中农药残留的主要因素。人不仅因直接接触农产品而受其害，例如，水果、蔬菜不按安全采收期、在农药残留超过国家允许标准的情况下就采摘上市，供人食用；同时还通过食物链间接摄入农药，例如，用农药污染的秸秆和粮食喂牛，牛奶、牛肉会有农药残留；用被污染的农产品作鸡饲料，鸡蛋、鸡肉会有农药残留；农药还可以通过蜜蜂采花蜜出现在蜂产品中；残留在土壤中的农药，通过水的流失进入水域，再由水草进入鱼类，还可再进入食鱼的鸟类。农药随食物链逐级富集，所含浓度越来越大，因而越来越富有危险性。我国农产品、蜂产品出口因残留农药超标被退货的事时有发生，已严重影响我国外贸声誉。产生抗药性，加大用药量，残留量更大，所以三者关系密切。

农药残留标准包括农药残留限量标准（即最大残留限量）、农药残留检测方法标准

等，与消费者直接关系最大的是食品或食用农产品中的农药残留限量标准。我国与欧美、日本、澳大利亚等发达国家一样，采用国际上通用的风险评估技术和方法，以考虑最大可能的风险为原则，制定农药残留限量国家标准。具体方法和步骤：首先是根据农产品生产、加工、流通、消费、进出口各环节需要及农药使用实际情况，确定需要制定残留限量标准的农产品（或食品）和农药组合；然后开展农药残留降解模拟动态试验、国民膳食结构调查和农药毒理学研究，分别获得农药在正常使用情况下残存于农产品（或食品）中的残留值（包括中间值、最大残留值等）、我国消费者膳食数据（不同地区、不同年龄、不同性别对每种食用农产品或食品的每天消费数量）和农药的毒性（包括每日允许摄入量、急性参考剂量等），并在此基础上开展农药残留膳食摄入风险评估，结果得到农药残留限量标准推荐值；最后经食品安全农药残留国家标准审评委员会审议通过后，由国家卫生健康委和农业农村部联合颁布实施。制定残留标准时，以最大可能的风险为基础，也就是执行最严格的安全要求；在此基础上，还要增加至少100倍的安全系数，即食品中某农药残留量为50mg/kg时，可能会出现安全风险，那么将标准定为0.5mg/kg。

2. 抗药性

抗药性指的是生物长期接受药剂处理使其后代产生抗药性，即具有耐受某种药剂杀死的能力。长期、单一、大规模地使用相似药剂防治，抗药性问题尤为突出。在同一生物种群中，个体间对农药的敏感程度有差异；使用一次农药，把敏感个体杀死了，存活下来的是相对抗药的个体，它们的后代也是相对抗药的，如果继续使用同样的农药，这一种群的抗药水平将越来越高。生活周期短的，如蚜虫每年可繁殖10多代，抗药性的发展更快，这是生物以大量的牺牲来取得保存自己的能力的对策。

自1908年美国的Melander首次发现梨圆蚧对石硫合剂有抗药性以来，害虫抗药性事例逐年增加，特别是20世纪70年代以来，害虫对常用杀虫剂的抗性产生很快。就杀虫剂而言，继滴滴涕之后，有机合成杀虫剂中有机氯类、有机磷类、氨基甲酸酯类及拟除虫菊酯类的杀虫剂相继都产生了抗性，就连近年开发的氯化烟碱类杀虫剂吡虫啉、生物农药阿维菌素、苏云金杆菌、苯甲酰基脲类杀虫剂啶虫隆、苯并吡唑类杀虫剂氟虫腈等也都产生抗药性。

茶园中常用农药主要有菊酯类农药（溴氰菊酯、联苯菊酯、三氟氯氰菊酯、氯氰菊酯等）、有机磷农药（敌敌畏、辛硫磷）、烟碱类农药（吡虫啉）、杀螨剂（克螨特、速螨酮）、植物源农药（苦参碱、鱼藤酮）等，相对于水稻、蔬菜等大众作物，茶园中可用于防治病虫害的药剂极少，茶农防治时选择空间较小，从而导致茶农在防治时长期单一连续使用同一类农药甚至同一种药剂，进而导致病虫害抗药性增强，防效显著下降，病虫害连年暴发。茶尺蠖对菊酯类农药、茶小绿叶蝉对吡虫啉的抗性问题极为突出。如防治茶小绿叶蝉的10%吡虫啉，原来用量为300g/hm^{2}即可起到较好的控制效果，现在部分茶农用量提高到1500g/hm^2，防效仍不佳。有些茶农即便改用德国拜耳公司新开发的70%吡虫啉水分散制剂（艾美乐），其用量高达75g/hm^2，防效也不理想。防治茶尺蠖的2.5%联苯菊酯（天王星），其十几年前的使用推荐用量为300～450mL/hm^2，而目前用的10%联苯菊酯（金标天王星），其用量也高达300～450mL/hm^2，用量相当于提高了4倍，但仍不及十几年前的防止效果。

3. 再增猖獗

再增猖獗指的是在生物群落中原处于自然控制下，不需要采取防治措施的生物种群，因为用农药防治别的有害生物而杀伤了该种群的天敌，也即消除了该种群的自然控制因素，使该种群很快重新增长，以致形成猖獗为害。最典型的例子是苹果树上的叶螨。20世纪50年代初，因防治蛀果的食心虫，果园普遍使用滴滴涕（现已禁用）。滴滴涕是以杀虫谱广而称著的农药，但它恰恰对螨类无效，而原来控制螨类发生的天敌却被滴滴涕大量杀伤，使叶螨一跃而成为苹果园的头号大害虫，而且世界上各大苹果产区几乎都如此。再增猖獗与上述抗药性常相伴而生。因产生抗药性，而加大用药量，进一步杀伤了天敌，导致更大的再增猖獗，形成恶性循环。

（二）化学防治存在问题的克服途径

近几十年在茶叶上使用农药得到很大发展，农药品种不断得到更替，由高毒向低毒、高残留向低残留、长安全间隔期向短安全间隔期发展，新的杀虫（螨）、杀菌剂在茶叶生产中不断得到广泛应用。对茶树病虫害的防治应考虑经济效益、生态效益和社会效益，在农业防治和植物检疫的基础上，充分挖掘物理防治和生物防治的潜力，不使用或尽量减少投入化学合成农药，综合利用植物检疫、农业防治、物理机械防治、生物防治和化学防治相结合，实现对茶园病虫害的绿色防控和有机防控。

1. 加强茶园科学管理

（1）科学的茶园田间管理　科学的种植及合理、有效的茶园管理，在一定程度上可直接地或间接地降低茶叶农药残留。

①摸清茶园土壤和茶树中农药残留的状况，确定茶园是否可以继续使用农药。

②合理的水肥管理，采用有机肥为主，合理搭配氮、磷、钾，大力推广生物有机肥，培育健壮的茶树，提高茶树的抗病能力。

③及时除草，改善茶园的通风、透光条件，清除害虫的栖身地，适当的翻耕，也可以破坏地下害虫的栖息场所。

④因地制宜地轻剪和重修剪，可以剪去寄生在茶树表层、中下层幼芽、嫩枝上的病虫害。

⑤利用茶树越冬期间清理茶园，可以减少来年病虫害的发生概率。

（2）选择抗病虫害茶树品种，加强苗木检疫　新茶园的建立应该选用抗病虫害茶树品种，减少农药的喷施的量，从而减少农药的残留量。如单宁含量高、叶片厚且硬的品种，对茶炭疽病有较强的抗性。苗木检疫，能从根本上杜绝危险性病、虫、草的传播和蔓延，如茶饼病，在出苗圃的时候应该剔除那些有带病害的茶苗，减少茶饼病的传播。

（3）合理的采摘制度　按照茶叶采摘的标准，严格按照安全间隔规定分批及时采摘，恶化病虫害的营养，可以有效预防和减少分布在嫩梢、嫩芽叶上病虫害，如茶小绿叶蝉、蓟马类害虫、蚜虫、茶芽枯病、茶白星病等，从而减少农药的喷施量及频率，降低茶叶中农药残留量。

2. 加强生物农药及脂溶性农药的研发和推广

生物农药包括植物源农药、微生物源农药、细菌制剂和天敌，具有低毒、低残留、对人、畜和环境生物友好等优点。目前在茶树上登记的生物农药品种和登记的企业相对较少。应进一步加大对植物源农药、微生物源农药的研发力度。另一方面，生物农药的成本相对于化学农药偏高，建议国家对生物农药的研发、产业化、茶农采购方面给予政策和经费的支持；植保人员应加强对生物农药使用技术的完善和推广，并引导茶农正确认识和采用生物农药。农药的溶解度是影响茶叶安全性的重要因素，应根据茶树病虫害发生种类，筛选和研制一批脂溶性农药品种，逐渐淘汰水溶性农药品种。

3. 筛选高效、低毒，对环境友好的绿色农药新品种，合理选择、使用药剂

（1）全面禁止高毒农药、违禁农药和未在茶树上登记的农药品种在茶树上使用

我国已登记的防治茶炭疽病的杀菌剂仅百菌清、代森锌、吡唑醚菌酯和苯醚甲环唑4种，吡唑醚菌酯和氢氧化铜作为茶树上的新药剂正在登记试验中。但2019年4月29日，欧盟发布公告Commission Implementing Regulation（EU）2019/677，不再批准百菌清（chlorothalonil，CAS No. 1897－45－6）的再评审申请。该公告于5月20日正式生效。根据该公告规定，相关的制剂产品应在该公告生效之日的6个月内退出市场。各个成员国可以给予6个月的宽限期，最迟应在2020年5月前撤销所有含百菌清的产品授权。

GB 2763—2019《食品安全国家标准　食品中农药最大残留限量》新增6种新种类农药最大残留限量，包括2种杀菌剂、2种除草剂和1种生物农药。2种杀菌剂为百菌清和吡唑醚菌酯，其中百菌清的使用是由原国家质量监督检验检疫总局和国家标准化管理委员会在2017年11月1日发布，在2018年5月1日开始实施；吡唑醚菌酯的使用由工信部在2018年10月22日发布，在2019年4月1日开始实施；2种除草剂为西玛津和莠去津，其中西玛津的使用是由原国家卫计委、农业部和食药监总局在2016年12月18日发布，在2017年6月18日开始实施；莠去津的使用是由原国家质监总局在2017年7月21日发布，在2018年3月1日开始实施；1种生物农药即印楝素，印楝素的使用是由原农业部在2007年12月18日发布，在2008年3月1日开始实施的。随着农药科学使用管理水平不断提高，茶园中杀虫剂的使用比例正在不断下降，杀菌剂和除草剂的使用比例不断上升，低毒高效的生物农药被推广使用，新标准的农残限量指标充分体现了我国茶园农药使用的实际情况。

（2）根据茶园定位来选择药剂品种　对于普通茶园或绿色茶园，可选择农药检定所登记在茶树上的品种。针对有机茶园，则应选择植物源农药品种、微生物制剂和昆虫天敌进行防治，杜绝在有机茶园中使用化学农药。

4. 科学使用化学农药

在农业防治、物理机械防治和生物防治的基础上，通过对茶园病虫药剂的研究，在病情指数大、虫口密度高、茶树被伤害严重的茶园，要根据国家对茶叶方面所制定的生产标准，严格执行《农药合理使用准则》《农药安全使用规定》，全面禁用高毒、高残留农药，要按照农药安全间隔期使用农药、避免茶叶农残超标，要安全合理地对茶园使用药剂。

（1）严禁使用剧毒、高毒、高残留、残留时期长的农药　禁止在茶园使用高毒、高残留的农药，如六六六、滴滴涕、甲胺膦、乙酰甲胺磷、氧化乐果、水胺硫磷、甲基对硫磷，氰戊菊酯、三氯杀虫螨醇等。优先使用生物农药或高效、低毒、低残留农药，如印楝素、鱼藤酮、苦参碱、苏云金杆菌、白僵菌、核型多角体病毒、天然除虫菊素、粉虱真菌制剂等生物制剂；或10%帕力特、2.5%联苯菊酯、10%吡虫啉等高效低毒低残留农药，并与绿颖99%等矿物油、增效剂、农药残留降解剂配合使用。

（2）加强测报，掌握防治适期，按防治指标适时用药　加强茶园病虫害预测预报，建立茶园病虫害预报网点，配备专业的植保人员或农技员，定点定期调查，调查数据及时、准确汇总，对于病虫害及时防治具有重要意义。掌握防治适期施药，既能有效防治病虫，减轻茶树受害，又能减少施药次数和施药量，起到事半功倍的效果。在茶叶各个生长季节，均应加强田间病虫调查，严格按防治指标用药，把握最佳用药时机，克服“见病虫就治”，“治早了”的片面做法。茶小绿叶蝉应掌握在若虫盛期，虫量达6～8头/百叶时、秋冬茶12头/百叶时用药；黑刺粉虱应掌握在若虫盛孵期，虫量达2～3头/叶时用药；叶螨一般应掌握螨量发生高峰前，螨量达15头/百叶以上时防治；茶跗线螨被害芽占5%或螨卵芽占20%，酌情对症用药。白僵菌可用于防治茶小卷叶蛾、茶毛虫、小绿叶蝉，但应将防治适期控制1～2龄期；茶毛虫、茶黑毒蛾的防治适期是1～3龄期；茶尺蠖是在1～2龄期；核多角体病毒主要用于防治鳞翅目的幼虫。病害应掌握在发病初期嫩叶初展时喷药，每季茶喷1次，基本可控制为害。

（3）正确科学使用农药　根据药剂筛选结果，选用对路药剂，严格按照有效剂量使用，并注意使用方法及安全间隔期。如用啶虫脒防治蚜虫；阿克泰、除尽防治茶小绿叶蝉和茶黑刺粉虱，安全间隔期5d；用0.2%苦参碱水剂防治茶毛虫、茶尺蠖、茶黑毒蛾和茶小卷叶蛾等，安全间隔期3～5d。

（4）讲究施药器械、技术和方法　为了避免害虫产生抗药性，农药的不同类型要交替轮换使用。喷药要注意如下事项。

①选用合适的喷雾药械来达到省事省力的效果，一方面可以防治茶园的病害虫，另一方面也可以提高茶农的工作效率。

②要正确掌握用药量和药液浓度，一般在树冠大、高山、阴天、气温低、虫龄大或病情重的茶园应适当增加农药浓度和用药液量，反之可适当减少用药量。

③要正确掌握药剂的配制、稀释方法，宜采用“两次稀释法”。

④注意施药均匀周到。根据病虫分布规律选择合理的喷药部位，如利用茶黑毒蛾、茶毛虫等害虫低龄幼虫期多在茶丛中部两侧叶背群栖为害习性，在虫口密度达到防治指标的茶园，实行喷洒茶丛两侧；对于茶小绿叶蝉等发生普遍而只危害幼嫩芽的害虫，喷药时应只喷茶叶蓬面；螨类和黑刺粉虱幼虫均在茶树叶片背面为害，务必将叶片喷湿、喷透。改变喷药技术提高农药对病虫的中靶率，降低鲜叶农药残留。

5. 健全和规范农药防治体系

（1）普及茶树病虫害绿色防控安全用药知识　通过政府、植保部门、科研院所的协作，对基层植保农技人员、茶管员、茶农、茶企人员进行茶树安全用药知识的宣传、培训。

（2）建立通畅的茶树绿色农药和生物农药市场流通体系和监管体系　通过政府主导，农药管理部门监管，使茶树专用农药的生产企业进入种植茶叶的县、市、区，让基层能便捷地购买到茶树专用药。同时，建立茶树专用药的经营许可制度、专营制度、备案制度以及农药使用的可追溯系统。

（3）建立健全执法体系　由地方政府出台相关政策和法规，在当地政府的主导下，通过农业执法、工商、公安、供销等部门的联合执法，严格管控农药的经营、销售；通过实地指导与检查，避免高毒农药、违禁农药在茶园施用。

思考题

1. 茶叶中农药残留的来源有哪些？
2. 茶叶中农药残留超标的主要原因是什么？
3. 农业防治主要包括哪些内容？
4. 物理机械防治主要包括哪些内容？
5. 生物防治主要包括哪些内容？
6. 化学生态防治主要包括哪些内容？
7. 从绿色茶叶生产的角度，如何开展茶树害虫的综合防治工作？
8. 应用天敌昆虫有哪三种途径？
9. 如何理解化学防治中存在的“3R”问题？
10. 如何科学合理使用化学农药？

参考文献

[1] CHEN L L, YUAN P, YOU M S, et al. Cover crops enhance natural enemies while help suppressing pests in a tea plantation [J]. Annals of Entomological Society of America, 2019, 112 (4): 348 -355.

[2] MA T, XIAO Q, YU Y G, et al. Analysis of tea Geometrid (*Ectropis grisescens*) pheromone gland extracts using GC - EAD and GC × GC/TOFMS [J]. Journal of Agricultural and Food Chemistry, 2016, 64 (16): 3161 -3166.

[3] SUN X L, LI X W, XIN Z J, et al. Development of synthetic volatile attractant for male *Ectropis obliqua* moths [J]. Journal of Integrative Agriculture, 2016, 15 (7): 1532 -1539.

[4] WHITTAKER R H. The biochemical ecology of higher plants [M] //SONDHEIMER E, SIMEONE, J B. Chemical Ecology. New York: Academic Press, 1970: 43 -70.

[5] WILCOXEN C A, WALK J W, WARD M P. Use of cover crop fields by migratory and resident birds [J]. Agriculture, Ecosystems & Environment, 2018, 252: 42 -50.

[6] YANG Y Q, ZHANG L W, GUO F, et al. Reidentification of sex pheromones of tea geometrid*Ectropis obliqua* Prout (Lepidoptera: Geometridae) [J]. Journal of Economic

Entomology, 2016, 109 (1): 167 – 175.

[7] 包强，李耀明，欧高财，等. 球孢白僵菌防治茶树害虫角胸叶甲的初步研究[J]. 茶叶通讯，2017，44 (2)：37 – 39；43.

[8] 边磊，苏亮，蔡顶晓. 天敌友好型 LED 杀虫灯应用技术 [J]. 中国茶叶，2018，40 (2)：5 – 8.

[9] 边磊. 茶小绿叶蝉天敌友好型黏虫色板的研发及应用技术 [J]. 中国茶叶，2019，41 (3)：39 – 42.

[10] 陈学新，刘银泉，任顺祥，等. 害虫天敌的植物支持系统 [J]. 应用昆虫学报，2014，51 (1)：1 – 12.

[11] 陈勋，雷该翔，毛迎新，等. 基于诱捕平台的茶园茶尺蠖防治效果研究 [J]. 湖北农业科学，2018，57 (23)：92 – 93；97.

[12] 戴漂漂，张旭珠，肖晨子，张鑫，等. 农业景观害虫控制生境管理及植物配置方法 [J]. 中国生态农业学报，2015，23 (1)：9 – 19.

[13] 段巧枝，胡义元，高庆兵，等. 金龟子绿僵菌防治茶小绿叶蝉试验 [J]. 湖北植保，2019 (2)：8 – 10.

[14] 李大为，吴维权，郭志明，等. 球孢白僵菌对茶园茶小绿叶蝉的防治试验[J]. 湖北农业科学，2018，57 (2)：73 – 74；79.

[15] 李万里，包亚星，林晓婷，等. 应用白僵菌与绿僵菌及其复配剂防治茶假眼小绿叶蝉 [J]. 江西农业大学学报，2017，39 (4)：699 – 705.

[16] 罗宗秀，蔡晓明，边磊，等. 茶树害虫性信息素研究与应用进展 [J]. 茶叶科学，2016，36 (3)：229 – 236.

[17] 罗宗秀，李兆群，蔡晓明，等. 灰茶尺蛾性信息素的初步研究 [J]. 茶叶科学，2016，36 (5)：537 – 543.

[18] 罗宗秀，苏亮，李兆群，等. 灰茶尺蠖性信息素田间应用技术研究 [J]. 茶叶科学，2018，38 (2)：140 – 145.

[19] 农业农村部种植业管理司. 2017 年全国各产茶省茶园面积、产量和产值统计[J]. 中国茶叶，2018，40 (6)：27.

[20] 彭玉萍，吴明耀，罗宗秀，等. 灰茶尺蠖性信息素诱杀效果试验 [J]. 中国茶叶，2018，40 (8)：30 – 31.

[21] 孙晓玲，董文霞，蔡晓明，等. 外用不同浓度茉莉酸甲酯诱导的茶树挥发物的种类和时序变化 [J]. 应用昆虫学报，2016，53 (3)：499 – 506.

[22] 孙玉冰. 基于电子鼻技术的茶树虫害信息检测 [D]：杭州：浙江大学，2018.

[23] 唐美君，郭华伟，葛超美，等. *Eo*NPV 对灰茶尺蠖的致病特性及高效毒株筛选 [J]. 浙江农业学报，2017，29 (10)：1686 – 1691.

[24] 田维敏. 金龟子绿僵菌油悬剂对茶小绿叶蝉的防效 [J]. 农技服务，2018，35 (1)：92；94.

[25] 王庆森. 有机茶园主要害虫及其综合治理研究 [D]. 福州：福建农林大

学，2013.

［26］肖卫平．修剪对茶树主要病虫害的影响［J］．耕作与栽培，2017（6）：25－26.

［27］肖英方，毛润乾，万方浩．害虫生物防治新概念——生物防治植物及创新研究［J］．中国生物防治学报，2013，29（1）：1－10.

［28］肖英方，毛润乾，沈国清，等．害虫生物防治新技术——载体植物系统［J］．中国生物防治学报，2012，28（1）：1－8.

［29］张宝成，黄家春，王平，等．基于天敌控害的生态茶园建设思考［J］．中国植保导刊，2018，38（9）：21－25.

［30］张辉，李慧玲，王定锋，等．紫外线辐射对不同虫龄茶尺蠖生长发育的影响［J］．福建农业学报，2016，31（5）：487－490.

［31］张家侠，孙钦玉，葛超美，等．4种性诱剂诱芯对茶园尺蠖的引诱与预测效果［J］．江苏农业科学，2018（20）：86－88.

［32］张丽阳，刘承兰．昆虫抗药性机制及抗性治理研究进展［J］．环境昆虫学报，2016，38（3）：640－647.

［33］张正群，田月月，高树文，等．茶园间作芳香植物罗勒和紫苏对茶园生态系统影响的研究［J］．茶叶科学，2016，36（4）：389－395.

第四章 茶园中除草剂的污染与控制

杂草是茶园生态系统中的重要一环，传统认为，茶园杂草弊多利少，主要体现在与茶树争水、争肥，同时为一些茶园病虫害提供生存空间，从而影响茶树生长和茶叶品质、产量，因此我国茶园管理一直有除草措施。当然，杂草尽管有这些不利方面，但也有一些有利方面，其最主要优点在于能维持茶园生态多样性，减少水、土、肥流失，尤其是对于幼龄茶园具有保护茶苗的作用等。从现代茶园管理来看，茶园杂草的大量发生会明显给茶叶机械化采摘、修剪等田间作业带来不便。同时，一些杂草含有特殊的生物碱，容易通过机采混杂进茶叶中，从而导致茶叶中检测出其他生物碱如吡咯里西啶等，造成茶叶安全问题。因此减少杂草生产是现代茶园管理中的一个重要措施。茶园一年四季均有杂草滋生，春季以生长速度较慢，生物量小的杂草为优势种群，对茶树的生长影响较小。夏秋季（6～10 月）受温度、湿度影响，是茶园杂草的旺长期，且大多数恶性杂草均在此时生长。由于劳动力成本不断上涨，劳动力的缺乏，传统人工除草越来越少，除草剂除草成为当前茶园杂草管理中的首选，也是茶园杂草管理中最重要的技术保障措施。

除草剂指能使杂草彻底地或者选择性发生枯死的一类药剂，可有效防除一年生禾本科杂草、阔叶杂草、某些多年生恶性杂草。因此除草剂是目前应用最多的一种高效除草措施。它在 20 世纪 80 年代被引入我国茶园管理工作，随着劳动力成本的上升，除草剂在我国茶叶生产中也得到了大量应用。茶园土壤及茶叶中经常检测到的残留以及茶叶中报道的残留含量为 0～2mg/kg。

除草剂作为一种农药，同样存在着一定的风险。其风险主要体现在以下几个方面：一是当除草剂使用不当或安全性不佳，会造成农作物、土壤和水体中长期残留除草剂成分，进而降低农作物的产量、引起作物的药害和病害。咪唑乙烟酸使用 2d 后，会导致大豆叶片出现扭曲与萎缩现象，同时大豆的茎秆与叶脉颜色会转变为褐色，进而造成大豆茎秆过于脆弱而折损，从而抑制大豆的正常生长，产量降低 10%～50%。二是除草剂残留会影响后茬作物种植，一些对除草剂成分敏感的作物将无法在除草剂高残留土壤上生长，同时除草剂残留也会对作物的光合作用也会产生一定的影响。三是污染附近生态环境。除草剂残留在土壤、水体和农作物中，同时也有部分除草剂经过环境微生物的分解，会产生一些剧毒的代谢产物。并且，长期使用单一除草剂后，会引起杂草和其他生物群落发生变化；四是危害人体和动植物健康，一些除草剂残留成分经过农作物的吸收或通过饮用水进入动植物与人体体内，长此以往会给动植物与人体

的健康带来巨大的危害。五是杂草抗性与交互抗性日益严重。据初步统计，已产生抗性的杂草达21种，它们不仅抗胺类的除草剂敌稗和丁草胺，而且还抗硫代氨基甲酸胺类除草剂中的杀草丹、草达灭、二氯喹啉酸；更重要的是对磺酰脲类除草剂的抗性与交互抗性。

许多国家和国际组织都已制定不同除草剂在茶叶中的最大残留限量标准，如欧盟规定茶叶中百草枯、草铵膦和草甘膦的最大残留限量值分别为0.05mg/kg、0.1mg/kg和2.0mg/kg，绿谷隆、枯草隆在豆类、花生等植物产品中的限量为0.05mg/kg。日本和我国国家标准中规定茶叶中最大残留限量值草甘膦为1mg/kg、草铵膦分别为0.3mg/kg和0.5mg/kg。由于各种原因，一些国家对茶叶中除草剂的限制非常严格。如日本肯定列表中规定2，4，5三氯苯氧乙酸（2，4，5－T）不允许检出，对氯苯氧乙酸、苯达松的最大残留限量值为0.02mg/kg，麦草畏为0.05mg/kg、2，4－D、2－甲基－4－氯丙酸、2，4，5－涕丙酸等农药在茶叶中的最大残留限量均采用“一律标准”（0.01mg/kg）。近年来世界各主要农业国都对植物源食品中三嗪类除草剂的残留量制定了严格的限量标准，西玛津、阿特拉津、扑灭津、莠灭净等除草剂的最大残留限量为0.002～0.200mg/kg，特丁津与敌草净尚未规定最大残留限量值。乙草胺则在20世纪90年代就被美国环境保护局（EPA）确定为B_2类致癌物，它在粮谷中最大残留限量为0.02mg/kg。在其他作物中，加拿大对于除草剂甲氧咪草烟在豌豆中的最大残留限量值为0.05mg/kg，精异丙甲草胺和解草嗪在红薯中的最大残留限量值分别为0.2mg/kg和0.02mg/kg。随着人们对食品安全的关注，茶叶健康效应的广泛传播，茶叶中除草剂的残留也逐渐成为茶叶质量安全中人们最关心的话题。

第一节　茶园除草剂的类型

目前全世界除草剂市场中，位于销量前几位的主要有草甘膦、百草枯、二甲乐灵、2，4－D、草铵磷、乙草胺、敌草快、氟乐灵、咪唑乙烟酸、莠去津、异丙甲草胺、各谷隆、烟嘧磺隆、氟噻草胺、草硫磷、溴苯腈等。我国除草剂市场有260多个品牌，其原料品种以苯氧羧酸、二苯醚、酰胺、氨基甲酸酯、取代脲、有机磷、三嗪类和磺酰脲类为主，其中磺酰脲类、苯氧羧酸类、三嗪类、酰胺类与氨基甲酸酯类是市场上的主流产品。

2014年农业部种植业管理司印发的《种植业生产使用低毒低残留农药主要品种名录（2014）》中除草剂品种15个，分别是苯磺隆、苯噻酰草胺、吡嘧磺隆、苄嘧磺隆、丙炔噁草酮、丙炔氟草胺、精吡氟禾草灵、精喹禾灵、精异丙甲草胺、异丙甲草胺、氯氟吡氧乙酸、氰氟草酯、烯禾啶、硝磺草酮、仲丁灵。除草剂根据作用原理，体内传导方式等可以有不同的分类。

一、按作用对象分类

除草剂可分为选择性和非选择性除草剂。选择性除草剂只能杀死某一种或一类杂草，如灭草松；而非选择性除草剂对杂草和作物均有伤害作用，如草甘膦等。除草剂的选择性不是绝对的。选择性除草剂在使用剂量、施用时期和施用方法改变的情况下，也可以作非选择性除草剂应用，所以除草剂的使用都必须考虑其有效浓度、杂草的生育生长时期等因素，这也是所有除草剂使用要按规定方法应用的前提与基础。

（1）选择性除草剂　主要有敌稗、乙草胺、丙草胺、丁草胺、拿捕净、二甲四氯、麦草畏、盖草灵、氟乐灵、扑草净、西玛津、果尔等。

（2）非选择性除草剂　主要有百草枯、草甘膦、五氯酚钠、敌草隆等。

二、按植物体内的移动分类

除草剂按其在植物体内的传导运输差异，可分为触杀型和传导型（或内吸型）两类。触杀型只能杀死药剂接触的局部组织，但不能在体内运输传导。一般只能杀死一年生杂草，如草铵膦。传导型则能被杂草通过叶面吸收，并在体内传导，最终到达地下部分，从而灭生性杀死杂草，因此对多年生杂草有极好效果，如西玛津、草甘膦。

（1）触杀型除草剂　主要有草铵膦、除草醚、五氯酚钠、灭草松、百草枯等。

（2）非触杀型除草剂　主要有草甘膦、西玛津、苯磺隆、扑草净等。

三、按化学结构分类

除草剂按化学结构分类是目前最常用的方法，除草剂按化学结构可分为三嗪类、氨基类、苯脲类等共计 19 类。茶园除草剂分属于氨基酸类（草甘膦、草铵膦）、苯丙噻二嗪酮类（灭草松）以及三嗪类（扑草净、西玛津、莠去津），见表 4－1。

表 4－1　目前我国茶园登记使用的除草剂

除草剂	结构式	性质	作用机理（靶标）	除草剂类型	防治杂草	限量标准/（mg/kg）		
						中国	日本	欧盟
草甘膦	*N*－膦羧基甲基甘氨酸 $HO-P(=O)(OH)-CH_2-NH-CH_2-COOH$	联吡啶类，非选择性内吸性	抑制氨基酸合成 （EPSP）	灭生性非选择性除草剂	一年生杂草	1	1	2
草铵膦	4－羟基（甲基）膦酰基－DL－高丙氨酸 $H_3C-P(=O)(O^-\overset{+}{N}H_4)-CH_2CH_2-CH(NH_2)-COO^-\overset{+}{N}H_4$	氨基酸类，非选择性触杀型	抑制氨基酸合成 （GS）	触杀型非选择性除草剂	一年生和多年生双子叶及禾本科杂草	0.5	0.5	—

续表

除草剂	结构式	性质	作用机理（靶标）	除草剂类型	防治杂草	限量标准/（mg/kg）		
						中国	日本	欧盟
灭草松	3-异丙基-1-氢-苯并-2，1，3-噻二嗪-4-酮-2，2-二氧化物	苯并噻二嗪酮类，选择性触杀型	光合作用抑制剂（PSⅡ）	触杀和传导型选择性苗后除草剂	阔叶杂草和莎草科杂草，对禾本科杂草无效	—	—	0.1
扑草净	4，6-双异丙氨基-2-甲硫基-1，3，5-三嗪		光合作用抑制剂（PSⅡ）	内吸型选择性苗后除草剂（刚萌发杂草防效佳）	一年生禾本科及阔叶草	—	—	—
西玛津	2-氯-4，6-（二乙胺基）-1，3，5-三嗪	三嗪类，选择性内吸性	光合作用抑制剂（PSⅡ）	内吸传导型选择性土壤处理除草剂	一年生禾本科和阔叶杂草	0.05	—	—
莠去津	2-氯-4-乙胺基-6-异丙氨基-1，3，5-三嗪		内吸传导型选择性苗前、苗后封闭除草剂	茶园、玉米、高粱、甘蔗、果树、苗圃等旱田作物		0.1	—	—

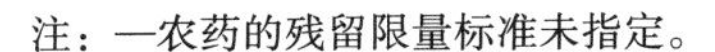

注：—农药的残留限量标准未指定。

（1）醚类除草剂　主要有果尔、除草醚、甲氧醚、乙氧醚、虎威等。

（2）三氯苯类除草剂　主要有扑草净、莠灭净、莠去津、扑灭津、西玛津等。

（3）取代脲类除草剂　主要有除草剂1号、敌草隆、绿麦隆、利谷隆、伏草隆、异丙隆等。

（4）本氧乙酸类除草剂　主要有二甲四氯等。

（5）吡啶类除草剂　主要有盖草能等。

（6）二硝基苯胺类除草剂　主要有氟乐灵、二甲戊乐灵、仲丁灵、异乐灵、氨基乙氟灵、氨磺乐灵、氨基丙氟灵等。

（7）酰胺类除草剂　主要有拉索、甲草胺、乙草胺、丁草胺等。

（8）有机磷类除草剂　主要有草甘膦、双丙氨膦等。

（9）酚类除草剂　主要有五氯酚钠、地乐酚等。

（10）苯甲酸类除草剂　主要有豆科威、百草敌等。

（11）芳氧苯氧丙酸类除草剂　主要有禾草灵等。

（12）磺酰脲类除草剂　主要有甲磺隆、豆磺隆等。

（13）硫代氨基甲酸酯类除草剂　主要有异丁草丹、丙草丹、禾大壮。

（14）三氮苯酮类除草剂　主要有环嗪酮、赛克津等。

四、按作用机制分类

依其作用机理，可将除草剂划分为光合作用抑制型、氨基酸合成抑制型、细胞分裂抑制型等。其作用机制主要是通过抑制植物体内的相关酶活力，目前已确定的除草剂靶标约有 15 种，如乙酰乳酸合成酶（ALS）、羟基苯丙酮酸双加酶（HPPD）、乙酰辅酶 A 羧化酶（ACC）等。

（1）光合作用抑制型除草剂　主要有扑草净、扑灭津、西玛津、莠灭净、绿麦隆、枯草隆、敌草隆、敌稗、灭草松、哒草特、敌草块、百草枯等。

（2）氨基酸合成抑制型除草剂　主要有草甘膦、草铵膦、双丙氨膦、磺草灵等。

（3）细胞分裂抑制型除草剂　主要有苯胺灵、乙草胺、甲草胺、丁草胺、牧草胺、双酰草胺、丙草胺、毒草胺等。

最早茶园登记使用的除草剂有 7 个，由于百草枯对人毒性极大，我国于 2014 年 7 月 1 日起，撤销百草枯水剂的登记和生产许可。2016 年 7 月 1 日停止水剂在国内销售和使用。目前我国茶园登记允许使用的化学除草剂 6 个，分别是草铵膦、草甘膦、灭草松、扑草净、西玛津和莠去津。

五、按使用方法分类

除草剂按其在实际应用中的使用方法来分，则可分为茎叶处理剂，土壤处理剂及二者混合型除草剂。

（1）茎叶处理剂　通过除草剂药液兑水后，直接喷洒在杂草茎叶上，达到除草效果的除草剂称作茎叶处理剂，如盖草能、草甘膦等。

（2）土壤处理剂　将除草剂均匀地喷洒或者拌到到土壤中，杀掉杂草幼芽、幼苗及其根系，从而达到杀草作用的除草剂，称作土壤处理剂，如西玛津、扑草净、氟乐灵等。其应用可采用喷雾法、浇洒法、毒土法等。

（3）茎叶土壤混合处理剂　产品既可直接作用于茎叶，也可用作土壤处理剂，如阿特拉津等。

第二节　茶叶除草剂的污染途径

茶叶中除草剂残留主要来源于茶园中除草剂的使用。一是其使用过程中被茶树直接吸收；二是除草剂使用过程中在土壤的残留，被茶树通过根系吸收转运到地上部鲜叶中；三是空气沉降污染，如茶园附近其他农田施用除草剂，通过空气飘移到茶园而产生污染；四是水体污染导致茶园被污染。

一、直接喷施吸收

草甘膦能在植物体内的木质部和韧皮部中运输传导，其运输速率主要受植株年龄、土壤含水量、气温与相对湿度以及药剂中的助剂类型等诸多因素的影响和制约。代谢旺盛和生殖生长强的植物组织器官如结节，根尖，茎尖等对草甘膦有很强的富集能力。试验证据显示，叶面喷洒草甘膦后有大量的草甘膦积累在这些组织器官中。用0.5kg/hm^2的低剂量喷洒，这些组织中残留草甘膦含量可达到0.3mmol/L，组织中富集的草甘膦含量随喷洒剂量或次数增加而增加，也有施用草甘膦导致大豆减产的报道。当草甘膦浓度超过7.38kg/hm^2时，大豆的结瘤水平受到一定程度的损伤。

用200mL 2%的草甘膦溶液喷洒0.8m^2的水葫芦，在喷药后1d、5d、10d、40d取样检测，其茎叶内草甘膦残留含量分别是9.8、33、16、9.3mg/kg，由此可见草甘膦能快速被叶片吸收并转运到茎。草甘膦对非靶标植物的药害过程则相对比较缓慢，喷洒草甘膦的初期，植物药害症状不明显，一定时间后症状才显现。茶园中另一种常用除草剂是草铵膦。草铵膦溶液喷洒在长芒苋叶子表面上30min后，长芒苋的谷氨酰胺合成酶（GS）活力降低、铵大量积累、光合速率快速下降；处理2h后，长芒苋的光合速率明显下降，气孔导度也受到了显著的抑制。处理6h后，处理组的铵含量是对照组的22倍，光合速率为对照组的63%；处理24h后，处理组的铵含量达到对照组的53倍。

大田中施用除草剂也会影响周边植物。如对位于大田周围未施用除草剂的果树叶片检测莠去津、乙草胺、扑灭津、扑草净和2，4D－丁酯5种除草剂残留，结果发现核桃、桃、李子和大樱桃中都检测到莠去津和乙草胺的残留，李子中检测到扑灭津残留，大樱桃中检测到扑草净残留，其中以核桃中乙草胺残留最高，达1.94mg/kg。这表明除草剂喷雾时雾滴漂移是存在的。2008年在美国密西西比一带有38%的水稻、18%的小麦、9%的大豆、5%的棉花、30%的其他作物遭受雾滴漂移危害；在美国密西西比州，58%的雾滴漂移是草甘膦造成，虽然漂移是亚致死剂量，但却严重伤害玉米等敏感作物，从而造成减产；2006年美国阿肯色州抗草甘膦作物喷洒草甘膦时，雾滴多次漂移到附近的水稻田，亚致死剂量的草甘膦造成当地水稻大量减产。

草甘膦在茶树叶片的中毒症状主要为老叶片发白，新芽萎缩、发白、变红、丛生，呈柳叶状。新叶片先是边缘焦枯，逐渐扩展直到芽头枯死。

二、根部吸收

一般而言，对植物使用草甘膦后24～28h内即传导到根部、叶部。通常一年生杂草在2~4d，多年生杂草在7~10d就会显示出受害症状：失绿、发黄、枯萎和死亡。按正常的使用量1kg/hm计算，土壤表层13cm的土壤中草甘膦的浓度可达0.45mg/kg，因此在高剂量使用条件下，土壤中草甘膦的浓度可能达到2mg/kg，而且这还未考虑多年使用土壤对草甘膦的吸附积累。因此土壤表层中实际浓度可能远高于此值。有研究表明草甘膦在土壤中的吸附能力随着环境的不同而变化，平均值通常在108~133mg/kg，这个数值要比另一种常用的农药2，4－二氯苯氧乙酸高出100倍。草甘膦在土壤中的半衰期报道值相差较大，范围从小于一周到一年多均有报道，这主要与其土壤物理化学特性及生物学特性有关，如质地及土壤中的微生物种群和数量等。有研究表明，对于非靶标茶树，土壤中游离草甘膦可以被茶树根部吸收，并经根部运输到其地上部新鲜叶片或老叶。如果浓度足够，会在新芽、新叶等幼嫩组织上表现出来中毒症状。

在调查中发现，草甘膦在美国公路地表的质量浓度高达10mg/L，在阿根廷东南地区的试验中发现处理区的表层土壤（深0~5cm）中草甘膦和氨甲基膦酸浓度比对照区域高20倍。草甘膦在西班牙森林土壤的迁移行为中也发现草甘膦及其代谢物能快速渗透到亚土层（20~35cm），且草甘膦在30cm土层的降解速度比在表土层（0~20cm）慢。用土壤原状土柱研究降雨对草甘膦的淋溶时，发现12d后草甘膦的渗滤液尽管不到0.01%，但检测到了其代谢产物，两者都可能造成地下水污染。在藜麦幼苗（6~8叶期）喷洒草甘膦时发现，在施用后1h 0~1cm的土层中就检测到1%的残留，而且主要是由于幼芽吸收转运到根系后，从根系向土壤分泌导致的。研究人员也发现草甘膦的快速渗透和转移，还发现甜菜植物对草甘膦的初始吸收和转运尤其快速。在草甘膦敏感植物中，每小时分泌出的草甘膦占总吸收量的5.5%左右。我国侯丽丽选取葡萄园的土壤和果实进行草甘膦的检测，在林业站克瑞森葡萄园内草甘膦残留量达到2.11mg/kg，同时在葡萄果实中也检测出残留达到1.82mg/kg，而国标中草甘膦在葡萄中的残留指标是0.1mg/kg。简秋等的调查发现贵州和广西两省区部分样地草铵膦的土壤残留分别达到10.4mg/kg和6.68mg/kg。

三、水体污染

水生生态系统是一个动态系统，许多食物链交错存在，其中任何一个种群发生变化都可能导致其他生物种群的变化。使用草甘膦后，在实验室和田间的研究中都发现在水深1m处有草甘膦和其降解产物氨甲基膦酸（AMPA）的存在，这意味着草甘膦对水生环境有潜在的威胁。除草剂在水体的残留可直接渗透到各种水体及动植物中，特别是在降雨量较多的季节如雨季，随着降雨，大量的除草剂残留会通过地表、地下水系广泛传播。一般来说，其地表水的除草剂残留浓度在1.35μg/L以上，而地下水的残留浓度在0.50μg/L以上，就直接影响饮用水的水质，对生物及人体都会造成严重危害。另有研究表明世界范围内的表层水体都存在草甘膦和氨甲基膦酸的普遍污染，且地表水中草甘膦的检出频率高于地下水中草甘膦的检出频率。如在加拿大南部的安大略湖草甘膦的最高浓度达到40.8μg/L。美国有16个州的地下水中检测出草甘膦的残留，27877个水样中有7个样品达到了1.1μg/L的最高限量标准。另有报道将草甘膦以高于推荐用量3~4倍的剂量施用于鱼塘，当日水中残留量为6.3mg/L，第2天减少90%左右，到第6天降至0.003mg/L，水中草甘膦消失迅速，而在鱼塘沉积物中的残留量则施药后1d达到峰值（2.84mg/L），为水中浓度的5倍以上。表明草甘膦可迅速地被鱼塘沉积物吸附。研究人员用离子色谱法连续几月测定了太湖水体的草甘膦含量，其质量浓度范围在0.4～15.2mg/L；对河南省54份水源水样品进行草甘膦检测，其中干渠水中的检出率最高，水库水最低。这些样品中，草甘膦含量最高达到1mg/L。

第三节　茶园除草剂的控制

茶叶作为一种健康饮料，其安全性自然备受关注，生产更生态，更安全的茶叶也是茶产业的必然选择。因此，在未来减少除草剂的使用，降低其茶叶中的残留是茶叶研究及生产中的重要任务。目前，一些替代技术，减量技术正在大量试验应用推广中。这些技术包括覆膜、覆盖、矿物油、除草醋、人工或机械收割等，可达到减少或不使用除草剂的目的。

一、物理防治

（一）覆膜技术

地膜覆盖由于其除草保肥效果，在其他作物上被大量应用。在茶园上应用相对较少。而且也主要应用在新建茶园。通过地膜覆盖，一方面减少茶园杂草生长数量，避免“草荒”对新栽茶苗生长的影响；另一方面又可增强新栽茶苗对当年伏旱及秋旱的抵抗力，并简化新建无性系茶园的管理工作，减少抗旱及锄草用工，降低无性系幼龄茶园管理的劳动强度及建园成本。研究结果显示地膜覆盖对茶树生长及存活率有明显的促进效应。

地膜覆盖对茶苗的促进作用，一方面可能是由于其能有效提高秋冬季及早春的茶园土层温度，相对延长茶树根系生长活跃期，促进茶树新根快速生长，从而减少新栽茶苗的缓苗期（江南茶区多数秋冬移栽）；另一方面，地膜覆盖可有效降低地表水的蒸发，对耕层土壤水分起到较好的保护作用，从而大大增强茶苗的抗旱能力。

茶园地膜覆盖后，对当年追肥工作会增加一定的难度。同时，常规地膜使用后，地膜的遗弃也可能对环境造成一定的负面影响。所以地膜覆盖后的残膜回收是需要考虑的一个问题。近年来也有部分茶园，尤其是山地茶园，地下水位低，全园地膜覆盖后，导致其高温干旱季新植茶园损失严重。分析其原因主要是这些茶园由于覆盖，雨水渗入地下较少，加上地下水位低，其夏季抗旱性差。改进办法主要是不全园覆盖，茶行中间地膜留口，既方便施追肥，也方便雨水下渗。

另外，针对地膜覆盖的一些负面效果，许多地方开始推广除草布（地布）技术。除草布也是一种遮阳网，规格可以定制。其既克服了地膜不容易透水渗水，又容易破损的缺陷，同时也方便收起施肥，因此目前应用有增长趋势。地布覆盖茶园的除草效果明显（图4－1）。

(1)覆膜完成　(2)覆膜完成后1个月

图4－1　黄山地区除草布除草试验

扫码看彩图

（二）秸秆等覆盖技术

茶园铺草是一种传统的技术，只是近来由于各种因素，较少应用。近来，由于土壤有机质损耗严重，加上杂草防治非农药化需求增加，政府对水土流失的关注等，茶园铺草才又重新提起。茶园铺草具有提高土壤有机质，减少水土流失，抗旱保水、抗寒防冻、抑制杂草生长、茶叶增产提质等各种功效。铺草的材料来源广泛、也易收集，如稻草、玉米秆、绿肥秆、山野杂草、茶枝等均可用以铺设茶园。

茶园铺草目前主要分两种，一种是成年茶园，另一种是幼龄茶园。成年茶园铺草主要有两个目的，一是抗旱防冻，二是提升土壤有机质，同时产生的间接效果是抑制成年茶园的杂草生长及防止水土流失。据我国在台湾地区坡度为35°的坡地果园进行两年的土壤流失情况观测，结果为：净耕区、生草区、稻草覆盖区累计土壤（干土）流失量分别为178.474、3.884、0.736t/hm^2。铺草区保土效果最佳，高于净土区200多倍，比生草区还高出4倍多。

新植茶园或者幼龄茶园的铺草主要是防止杂草生长（图4－2）。此时茶园铺草分两种方式，一种是茶苗间铺草，主要是防止茶园间杂草生长。因为茶苗间杂草不仅与茶苗争夺光与营养，而且去除时极易伤苗。因此茶园间铺草可有效抑制苗间杂草生长，

(1)浙江茶园

(2)日本茶园

图4－2　幼龄茶园铺草效果

扫码看彩图

从而大大降低茶园管理成本。通常铺草厚度要求达到2cm以上，否则效果不显。另外一种是全园铺草，茶行间也铺满，从而最大限度降低田间杂草发生率。但相对覆盖材料用量要求大，除个别区域外，大数茶区很难做到。因此最适宜推广的是第一种茶苗间铺草。

二、生态防治

（一）间作

茶园间作或套种可以改善茶园小气候环境，使茶园环境更适合茶树生长及新梢发育。过去传统的套种主要是出自增强经济收入的目的，很少有对抑草除草的考虑。近来由于杂草的发生，加上对除草剂的限制，才开始重新考虑间种绿肥对茶园行间杂草的防治及抑制作用。茶园间作绿肥或套种农作物，都有明显的抑制茶行间杂草的效果。绿肥常用的有白三叶（豆科）、菊苣（菊科）、油菜、日本草等。套作农作物则主要有花生、玉米、黄豆等。套种与间作绿肥除了具有抑草功效外，也具有明显的改良土壤的作用，同时也有明显的改善茶园生态多样性的功效。为了达到抑制杂草的目的，选择绿肥一个重要原则是要有一定的生物量，只有足够的生物量才有可能有厚的地表覆盖层，从而达到抑制杂草生长的目的。目前多数绿肥不是夏季生长的，如紫云英等。

另外一种是茶园间作鼠茅草，北方果园已经有许多成功推广的经验。近年茶区也有不少地方在推广示范种植鼠茅草。鼠茅草秋冬季播种，次年夏季会枯死，直接覆盖在茶园行间，起到抑制行间杂草生长的效果。因为夏季是茶园杂草的旺长季，也是传统除草的时期。鼠茅草的发芽温度最低15℃，在实验室时，10℃时也能部分发芽。因此播种时期也没有企业宣传的那么严格。目前认为鼠茅草种植适合所有类型茶园（图4－3）。

图4－3　浙江茶园鼠茅草生长效果（5月）

扫码看彩图

（二）生物防治

生物防治杂草与化学除草相比，具有不污染环境、不产生药害、经济效益高等优点。目前，生物源除草剂主要集中在为生物源除草剂上，利用植物病原微生物使植物染病的一种防治方法。但因微生物源除草剂活性物质不稳定、次生物质化学成分复杂、寄主相对单一、因此防治效果受环境影响大，所有这些造成其在实际应用推广中受到了限制，目前的市场应用还处在起步阶段。表4－2是目前市场上已商品化的微生物除草剂及其防除对象。

表4－2　　已商品化的微生物除草剂

名称	防除对象
棕榈疫霉［*Phytophthora p almivora*（Butl.）Butl.］	防除莫伦藤（*Morrenia odorata* Lindl.）
致病菌株的厚垣孢子（DeVine）	
合萌盘长孢状刺盘孢（Collego）	水稻及大豆田中的弗吉尼亚合萌
纵沟柄锈菌（*Puccinia canaliculata*，Bioseoge）	
决明链格孢（Casst）	油莎苹主要防除3种重要的豆科杂草，决明、望江南和美丽猪屎豆
锦葵盘长孢状刺盘孢（Biomal）	防除圆叶锦葵、苘麻
银叶菌（Biochon）	野黑樱和许多其他木本杂草
镰刀菌（*Fusarium orobanches*）菌丝体（制剂）	烟草、莫合烟、大麻及向日葵上的寄生杂草列当鲁保一号
Camperico	高尔夫球场草坪杂草
F798制剂	瓜列当
砖红镰孢（M YX－1200）	大豆和棉花田的豆科杂草
双丙氨膦	葡萄、苹果、白菜、葫芦、桑科植物、杜鹃花、橡胶和其他作物田地内杂草的防除
Colletotrichum truncatum	大麻
Microsphaeropsis amaranthi	藜
Phoma proboscis 和 *Colletotrichum capsici*	田旋花
Uromyces rumicis	皱叶酸模、田蓟、矢车菊
Alternaria tenuissima	苘麻和青麻
Alternaria spp.	南芥
Colletotrichum gloeosporioides f. sp. maivae	锦葵
锈菌（*Puccinia chondrillina*）	麦田杂草灯心草粉苞苣（*Chondrilla juncea*）

三、化学防治

（一）矿物油

矿物油由于其可溶性，在农药施用中被作为助剂或者增效剂广泛应用，尤其是病虫害防治上有一定效果。矿物油作为除草剂助剂，应用到茶园，可减少草甘膦用量

20%左右。直接应用矿物油除草的报道较少，主要还是作为辅助剂应用最为广泛。

（二）除草醋

近来茶园杂草处理也有使用除草醋的。除草醋是由浙江农林大学马建义教授研发的一种生物除草剂，其主要成分为竹子醋液，茶园施用时通常稀释15～25倍后喷施。除草效果近似于百草枯与草甘膦，但成本略高，主要特点是安全，已经通过国内有机认证。

思考题

1. 目前茶园有哪些除草剂类型？
2. 除了用除草剂控制杂草外，在幼龄茶园和成熟茶园中还可以分别用哪些方法控制杂草？分别列举3种以上方法。
3. 我国对茶园除草剂的限量是多少？与欧盟及其他茶叶进口国有何差别？
4. 你如何看待茶园使用除草剂？
5. 茶园生态除草的前景如何？
6. 地膜与除草布有何区别？

参考文献

[1] 崔青苗. 草铵膦在环境中的研究进展［J］. 轻工科技，2018，34（9）：30－32.

[2] 付颖，叶非，王常波. 生物源除草剂研究与使用进展［J］. 农药，2002，41（5）：7－11.

[3] 郭浩然，蔡文妍，刘炘，等. 草甘膦生物毒性研究进展［J］. 职业卫生与应急救援，2018，36（3）：212－215.

[4] 郭家刚，侯如燕. 茶园除草剂作用机理及残留检测研究进展［J］. 中国茶叶加工，2015（1）：24－30.

[5] 何鑫. 除草剂五大分类方式［J］. 农村实用技术，2016（2）：23－24.

[6] 简秋，胡德禹，张钰萍，等. 草铵膦在土壤中的残留检测方法及消解动态［J］. 农药，2015，54（3）：201－203；214.

[7] 李裕军，叶钦凛. 除草剂污染及治理措施研究［J］. 乡村科技，2018（15）：104；106.

[8] 林文静. 茶树草甘膦中毒症状及补救措施探究［J］. 山西农经，2018（15）：83－84.

[9] 卢素格，翟志雷，张榕杰，等. 河南省生活饮用水和水源水中草甘膦污染现状的初步调查［J］. 环境卫生学杂志，2015，5（1）：55－57.

[10] 宁辉荣，徐爱东，刘玉凤. 除草剂在现代农业发展中的危害及对策［J］. 农民致富之友，2015（15）：114.

[11] 潘丽萍，张锋，朱宝立．草甘膦的毒性研究 [J]．中国工业医学杂志，2016，29 (2)：120－123.

[12] 宋萍．农田除草剂的使用与危害研究 [J]．乡村科技，2018 (24)：83－84.

[13] 唐杏燕，邵增琅，杨路成，等．茶园中草甘膦在靶标杂草和非靶标茶树中的吸收、转运、分布和代谢 [J]．食品安全质量检测学报，2018，9 (18)：4900－4905.

[14] 田景涛，周恒．铜仁市幼龄茶园不同间作模式研究 [J]．黑龙江农业科学，2015 (8)：86－88.

[15] 王诗宗．土壤和沉积物－水系统中草甘膦和苯嗪草酮的迁移转化 [D]．北京：中国地质大学，2015.

[16] 叶美君，朱明杜，颖颖，等．茶园主要除草剂草甘膦和草铵膦概述 [J]．中国茶叶加工，2017 (5)：32－37.

[17] 张冬，张宇，王萌，等．草甘膦对植物生理影响的研究进展 [J]．热带农业科学，2016，36 (9)：55－61.

[18] 衷兴旺．高效液相色谱－串联质谱法测定武夷岩茶中草甘膦残留的研究与分析 [D]．福州：福建农林大学，2016.

[19] 诸力，陈红平，周苏娟，等．超高效液相色谱－串联质谱法测定不同茶叶中草甘膦、氨甲基膦酸及草铵膦的残留 [J]．分析化学，2015，43 (2)：271－276.

第五章　茶叶中多环芳烃和高氯酸盐的污染与控制

随着我国经济的高速发展，农业环境的污染范围不断扩大，茶园环境污染不容忽视，茶叶环境污染物，如多环芳烃等，逐渐成为茶叶质量安全关注的新焦点。

第一节　茶叶中多环芳烃污染的来源与控制

多环芳烃（Polycyclic Aromatic Hydrocarbons，PAHs）是分子中含有2个或2个以上苯环或环戊二烯稠合而成的有机污染物，又称多环性芳香化合物或多环芳香族碳氢化合物。2~3环的多环芳烃分子质量低，在常温下呈气态，水中溶解度较大；3~4环的多环芳烃在气相和固相中都有分布；5环以上高分子质量的多环芳烃多为无色或淡黄色结晶，个别具有深色，水溶性较低。多环芳烃具有强烈的致癌、致畸及诱发基因突变等毒性，是世界各国重点关注的环境污染物之一。1993年美国环保局确认16种多环芳烃为优先污染物，分别是萘、苊烯、苊、芴、菲、蒽、荧蒽、芘、苯并（a）蒽、䓛、苯并（b）蒽、苯并（k）蒽、苯并（a）芘、苯并（g，h，i）苝、茚并（1，2，3－cd）芘、二苯并（a，h）蒽。

一、茶叶中多环芳烃污染的来源

多环芳烃容易产生于所有的有机物氧化反应中，生物能源的降解和自然火灾是全球多环芳烃的主要来源。空气中多环芳烃主要产生于木炭、石油等矿物质的燃烧。随着人们生活水平的提高，人均汽车拥有量增多以及工业区的大量开发，煤、石油等在工业生产、交通运输等方面得以广泛应用，由此产生了大量的多环芳烃，公路源的汽车尾气已经成为空气中多环芳烃的主要来源之一。目前多环芳烃污染日益加重，产地环境中土壤、水、空气不可避免受到多环芳烃污染，并且通过大气沉降、植物根系吸收等作用，导致农作物受到多环芳烃的污染。同时，在农产品复杂加工过程中，原料中多环芳烃的残留量也会受到不同程度的影响，甚者导致农产品或食品中多环芳烃急剧上升。近年来，随着经济的快速发展，我国茶叶质量安全也存在多环烃污染的隐患，茶叶中的多环芳烃主要来自环境和加工过程的污染。

（一）环境污染对茶叶中多环芳烃含量的影响

1. 大气污染

大气中多环芳烃的来源主要有两个方面：一是天然源，森林或草原火灾、火山爆发等均可产生多环芳烃；二是人为源，石油、煤炭等燃料燃烧及木材烟草等不完全燃烧、汽车尾气等产生的多环芳烃。而人为源是导致大气中多环芳烃含量增加的主要原因。冬季煤炭等使用量较多，且气温较低，空气中多环芳烃浓度明显比其他季节高。随着汽车数量的增加，汽车尾气逐渐成为空气中多环芳烃的主要来源之一。研究表明，道路旁茶园空气中多环芳烃浓度可高达4.71$\mu g/m^3$，汽车尾气对茶园茶树中多环芳烃含量的影响主要在交通道路旁50m范围内。

产地环境空气中的多环芳烃可通过叶片进入茶树体内，从而对茶叶质量安全造成危害。由于高环数多环芳烃多以颗粒形态存在，容易从大气中沉降下来，落到叶面上，因此老叶中五、六环芳烃的比例显著高于嫩叶。茶园距离公路越远，茶园空气中多环芳烃含量越少，茶树鲜叶多环芳烃污染程度也明显降低。茶树鲜叶表面积大，嫩叶背部绒毛较多，且生长周期长，易受到大气中多环芳烃的污染；同时叶面角质层上覆盖着蜡质，能够吸附空气中的有机污染物。多环芳烃在茶树不同部位中的积累存在显著差异，同时还具有明显的季节性与品种差异性。茶树各组织中多环芳烃的含量大小顺序为老叶 > 须根 > 嫩叶 > 生产枝 > 主根，地上部分要大于地下部分。

2. 土壤污染

大气中高环数多环芳烃一般以固态形式存在，传播距离有限，较低环多环芳烃有更长的漂移时间。低环多环芳烃则比较容易挥发和降解。

茶园土壤中的多环芳烃主要来自空气中多环芳烃颗粒的沉降，空气污染相对较重的地方土壤中的多环芳烃含量也相对较高；同时污水的灌溉、废弃物的土地利用以及作物秸秆不完全燃烧也会导致土壤中多环芳烃含量的增加。研究人员检测到的茶园土壤多环芳烃浓度低于0.05mg/kg，但茶树根系多环芳烃浓度远高于其生长的土壤环境多环芳烃浓度，最高可以达到0.53mg/kg，证明茶树根系可以强烈的被动吸收和富集多环芳烃。土壤中多环芳烃穿过植物根皮层而进入木质部，通过根毛细胞的作用积累于植物的茎，或通过运输作用达到叶部并积累，低分子质量的多环芳烃水溶性相对较高，易被茶树吸收。茶树根系中主要存在2～4环多环芳烃尤其是3～4环占到多环芳烃总量的80%以上，5～6环含量和检出率较低。主根2～4环多环芳烃占总多环芳烃比例明显比须根高。茶树根系吸收多环芳烃后可以向上运输到叶片，造成茶鲜叶多环芳烃污染，茶树叶片中5.0%～50.5%的多环芳烃来自于根系吸收后的向上运输。

（二）加工工艺对茶叶中多环芳烃含量的影响

1. 不同茶类的多环芳烃含量

除了栽培环境的影响之外，采制工艺也会影响茶叶中的多环芳烃含量。通常鲜叶越嫩，多环芳烃含量越低。研究人员测出砖茶中的多环芳烃含量比绿茶高2倍，因为砖茶暴露在空气中时间长，且采用的原料比较粗老，因此产品中多环芳烃含量较高。测得我国有代表性的8种茶叶中多环芳烃的总含量为0.3～8.8mg/kg，其含量大小顺序为正山小种 > 菊花茶 > 普洱砖茶 > 普洱茶 > 铁观音 > 苦丁茶 > 大佛龙井 > 西湖龙井。我国川渝地区经济发展滞后，茶叶加工设备较为简陋，使用柴烟和煤烟烘干茶叶，造成烘青绿茶多环芳烃染严重，其多环芳烃平均含量高达5.5mg/kg，柴烟茶比煤烟茶多环芳烃污染更为严重，最高多环芳烃含量可达8.3mg/kg。研究还显示夏季鲜叶原料中的多环芳烃浓度较高，夏季的黑茶成品中多环芳烃浓度水平也要高于春季和秋季。

2. 加工过程中的污染

研究表明，茶叶中的多环芳烃污染不仅受自然环境的影响，制茶工艺也会影响茶叶中多环芳烃的含量。由于六大茶类的制作工艺不同，造成了六大茶类产品中多环芳烃的污染程度不同。已有研究表明多环芳烃污染主要来自加工过程的干燥阶段，传统的干燥工艺中需要燃烧木柴或者煤炭来加热，易产生大量多环芳烃。以小种红茶的传统加工工艺为例，在茶叶的烘熏过程中，松柴的燃烧可使烘房内多环芳烃的平均含量增加，茶叶在吸附松柴燃烧产生的熏烟味时，也必然吸附了大量的多环芳烃，正山小种红茶中94%～98%的多环芳烃来自其烘熏过程的松柴燃烧。研究人员研究多环芳烃在黑茶加工过程中的变化，结果显示经过五道工序加工后，茶叶多环芳烃污染水平由117.7μg/kg增长到419.9μg/kg，基本上符合1∶4的比例，干燥环节茶叶中多环芳烃含量并未呈现出爆发式的增长，而且2～6环多环芳烃占多环芳烃总含量的比例在五个工序加工过程中变化较小；证明采用烘箱干燥后，黑茶多环芳烃浓度升高的主要原因是茶鲜叶水分散失，而并非是茶叶对外界多环芳烃的吸收。研究还表明在电加热模式下，茶叶加工过程中多环芳烃浓度升高主要是因为叶片水分的散失，且茶叶干物质中多环芳烃实际残留量大幅度降低。采用木柴燃烧加热的传统干燥方式逐渐被电烘箱干燥所替代，减少或者不使用煤炭、石油或木柴等燃烧加热，加工环节对茶叶多环芳烃污染影响程度将会降低。

二、茶叶中多环芳烃污染的控制

要防控茶叶中多环芳烃的污染应从源头减少多环芳烃的产生，加强对环境的监测，提高茶叶清洁化生产水平。目前的研究结果显示，对已经造成污染的产地环境，可以采用微生物降解和生物修复等技术措施进行处理。

（一）控制污染源

茶鲜叶多环芳烃主要来自空气、土壤、灌溉水等，建设茶园时应远离污染源，如公路、工业区、化工厂等废气排放企业，且茶园内应避免机动车的频繁出入；茶园内加强防护林与遮阳树的种植，尤其是茶园周边有污染源的，应在茶园与污染源之间设置绿化隔离带，以减少或阻挡空气中多环芳烃对茶树的污染和在土壤中的沉积。当茶树根部多环芳烃浓度较大时能增加鲜叶中多环芳烃的含量，因此建设茶园时还要避免土壤受到污染，且不能使用污水灌溉茶树。

（二）提高茶叶加工清洁化水平

木柴、煤炭的不完全燃烧易产生多环芳烃，因此在茶叶加过程中应从源头降低多环芳烃的排放，改善能源结构，减少燃料消耗，注意茶厂加工环境的清洁化、加工燃料的清洁化，全面提升茶叶清洁化生产技术水平，可使用电力、液化气、太阳能、沼气等清洁能源，减少加工环境中的多环芳烃污染，保持周围空气洁净，同时茶叶加工厂内需配备相应的除烟、除尘设施。

（三）利用微生物降解

多环芳烃具有可生物降解性，可以利用微生物对其进行降解，是土壤中降低或消除多环芳烃污染的主要途径之一。土壤中的微生物在其生长过程中以多环芳烃为碳源和能源，一方面使自身生长繁殖，另一方面降低土壤中多环芳烃的浓度，以达到符合卫生质量要求。真菌漆酶可通过氧化作用将多环芳烃转化为相应的醌类，从而提高其在土壤中微生物的利用性，基于漆酶的真菌转化能力的微生物修复方法逐渐成为土壤中多环芳烃修复技术的重要发展方向。微生物对多环芳烃的降解作用会受到土壤基质和营养状况的影响。土壤对多环芳烃的吸附能力以及多环芳烃的生物可利用性与有机质有直接关系。在微生物对土壤中的多环芳烃降解过程中，土壤养分状况是关键因素。土壤中的氮、磷都是微生物生长的重要营养元素，在污染土壤中适当添加此类元素可以起到促进细菌增殖和降解的作用。适当增施堆肥，同时对受污染土壤进行耕作，翻动土壤以改善土壤的通气状况，激发微生物代谢速率，这些农艺措施均有利于促进土壤中多环芳烃的降解。

（四）利用植物修复

植物修复技术是一种广泛应用于环境污染领域的治理方法，可以净化土壤或水体中的污染物，是一种低成本、环境友好型的绿色修复技术。植物修复主要通过两方面来去除环境中有机污染物：植物对有机污染物直接吸收作用；植物根际区的根系作用。有研究表明，玉米和水葫芦能够分别在高浓度多环芳烃污染的土壤和污水中正常生长，并能吸收积累其中的菲、芘、萘，对环境中多环芳烃的净化率可达90%。另外，植物与微生物联合修复技术也是近年来研究的热点，这项技术是指利用植物与微生物之间的协同作用共同处理污染物，从而使土壤中污染物的浓度和总量下降，即植物根系为土壤中微生物提供适宜的生长环境，从而增强其活性；而微生物对污染物的降解给植物带来了生长过程中所需的各类营养元素。研究人员研究了紫花苜蓿与微生物联合修复的效果，均表明联合修复能提高多环芳烃的降解效率。

多环芳烃具有半挥发性质，传播范围较广，环境中的空气、土壤、水均在存在一定程度的污染。茶树在生长过程中具有吸收并积累多环芳烃的能力，因此原料存在一定程度的多环芳烃污染。传统加工过程中，使用燃烧煤炭或木柴的干燥加热方式，容易产生大量多环芳烃，并被茶叶吸收，造成终端产品的多环芳烃污染。研究证明，茶叶中多环芳烃能不同程度地溶进茶汤中，常饮多环芳烃含量高的茶叶可能具有一定的健康风险，因此需要加强对产区环境、加工厂和产品的多环芳烃含量进行监测。虽然有研究表明生物修复技术能减缓或消除多环芳烃污染，但在实际应用中其作用效率不稳定。微生物修复可能由于其生存环境的改变而难以适应，或与其他种群竞争而导致修复效果不理想；植物修复过程比较缓慢，因此治理周期长，某些植物对环境条件有一定要求而影响其修复效果；植物-微生物联合修复在不同环境条件下需要选择不同的降解组合，因而比较费时且成本较高，目前无法大面积应用。要避免多环芳烃污染茶树还应从源头进行控制，远离污染源，建立从种植到加工环节的多环芳烃污染评价与控制体系。

第二节 茶叶中蒽醌污染的来源与控制

近年来，茶叶中蒽醌污染水平超标造成我国茶叶出口严重受阻。

9，10－蒽醌（Anthraquinone，AQ，CAS No 84－65－1），是一种淡黄色晶体，不易溶于水。9，10－蒽醌在工业生产上应用广泛，作为一种染料原料，用于合成分散染料、酸性染料、还原染料以及活性染料，染料产品具有高效渗透，不易褪色等特点；9，10－蒽醌可用于造纸行业，常用作造纸蒸煮剂，缩短造纸时间。研究发现，经蒽醌处理的种子会刺激鸟类嗅觉和味觉致其产生呕吐等不适反应，因此在农业生产过程中常用于减少鸟类对农作物的破坏。研究表明，蒽醌具有潜在致癌作用，对人体健康会产生一定威胁。美国国家毒理学计划（national toxicology program，NTP）研究者与美国环境保护局（EPA）、欧洲食品安全局（EFSA）等权威机构对蒽醌的危害进行了研究，且欧盟范围内已经不允许使用含有蒽醌的农药。2017 年 10 月 27 日，世界卫生组织国际癌症研究机构将蒽醌列入 2B 类致癌物清单。由于中国出口欧盟的茶叶中被多次检测出蒽醌残留超标，因此茶叶中蒽醌超标问题越来越受到业内关注。

一、茶叶中蒽醌污染的来源

目前蒽醌在欧盟或其他国家均未再有登记用于农业生产。在我国，蒽醌也未在茶树上及其他作物上登记使用。针对茶叶中蒽醌的来源问题，业内学者开展了相关研究。

（一）环境中的蒽醌

环境中的蒽醌主要来源于自然环境以及人类活动。有研究发现近几年土壤和空气中的蒽醌含量有不断上升趋势。燃烧作用可以产生蒽醌并释放到环境中，大部分汽车（内燃机和柴油机）尾气产生的微状颗粒物中检测到了蒽酮，其中柴油机释放出的蒽醌含量较高。植物、燃料或是垃圾的燃烧都可以释放出蒽醌，现已经在日本和加拿大等城市垃圾焚化炉样品（飞灰和空气）中检测到蒽醌，研究者在工厂附近或是垃圾填埋处都检测到蒽醌。另外，蒽醌也可以作为驱鸟剂，或是通过苏打添加剂，牛皮纸提浆工艺，纸浆工厂和多种染料生产工厂的污水排放进入环境。

化工污染物的排放可能造成水体和土壤中蒽醌污染，通过生物富集作用，蒽醌可富集在环境污染的动植物体内。研究人员对化工厂附近的生物进行取样，在一些苔藓和蚯蚓的体内均有测出蒽酮；研究了在水培和土培的条件下茶树对蒽醌的吸收规律后发现：在水培添加实验中，茶苗根系可以大量富集水环境中的蒽醌，茶树根系蒽醌富集系数达到 20～90；虽然只有少量蒽醌迁移到茶树叶片中（迁移率为 0.02%～3.5%），但是其迁移水平可造成鲜叶中蒽醌的污染；在添加浓度≥0.25mg/L 时，鲜叶中蒽醌含量可超过 0.024mg/kg，导致干茶中蒽醌含量超过 0.02mg/kg。实验发现，蒽醌在土培环境中，可以迅速被土壤和茶树根系吸附，蒽醌被土壤固定后，茶树根系很难从土壤中吸收蒽醌；研究者认为由于土壤对于蒽醌的吸附作用，只有微量的蒽醌可以转移到叶片上，因此土壤污染较难造成茶叶中蒽醌含量超标，但是当降水或是灌溉水中含有蒽醌，茶树中蒽醌可能会持续上升，从而造成污染。

（二）蒽醌类物质

蒽醌类物质广泛存在于自然界中，芦荟、大黄、虎杖根茎、决明子和巴戟等植物中均有检测出蒽醌类物质。植物中天然存在的蒽醌类物质具有一定的药理作用，可以抗菌，抗肿瘤，还可以对害虫产生毒杀作用。目前有报道发现枣树上通过使用二氰蒽醌抑制由胶孢炭疽菌侵染引发的炭疽病。芦荟中蒽醌类物质对于各种菌类具有较好的抑制作用。有研究通过叶面喷施大黄素促进光合作用，从而提高作物产量。因而，一些植物源农药在提取时，可能将一些蒽醌类物质提取出来，当蒽醌类物质直接或是间接的喷施到茶树上，或是喷施到其他作物上，通过空气漂移到茶树上，可能代谢或转化产生蒽醌，从而造成茶叶中蒽醌污染物超标。

（三）包装材料里的蒽醌

蒽醌是非常有效并已广泛应用的一种蒸煮添加剂，在纸浆蒸煮过程中起着重要的作用。添加少量蒽醌即能促进木素脱出，保护碳水化合物，降低纸浆硬度，提高纸浆得率，同时也能在纸浆达到相同强度时大大缩短蒸煮时间并节约用碱量。蒽醌作为蒸煮助剂在化学浆工业被广泛使用，可能导致部分包装材料里含有残留的蒽醌。陈宗懋院士通过研究提出茶叶中的蒽醌有一部分来源于包装材料，纸质包装材料及纸箱中一般都含有蒽醌，也会导致茶叶污染。

二、茶叶中蒽醌污染的控制

研究表明，蒽醌在茶树鲜叶的半衰期为3.7d，蒽醌的消解可能受到环境因素的影响（光照、高温、降水），蒽醌物理化学性质（可以发生光解、水解以及氧化作用）以及茶树生长过程中的生物稀释作用；加工过程中能够促进蒽醌的降解，红茶加工过程中有63.0%～82.9%发生降解，绿茶为58.8%～84.6%，高温条件下的热化学作用可能是导致蒽醌降解的主要原因。即使在加工过程中能够促进蒽醌部分降解，但由于欧盟对于茶叶中蒽醌限量要求严格（最大残留限量为0.02mg/kg），为了避免茶叶中蒽醌残留超标，应当从源头上控制鲜叶中蒽醌的含量。

由于茶叶的加工具有多样性，以及茶叶生产的地域性，蒽醌污染物在茶叶中超标没有很强的针对性，对蒽醌污染物的追踪与溯源造成一定的干扰。根据现有资料显示，燃烧作用可能会产生蒽醌污染，尤其是燃烧含蒽醌成分的材料。而我国的大部分茶园选址在山上，周围环境基本没有化工污染物，减少或避免茶园或茶叶加工厂周边的燃烧行为，能够防止茶叶受到蒽醌的污染。因此，茶叶加工厂应当加强实行清洁化生产。选择自然环境良好的茶园，尽量远离行车道，做到鲜叶进厂不落地。加快茶产业燃料改革，逐步采用电力、液化气、太阳能、沼气等清洁能源替代煤和木柴。建设清洁化加工车间，加大生产车间的通风力度，减少扬尘；适当增加地面和加工设备等的清洁频率，减少积灰；重视加工设备的维护，减少漏烟；应在划定特定区域放置燃料，尤其是煤和柴，分隔燃煤燃柴区和茶叶加工区，避免在加工过程中造成蒽醌污染。除此以外，应选择适宜的包装材料，避免选择纸基材质作为茶叶内包装，选择低透气和低透湿内包装，如较大厚度的塑料包装袋和铝箔袋，最好是选择不含蒽醌的纸箱外包装。

第三节 茶叶中高氯酸盐污染的来源与控制

2016 年，我国茶叶检出了新型污染物高氯酸盐。欧盟有关组织拟将茶叶中的高氯酸盐含量强制性标准定为 0.75mg/kg。欧洲食品安全局对暴露于高氯酸盐的风险评估表明，长期摄入的危害应当引起关注，尤其是孕妇、婴儿最易受到危害，甚至导致甲状腺癌。

高氯酸盐是一种有毒的无色晶体，是指含有高氯酸根（ClO_4^-）的盐类，其物理化学性质极其稳定，且易溶于水，是一种高稳定性的安全氧化剂，其种类主要包括高氯酸铵、高氯酸锂、高氯酸钾和高氯酸钠等。高氯酸盐被广泛用于航空航天、烟火制造、皮革加工、橡胶制品、涂料生产等工业领域。高氯酸盐是一种新型环境微量污染物，而食品高氯酸盐污染是一个世界难题。高氯酸盐以其高水溶性、吸附性、高流动扩散性和稳定性，能够在环境中广泛而持久存在，地下水、饮用水、肉制品、谷物、果蔬和饮料等食品中都会出现其身影。目前国内针对高氯酸盐的分析研究，主要集中在地表水、污水和污泥等环境样品和饮料、蔬菜、牛奶等食品样品。

一、茶叶中高氯酸盐污染的来源

高氯酸盐污染情况几乎遍布世界各地，研究人员发现中国、美国、日本、加拿大、韩国、印度，以及越南、希腊、玻利维亚、智利、沙特阿拉伯，甚至南极等很多地区，均在泥土、灰尘、空气或者水体等介质中发现了高氯酸盐。其污染来源主要分为两大类：人为源和自然源。

（一）人为源

人为源即人类活动来源。高氯酸盐作为安全的强氧化剂，广泛应用于航空航天、烟火制造、军火工业、爆破作业等领域，如火箭固体燃料、弹药的引信、示踪剂等。高温作业下燃料的不完全燃烧或者原料更换，大量的高氯酸盐被直接排放，从而形成巨大污染。在工业领域，高氯酸盐是润滑油、织物固定、电镀液、皮革鞣剂、橡胶制品、染料涂料、冶炼铝和镁电池等产品的生产过程中不可缺少的物质，其废弃物排放后便会对水源、土壤造成污染。在农业方面，20 世纪 70—80 年代部分地区施用的是来自阿塔卡马沙漠的智利硝肥，这种硝肥中富含天然的高氯酸盐。高氯酸盐水溶性高，可经土壤、水等途径被植物吸收富集，并通过食物链进入人体；且高氯酸盐具有高度扩散性和持久性，且化学性质稳定，难于在有氧条件下进行生物降解，对人体健康将会产生一定威胁。近年来，烟花被确定为高氯酸盐污染不断增加的主要贡献者之一。研究表明，在烟花燃放后的水体和大气气溶胶中均测出高浓度高氯酸盐，实验发现空中所沉积来自烟花燃放的高氯酸盐达 670 ~ 2620g/hm^2 不等。

（二）自然源

高氯酸盐可以自然产生，其形成机理尚处于研究阶段，但目前很多研究已经证明高氯酸盐的自然来源。大气湿沉降（降雨和降雪）、地下水源水、干/湿区域土壤等介质中均测得由自然源引起的不同浓度的高氯酸盐污染。而在干旱地区，由于高温强蒸发特性使微生物活性受抑制，自然生成的高氯酸盐不断沉积富集，往往土壤或矿物中检出浓度远高于潮湿地区。研究人员采用同位素标记法发现高氯酸盐可以在大气中通过具有光化学氧化作用的臭氧氧化作用产生。研究人员在雨水和雪的样本中发现了高氯酸盐的存在，他们通过大气模拟实验证明氯化钠气溶胶中的氯离子可以在放电的条件下与高浓度的臭氧反应生成高氯酸盐，说明在某些环境条件下，大气中可能产生一定数量的高氯酸盐。运用同位素示踪技术与实验室模拟联合证实，大气（光）化学反应和土壤矿物表面的光催化作用是高氯酸盐自然源的主要形成机制。

二、茶叶中高氯酸盐污染的控制

我国茶叶生产大都集中在山区，远离城市污染，灌溉水为雨水，受高氯酸盐污染的可能性极小。另据了解，欧盟在中国出口的茶叶中检测出高氯酸盐仅是部分地区，而且是微量的，且大多低于欧盟限量标准。高氯酸盐是如何通过源头进入茶叶的，目前还未有科学的结论。业内专家推测，茶树种植过程中使用的化学肥料、灌溉用水或者自来水，食品加工过程中含氯消毒剂的使用以及包装材料的迁移，都可能成为茶叶高氯酸盐的污染来源。根据茶叶中高氯酸盐来源可能的分析，可以通过以下几点措施防控茶叶中高氯酸盐的污染：一是茶园选址应避开“三废”工厂和人类活动，防止因人为因素造成环境中的高氯酸盐污染；二是注重灌溉水源的质量，水源中的高氯酸盐具有迁移性，造成的污染范围会不断扩大，应避免灌溉用水引起茶叶中高氯酸盐的污染；三是在茶园内和四周不得燃放烟花爆竹，已有研究显示烟花燃烧后会产生大量高氯酸盐；四是严格把控茶树化学肥料的使用，不得向茶园中投放含高氯酸盐的肥料；五是茶叶生产加工过程中不得使用含氯消毒剂清洁生产设备及车间等。

思考题

1. 试述茶叶中多环芳烃的污染情况及来源，并提出相应的控制措施。
2. 请写出茶叶中蒽醌、高氯酸盐的污染来源及控制措施有哪些？

参考文献

[1] KUMARATHILAKA P, OZE C, INDRARATNE S P, et al. Per - chlorate as an emerging contaminant in soil, water and food [J]. Chemosphere, 2016, 150: 667 - 677.

[2] SIJIMOL M R, MOHAN M. Environmental impacts of perchlo - rate with special reference to fireworks: a review [J]. Environ Monit Assess, 2014, 186: 7203 - 7210.

[3] VILLAR - VIDAL M, LERTXUNDI A, MARTINEZ LÓPEZ DE DICASTILLO M D, et al. Air polycyclic aromatic hydrocarbons (PAHs) associated with PM2.5 in a north cantabric coast urban environment [J]. Chemosphere, 2014, 99 (3): 233 - 238.

[4] 邓家军，张莉，廖健，等．茶叶中高氯酸盐健康风险研究［J］．乡村科技，2016（12）：42.

[5] 高贯威．多环芳烃在茶树鲜叶——绿茶加工过程中残留水平及其在茶汤中浸出率研究［D］．北京：中国农业科学院，2017.
[6] 何洋，董志成，刘林德，等．沉积物中多环芳烃的植物修复研究进展［J］．环境工程，2018，36（2）：168－172.
[7] 胡琳玲，刘遵莹，刘秋玲，等．茶鲜叶中多环芳烃类化合物的分布特性研究［J］．茶叶科学．2014，34（6）：565－571.
[8] 胡琳玲．多环芳烃类物质在黑茶加工、贮藏及冲泡过程中的变化特性研究［D］．长沙：湖南农业大学，2014.
[9] 兰丰，刘传德，周先学，等．二氰蒽醌和吡唑醚菌酯在枣中的残留行为及膳食摄入风险评估［J］．农药学学报，2015，17（6）：706－714.
[10] 林先贵，吴宇澄，曾军，等．多环芳烃的真菌漆酶转化及污染土壤修复技术［J］．微生物学通报，2017，44（7）：1720－1727.
[11] 刘锦卉，卢静，张松．微生物降解土壤多环芳烃技术研究进展［J］．科技通报，2018，34（4）：1－6.
[12] 刘鑫，黄兴如，张晓霞，等．高浓度多环芳烃污染土壤的微生物－植物联合修复技术研究［J］．南京农业大学学报，2017，40（4）：632－640.
[13] 刘鑫．多环芳烃降解微生物筛选及其与植物协同修复研究［D］．南京：南京农业大学，2014.
[14] 刘志阳．多环芳烃污染土壤修复技术研究进展［J］．污染防治技术，2015（3）：19－21.
[15] 毛健，杨代凤，刘腾飞，等．多环芳烃污染土壤的菌群－植物联合修复效应研究［J］．环境与可持续发展，2017，42（4）：108－110.
[16] 孙万虹，陈丽华，徐红伟．氮磷含量对微生物修复油污土壤的影响［J］．生物技术通报，2015，31（6）：157－164.
[17] 汪煊．蒽醌在茶叶种植和加工过程中的输入机制［D］．北京：中国农业科学院，2017.
[18] 姚伦芳，滕应，刘方，等．多环芳烃污染土壤的微生物－紫花苜蓿联合修复效应［J］．生态环境学报，2014（5）：890－896.
[19] 郑雯静，闻自强，沈昊宇，等．高氯酸盐的来源、危害及其检测方法研究进展［J］．环境科学与技术，2018，41（增刊1）：103－108.

第六章　茶叶中微生物和非茶类夹杂物的污染与控制

茶叶因水活度低、富含茶多酚和咖啡碱等次生代谢产物，以及贮藏环境干燥等，茶叶微生物安全问题不像其他食品那么突出。一直以来，相比较于其他污染物或卫生指标，我国对茶叶微生物学指标关注较少。近年来，茶叶作为一种国际性贸易商品，除了农药、重金属污染等传统安全指标外，欧盟、美国、加拿大和日本已将微生物学检验作为重要的卫生学参考依据。虽然茶叶微生物污染并不像其他生鲜农产品（或食品）那样突出，但微生物广泛存在于自然界中，在茶树栽培、鲜叶采摘、生产加工（尤其茶叶发酵）、包装、贮藏、运输和销售等每一个环节都不是在无菌条件下进行的，因为茶叶的生产消费离不开微生物参与，同样也难以避免会受到有害微生物污染。例如，茶树栽培过程中植物病害侵染，鲜叶采收、运输、加工过程中使用的工具及作业人员卫生状况不达标，成品茶在运输、贮藏和分销等过程中包装破损及贮藏环境不当等，都可能会引入微生物污染问题，从而影响茶叶消费的安全性。此外，在鲜叶采收、加工与贮藏过程中，不规范的操作和不达标卫生的环境等因素，还会引入杂草、人畜毛发、塑料、粉尘等非茶类夹杂物。茶叶中微生物污染与非茶类夹杂物污染，不仅会影响茶叶品质，还会有损茶叶作为一种健康饮品的自然属性。从食品卫生和安全角度出发，茶叶微生物及非茶类夹杂物污染问题，在茶叶生产消费过程中需得到充分重视。

第一节　茶叶中微生物的来源与特点

广义上的微生物（microorganism）通常指在自然界大量存在的、种类极其丰富多样的，形体微小、需要借助显微镜才可以观察到的生物类群，并不是分类学上的专有名词。因此，微生物通常包括病毒、细菌（含放线菌）、真菌（含酵母菌）、原生动物和某些藻类。微生物的最大特征是形体微小（典型形态学特征见图6－1），但也有一些例外，许多真菌的子实体、蘑菇等常常是肉眼可见，某些藻类或其他大型真菌能生长几米长，甚至更大。微生物的形体大小一般在0.01～0.25μm（病毒）、0.1～10μm（细菌）、2μm～1m（真菌）不等。

同其他生鲜农产品（食品）相比，成品茶叶水分含量少（水分活度 a_w 低，$a_w<0.9$），炒青绿茶水分含量一般低于7%，普洱茶为9%～13%。由此可见，茶叶属于干燥食品范畴，除了部分干性霉菌外，其他微生物均难以生长繁殖。茶叶中主要活性成分为茶氨酸、茶多酚和咖啡碱等次生代谢产物和多糖类物质；茶叶蛋白质和脂类物质

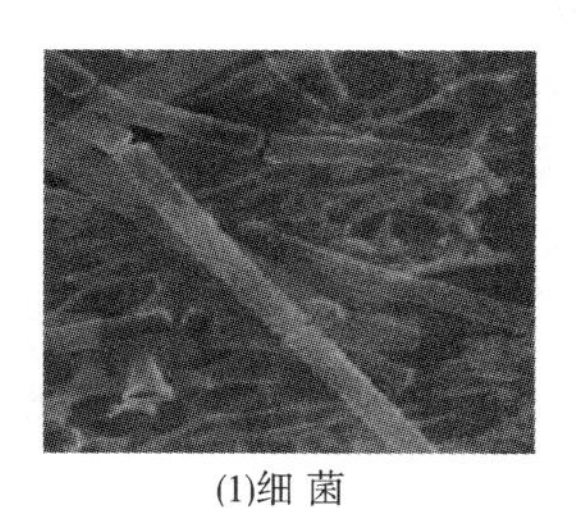

(1)细 菌

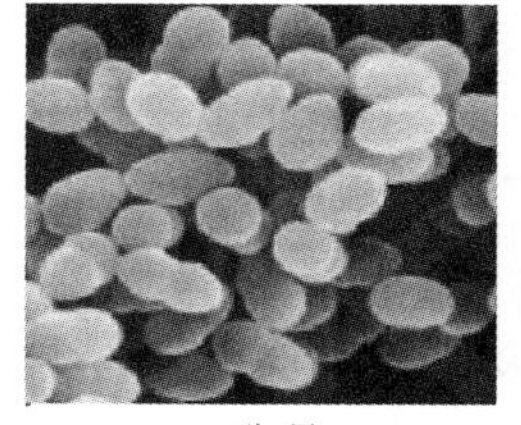

(2)酵 母

(3)霉 菌

图6－1　不同类群微生物典型形态学特征

含量甚低，这些自然属性均不利于绝大多数微生物（特别是细菌）的生长繁殖。根据现有的茶叶中微生物多样性文献检阅，还未发现成品茶叶中出现诸如沙门菌（*Salmonella* spp.）、空肠弯曲杆菌（*Campylobacter jejuni*）、致病性大肠杆菌（*Escherichia coli*）、金黄色葡萄球菌（*Staphylococcus aureus*）及肉毒梭菌（*Clostridium botulinum*）等常见食源性致病菌的报道，也未见饮茶导致严重食源性微生物感染病例。因此，饮用正规厂家生产，并在安全仓储条件下的各类茶叶产品，其食源性微生物（特别是病原细菌）致病风险整体是很低的。我国茶叶卫生标准中仅有 GB/T 22111—2008《地理标志产品　普洱茶》将有害微生物作为卫生检验指标，其他茶类尚未把微生物的限量标准列为检验项目。然而，随着茶叶贸易国际化程度越来越高，以及茶叶深加工产业的快速发展（如抹茶及茶饮料），国内外对茶叶中微生物指标及有害微生物污染越来越重视。欧盟、美国、加拿大和日本已将有害微生物限量标准作为卫生检验项目。虽然茶叶因有害微生物导致的食品安全风险较低，但我国茶叶中微生物的污染情况（也就是茶叶的微生物卫生学指标检测结果）却不容乐观，据美国和加拿大对我国出口茶叶的检测结果，有90%以上的茶叶样品微生物学指标（菌落总数和霉菌数）出现超标问题。

成品茶中的有害微生物主要来源于茶树种植环境、植物病害，以及后续茶叶采摘与加工过程中不清洁的生产用具和操作人员。不同类型茶叶生产方法各异，操作环节众多，在生产、加工、包装、贮藏、运输和销售等过程，均有可能因操作不当、盛放器具和环境卫生状况不达标造成有害（或腐败性）微生物污染机会。我国茶叶生产企业普遍存在规模小、设施简陋，家庭作坊式生产企业盛行等基本状况，生产加工用具不洁净、渥堆发酵环境不佳和包装材料不洁等均可能是微生物污染的重要来源。茶叶贮藏环境不当（贮藏环境不通风、湿度过大、仓库周围有废弃物处理厂、医院及其他重要微生物污染源），茶叶半成品或成品茶直接堆放在地上，都将会造成微生物污染。此外，从事茶叶加工、包装等工作人员的个人卫生习惯及健康状况不佳，也可能会导致茶叶被病原微生物污染。

一、茶叶原料中的微生物菌群

茶树栽培、鲜叶采收及加工过程均不可能在无菌环境下进行，微生物在自然环境中无处不在，茶鲜叶本身也含有一定数量的内生菌群和大量附生菌群，这些微生物菌群主要源于茶园灌溉、施肥，以及茶园土壤的普通微生物区系。茶树鲜叶常见菌群，如草螺菌（*Herbaspirillum* spp.）、甲基营养菌属（*Methylobacterium* spp.）、微杆菌属（*Microbacterium* spp.）、根瘤菌属（*Rhizobium* spp.）、不动杆菌（*Acinetobacter* spp.）、芽孢杆菌（*Bacillus* spp.）等均来源于茶园环境。同时，因施肥灌溉和其他污染因素，茶园环境中也常存在各类致病菌及条件性致病菌，如大肠杆菌、无色杆菌属（*Achromobacter* spp.）、葡萄球菌属（*Staphylococcus* spp.）、沙门杆菌等，以及腐败性的酵母菌和丝状真菌等，这些有害微生物是茶叶中微生物污染的重要来源。茶园土壤及大气环境中的微生物菌群十分丰富，这些环境微生物与茶树根、茎、叶表面的附生微生物群落，随着季节气候与时空变化，处于不断的动态变化中，甚至连茶树内生菌群也会随同栽培环境、季节气候和土壤微生物区系处于动态变化之中。研究显示，健康茶树叶片内生及附生丝状真菌的优势种群包括拟盘多毛孢属（*Pestalotiopsis* spp.）、芽枝霉属（*Blastocladia* spp.）、短梗霉属（*Aureobasidiu* spp.）、青霉属（*Penicillium* spp.）、曲霉属（*Aspergillus* spp.）、镰刀菌属（*Fusarium* spp.）、球座菌属（*Guignardia* spp.）、刺盘孢菌属（*Colletotrichum* spp.）、链格孢属（*Altemarla* spp.）、散囊菌属（*Eurotium* spp.）和叶点霉属（*Phyllosticta* spp.）等。

茶树病害是由病原菌群浸染所致，在每年的雨季（如长江流域的梅雨季节），我国南方的茶区高温、潮湿气候，以及温度和水分的不确定性，茶园田间环境与茶树叶片表面可能会发生茶树轮斑病（*Pestalotiopsis theae*）、茶炭疽病菌（*Gloeosporium theae*）和侵染性镰刀菌等茶树霉菌病害。鲜茶叶采收后，这些病原真菌将继续成为后续茶叶加工与贮藏过程中微生物污染的重要来源。茶树病原微生物侵染，主要是影响了茶树叶片生长和茶叶品形成，尚未有茶叶病源菌导致食物中毒恶性事件发生的案例。茶树病害导致茶叶产量与品质下降，被认为是茶树病害的最重要的不良后果，由茶树病害所引起的茶叶安全潜在威胁并无明确证据。根据皖西大别山区茶园内生及附生微生物群落研究，健康茶树细菌种群十分丰富（表6-1），而且无论是茶树的附生菌群，还是茶树叶片的内生菌群，其优势种群都会随着季节的变换处于动态演替之中，春、夏、秋、冬四季茶树叶片的内生菌群及附生菌群的优势种群组成都各不相同。这些茶树鲜叶上的微生物菌群，在叶片采摘后的加工过程中的高温和干燥过程可能会使大部分菌群死去，但仍有一部分菌群会以营养体的形式存活下来或以休眠体的形式（细菌的芽孢和真菌的孢子）长期存在于成品茶叶中，成为茶叶微生物污染的重要来源之一。

表6-1　　皖西大别山区栽培茶树叶片内生及附生菌群

中文名	拉丁学名	中文名	拉丁学名
寡养单胞菌属	*Stenotrophomonas* spp.	丙酸杆菌属	*Propionibacterium* spp.
根瘤菌属	*Rhizobium* spp.	—	*Vulcaniibacterium* spp.
叶瘤菌属	*Phyllobacterium* spp.	盐单胞菌	*Halomonas* spp.
—	*Vibrionimonas* spp.	微杆菌属	*Microbacterium* spp.
—	*Mitsuaria* spp.	嗜甲基营养菌属	*Methyloversatilis* spp.

续表

中文名	拉丁学名	中文名	拉丁学名
贪铜菌属	*Cupriavidus* spp.	—	*Pseudarcicella* spp.
—	*Amycolapotsis* spp.	甲基杆菌属	*Methylobacter* spp.
无色杆菌属	*Achromobacter* spp.	沉积杆菌属	*Sediminibacterium* spp.
苍白杆菌属	*Ochrobactrum* spp.	假单胞菌属	*Pseudomonas* spp.
污泥单胞属	*Pelomonas* spp.	不动杆菌属	*Acinetobacter* spp.
弗莱德门菌属	*Friedmanniella* spp.	嗜酸菌属	*Acidiphilium* spp.
黏液杆菌属	*Mucilaginibacter* spp.	藤黄杆菌属	*Luteibacter* spp.
异常球菌属	*Deinococcus* spp.	贪噬菌属	*Variovorax* spp.
火山砾球属	*Lapillicoccus* spp.	草螺菌	*Herbaspirillum* spp.
博斯菌属	*Bose* spp.	阿姆尼斯属	*Amnibacterium* spp.
大理石雕属	*Marmoricola* spp.	甲基营养菌属	*Methylobacterium* spp.
动球菌属	*Kineococcus* spp.	鞘氨醇单胞属	*Sphingomonas* spp.
薄层菌属	*Hymenobacter* spp.	新草螺菌属	*Noviherbaspirillum* spp.
叶栖菌属	*Frondihabitans* spp.	短杆菌属	*Curtobacterium* spp.
玫瑰单胞属	*Roseomonas* spp.	类诺卡菌属	*Nocardioides* spp.
植物杆菌属	*Plantibacter* spp.	动性球菌	*Planococcus* spp.
陆地杆菌属	*Terraba cter* spp.	嗜地皮菌属	*Geodermatophilus* spp.
壤霉菌属	*Agromyces* spp.	麻风树栖属	*Jatrophihabitans* spp.

茶树微生物种群，既是健康茶树叶片重要微生物区系，也是鲜茶叶采收后加工，以及参与发酵茶品质形成的重要菌种来源。采收后的鲜茶叶大部分微生物（尤其是病原微生物种群）的耐热性较差，可以在茶叶高温杀青或黑茶渥堆发酵过程中被杀死，但是其中的芽孢杆菌（或其他产孢细菌）及部分产孢子霉菌不容易通过加热的方式完全去除。成品茶叶水活度极低、在密封良好和适宜的贮藏环境下，这类微生物以休眠体的形式长期存在，不会大量萌发与繁殖，也不会给茶叶的腐败及微生物安全造成明显的威胁。发酵茶（后发酵茶）叶中参与茶叶品质形成的微生物菌群主要来源于鲜茶叶和生产加工环境，这部分微生物菌群是经过晒青（毛茶制作）和高温渥堆等特殊环境条件富集选择的，在此过程中有害微生物得到了抑制和杀灭，有益微生物菌群得到了有效富集，其微生物菌群功能得到充分发挥与放大。

二、茶叶加工过程中的微生物

每类茶叶加工过程都有微生物的存在。

（一）茶叶加工类型与微生物菌群

非发酵茶和轻发酵茶叶产品（如炒青绿茶、白茶和黄茶等）的水活度偏低，微生物的参与度小。此类茶叶加工过程中，随着鲜叶加工为成品干茶，茶叶中绝大部分微生物会因为高温焙烤和水活度骤然降低而死去，叶片内生菌及附生菌数量会显著减少。

成品茶叶制成后，干茶叶中可能尚存少量的细菌芽孢和丝状真菌孢子等休眠体。在温暖潮湿的季节，由于存放不当造成茶叶回潮，或茶叶冲泡过后没有及时处理茶渣，少则两三天、多则一周就会在冲泡茶具中长出肉眼可见的霉菌菌丝体。茶渣的快速发霉现象，直观地证明了成品干茶不会是无菌的，微生物的休眠体仍然存在于成品茶叶，在合适的环境条件下微生物休眠体会萌发生长。但是，这类微生物休眠体在轻发酵茶叶制成后，经密封包装和低温贮藏（也有常温保存）环境下难以再次萌发，一般不会对茶叶质量安全造成明显的隐患。

非发酵茶和轻发酵茶叶相比，发酵茶叶与微生物的关系更加密切，且发酵茶叶的含水量也更高，从生存环境角度来说，更高水活度给微生物的生长繁殖带来了更便利的条件。特定的微生物群体对不同发酵茶品质和风味形成起着重要作用。根据前人的研究，各类后发酵茶（黑茶）初制渥堆过程中的优势菌群包括酵母菌中的假丝酵母菌（*Candida* spp.）、丝状真菌中的黑曲霉（*Aspergivus niger*）和细菌中的芽孢杆菌（*Bacillus* spp.）等。这些菌群随着发酵过程结束，到后期精制、定型、封装和干燥，菌群组成及数量又有显著的变化。大量研究发现，部分微生物菌群与后发酵茶品质优劣具有直接关联性。例如，判断茯砖茶品质优劣的重要指标是“金花菌”（图6－2）的多少，因此此类茶叶又称为“金花茯茶”。现代微生物学研究结果显示“金花菌”的优势微生物菌种主要为丝状真菌类群中的散囊菌属（*Eurotium* spp.）的多个种。

图6－2　茯砖茶发酵过程中的“金花菌”

扫码看彩图

（二）后发酵茶加工中的微生物菌群

在后发酵茶加工中，茶鲜叶采后经过晒青毛茶制作（多酚氧化酶作用）和微生物后发酵过程，酚氨比降低、芳香类物质增加、农药残留降解，而且融入许多微生物代谢活性物质以及微生物菌体，这些均为有益微生物菌群改善茶叶品质、提高茶叶安全性及微生物资源综合利用的积极表现。微生物菌群对发酵茶叶重要性是不言而喻的，在茶叶渥堆过程中部分微生物种群数量会得到几何级数增长，少量有害或者腐败性微生物菌群会在高温发酵过程中得到杀灭或控制。然而，如发酵条件不适宜，有益菌群得不到有效的富集，不仅有益微生物生物功能没有充分体现，有害微生物也可能得不到有效杀灭或抑制，会造成发酵茶叶品质下降，微生物污染风险增加。茯砖茶和普洱茶等代表性黑茶渥堆发酵的高温过程，通常是在人工控制条件下进行，在清洁的加工环境中完成高温发酵，绝大部分有害细菌，如茶园土壤及肥料中来源于温血动物肠道的大肠杆菌和沙门菌等对高温敏感，在发酵过程中会被有效抑制或杀灭。综合国内外学者对后发酵茶叶加工过程中微生物菌群的探究，发现不同类型后发酵茶叶，由于生产地点、工艺条件、原料来源等差异，微生物菌群差异显著，但是大肠杆菌、沙门菌和空肠弯曲杆菌等食源性致病菌在发酵茶叶中鲜见报道。

后发酵茶中产量和知名度最高的代表性品种为茯砖茶、普洱茶和康砖茶（藏茶）。

1. 茯砖茶

茯砖茶初制过程中菌群十分丰富，自然界的细菌、酵母和丝状真菌在茯砖茶初制过程中广泛存在（表6－2）。

表6－2　　茯砖茶初制过程中的主要微生物菌群

中文名	拉丁学名	中文名	拉丁学名
短波单胞菌属	*Brevundimonas* spp.	诺卡菌属	*Nocardia* spp.
新鞘氨醇杆菌属	*Novosphingobium* spp.	梭菌属	*Clostridium* spp.
假单胞菌属	*Pseudomonas* spp.	乳酸杆菌属	*Lactobacillus* spp.
克雷伯菌属	*Klebsiella* spp.	腐败螺旋菌属	*Saprospira* spp.
黏球菌属	*Myxococcus* spp.	根瘤菌属	*Rhizobium* spp.
德巴利酵母属	*Debaryomyces* spp.	假丝酵母属	*Candida* spp.
酵母属	*Saccharomyces* spp.	毕赤酵母属	*Pichia* spp.
隐球酵母属	*Cryptococcus* spp.	红酵母	*Rhodotorula* spp.
散囊菌属	*Eurotium* spp.	根毛霉属	*Rhizomucor* spp.
曲霉属	*Aspergillus* spp.	青霉属	*Penicillium* spp.
地霉属	*Geotrichum* spp.	毛孢子菌属	*Trichosporon* spp.
芽孢杆菌属	*Bacillus* spp.	不动杆菌属	*Acinetobacter* spp.

2. 普洱茶

后发酵茶中知名度最高的代表性品种为普洱茶，普洱熟茶的初制过程中三大类微生物菌群也非常丰富（表6－3）。

表6－3　　普洱茶初制过程中的主要微生物菌群

中文名	拉丁学名	中文名	拉丁学名
克雷伯菌属	*Klebsiella* spp.	鞘氨醇杆菌属	*Sphingobium* spp.
短杆菌属	*Brevibacterium* spp.	不动杆菌属	*Acinetobacter* spp.
肠杆菌属	*Enterobacter* spp.	芽孢杆菌属	*Bacillus* spp.
假单胞属	*Pseudomonas* spp.	乳球菌属	*Lactococcus* spp.
乳酸片球菌	*Pediococcus* spp.	乳酸杆菌	*Lactobacillus* spp.
短小杆菌属	*Curtobacterium* spp.	无色杆菌属	*Achromobacter* spp.
寡养单胞菌属	*Stenotrophomonas* spp.	红球菌属	*Rhodococcus* spp.
肠球菌属	*Enterococcus* spp.	欧文菌属	*Erwinia* spp.

续表

中文名	拉丁学名	中文名	拉丁学名
链霉菌属	*Streptomyces* spp.	类芽孢杆菌属	*Paenibacillus* spp.
黄杆菌属	*Flavobacterium* spp.	微杆菌属	*Microbacterium* spp.
曲霉属	*Aspergillus* spp.	根毛霉属	*Rhizomucor* spp.
假丝酵母属	*Candida* spp.	篮状菌属	*Talaromyces* spp.

3. 康砖茶

康砖茶的初制过程中主要微生物菌群见表6-4。

表6-4　康砖茶初制过程中的主要微生物菌群

中文名	拉丁学名	中文名	拉丁学名
芽孢杆菌属	*Bacillus* spp.	放线菌属	*Actinomyces* spp.
葡萄球菌属	*Staphylococcus* spp.	假丝酵母属	*Candida* spp.
曲霉属	*Aspergillus* spp.	毛霉属	*Mucor* spp.
枝霉属	*Thamnidium* spp.	根霉属	*Rhizopus* spp.
散囊菌属	*Eurotium* spp.	黑曲霉	*Aspergillus niger*
日本曲霉	*Aspergillus japonicus*	塔宾曲霉	*Aspergillus tubingensis*
臭曲霉	*Aspergillus foetidus*	炭黑曲霉	*Aspergillus carbonarius*
泡盛曲霉	*Aspergillus awamori*	烟曲霉	*Aspergillus fumigatus*

特别需要指出的是，曲霉属菌种在康砖茶中种类丰富，包括黑曲霉、日本曲霉、塔宾曲霉、臭曲霉、泡盛曲霉、炭黑曲霉、烟曲霉等多个种。

从以上三种代表性的发酵茶初制过程中主要微生物菌群现有报道结果来看，三种茶叶虽然其生产原料及加工地域以及气候条件皆互不相同，但其中有些微生物种群，比如曲霉属、毛霉属、酵母菌属和假丝酵母等菌群是各类发酵茶初制过程中所共有的，这些微生物菌群被认为具有一定的茶叶属性，可能与茶叶基质的营养条件存在一定的关内在联系。此外，上述三类发酵茶叶初制过程所发现的细菌类群，很多种属在上一节皖西大别山地区的茶树叶片中内生及附生细菌类群研究中也普遍存在，虽然这三种发酵茶叶加工原料并不来源于安徽省，但是它们初制过程中的微生物菌群确有很多共有菌群，这个现象提示：其一，茶树鲜叶微生物菌群是茶叶初制过程的微生物菌群的重要来源；其二，与其他特殊生境一样，栽培在不同地域的茶树，虽然其栽培环境及树种不同，但有一部分菌群可能是茶树种所共同有的，这部分微生物菌群的普遍存在可能与茶树特有的次生代谢产物或其他营养物质有关，其深层次的原因还有待进一步考证。

黑茶初制结束后，将依据各个茶叶类型及花色的不同设计不同的精制工艺流程。以康砖茶为例，其精制工艺流程如下：

筛分→切轧→风选→拼配→匀堆→汽蒸渥堆→蒸压成砖→发花→干燥。

不同地区及不同厂家，其精制流程也有所不同，精制过程对茶叶中微生物影响也十分显著。康砖茶精制过程中主要菌群见表 6－5。

表 6－5　　康砖茶精制过程中的主要微生物菌群

中文名	拉丁学名	中文名	拉丁学名
短波单胞菌	*Brevundimonas* spp.	诺卡菌	*Nocardia* spp.
新鞘脂菌	*Novosphingobium* spp.	梭菌属	*Clostridium* spp.
假单胞菌属	*Pseudomonas* spp.	乳酸杆菌属	*Lactobacillus* spp.
克雷伯菌属	*Klebsiella* spp.	变形菌属	*Proteus* spp.
腐败螺旋菌	*Saprospira* spp.	黏球菌属	*Myxococcus* spp.
根瘤菌属	*Rhizobium* spp.	青霉属	*Penicillium* spp.
散囊菌属	*Eurotium* spp.	德巴利酵母属	*Debaryomyces* spp.
曲霉属	*Aspergillus* spp.	芽枝霉属	*Blastocladia* spp.
毛霉属	*Mucor* spp.	镰刀菌属	*Fusarium* spp.
木霉属	*Trichoderma* spp.	轮枝孢属	*Verticillium* spp.
拟盘多毛孢霉属	*Pestalotiopsis* spp.	根毛霉属	*Rhizomucor* spp.
白僵菌属	*Beauveria* spp.	毕赤酵母属	*Pichia* spp.

除了康砖茶外，六堡茶精制过程中主要菌群也有少量的研究，六堡茶精制过程中的优势菌群包括，曲霉属、青霉属和散囊菌属等真菌属。六堡茶精制过程中的这些优势菌群在康砖茶精制过程中也同样存在，这些菌群与茶品品质的关系仍待进一步的探究。

（三）后发酵茶加工与微生物安全

发酵茶品质的形成离不开微生物的贡献，通过以上对黑茶加工过程中微生物多样性归纳总结和多年来食品安全事例检索结果，还未见饮茶导致感染型细菌，如沙门菌、大肠杆菌、空肠弯曲杆菌；其他毒素型细菌，如蜡状芽孢杆菌、金黄色葡萄球菌、肉毒素菌病例的报道。因此，茶叶加工过程中细菌性生物安全风险就目前来看还是较低的。酵母及霉菌是发酵茶品质形成关键因素之一，但在茶叶发酵过程中是否会有有害真菌（如产毒黄曲霉）污染是近几年消费者对黑茶微生物安全关注的焦点。产毒真菌常来源于曲霉属、青霉属、链格孢属、镰刀菌属和麦角菌属等种属。在这些微生物类群中，曲霉和青霉菌广泛存在于黑茶加工及贮藏的各个环节，镰刀菌偶尔也会出现于黑茶加工过程。那么，黑茶在渥堆发酵和后续陈化过程中，是否会有产毒黄曲霉、赭曲霉（赭曲霉毒素产毒菌株）和雪腐镰刀霉（呕吐毒素产毒菌株）等有害霉菌生长和毒素的污染呢？随着人们对后发酵茶叶消费量的逐年增加，以及茶与健康问题的关注，黑茶中有害霉菌及其霉菌毒素安全性问题已然成为现今社会热点问题。2017—2018 年，国内外多家质检机构对市售发酵茶抽样检测结果表明，相比于谷物和油料等植物性食品原料，茶叶中的霉菌毒素检出率及含量均很低，茶叶中的霉菌毒素潜在整体风险处于低水平。目前研究仍未发现黄曲霉和赭曲霉的产毒菌株在发酵茶叶中广泛存在的现象。2017—2020年，我国学者在普洱茶等黑茶样品有害霉菌（包括黄曲霉毒素、赭曲霉毒素、呕吐毒素、玉米赤霉烯酮、T-2毒素和伏马毒素）检测技术、样品检测筛查和风险评估等热点领域做了系统研究，结果表明，各类霉菌毒素在茶叶中检出率低，茶叶中霉菌毒素污染对饮茶人群未产生明显的膳食风险，产毒霉菌对发酵茶叶安全性威胁仍未发现实质性依据。研究表明，在成品黑茶中人工接种产毒真菌菌株后，茶叶成分能通过下调产毒真菌表达黄曲霉合成所需的黄曲霉毒素合成调节基因（AFLR）和黄曲霉毒素合成基因（AFL），抑制黄曲霉毒素产生，这个研究结果揭示了为什么后发酵茶叶中即使可能有曲霉、青霉和镰刀霉菌类的微生物存在，但茶叶中霉菌毒素却很少检出。总之，茶叶加工随品种不同其工艺也不同，由于工艺和加工环境不同，所参与的微生物菌群也大不相同。从主要的工艺过程来分析，茶园种植和萎凋、渥堆、不洁场地的拼堆、转运，污染有害微生物的可能性较大，而烘干、杀青和复火等及茶叶中水分含量的控制过程，对于抑制茶叶中有害微生物特别是霉菌很重要。

三、茶叶运输、贮藏及销售环节的微生物

相比于其他食品，在良好生产条件及操作规范下，企业生产出茶叶的微生物安全性较高，但也不能认为茶叶微生物安全不存在隐患。成品茶若水分含量过高，后期运输和贮藏过程中，因环境卫生条件不当，再次浸染的有害微生物依然会对茶叶安全性造成潜在威胁。据不完全统计，我国现有茶叶加工厂六七万家之多，且我国茶叶加生产企业普遍存在生产规模小、设施简陋、卫生条件差等问题。因此，我国茶叶中微生物污染问题仍需加强防范。成品茶生产、包装完成后，要经过贮藏、运输和销售等环节，才最终到达其产业终端消费者手中。在此过程中，破损的包装、不当贮藏方式、高温潮湿、不合格卫生状况、不当操作与不良环境等，是导致成品茶叶二次污染的重要原因。一般情况下，以炒青或烘青绿茶为代表的非发酵或轻发酵茶水分活度低，大批量绿茶往往采用低温储藏方式（0～-20℃），因此炒青绿茶、白茶、黄茶等在运输、贮藏及销售环节中，产生严重的微生物二次污染现象较为少见，也不是茶叶微生物安全重点关注的方向。

发酵茶（尤其是黑茶），在毛茶制作和渥堆发酵后，通常还有一个陈化发酵过程，坊间所说的“普洱茶茶越陈越香”即在于此。对于后发酵茶叶而言，既然茶叶的品质、香气和功能成分与陈化发酵过程密切相关，也就是说后发酵茶叶完成加工制作完成后，其贮藏过程中微生物活动依然活跃。后发酵茶成品茶叶水分含量（9%～13%）显著高于绿茶（5%～7%）等非发酵茶和轻发酵茶叶，这个水分含量也给有害微生物生长创造了便利条件，一旦因贮藏环境或包装问题导致有害微生物产生了污染，就可能会造成正常微生物菌群失调，后发酵茶品质受到影响，并存在食品安全隐患。

研究显示，与前期各类发酵茶渥堆发酵过程相比，康砖茶、普洱茶及六堡茶等在贮藏过程中优势微生物菌群发生了显著的变化。就真菌菌群而言，种群多样性显著下降，优势种群集中于曲霉属和青霉属（尤其是青霉属）两大类群，其他属丝状真菌已不是主要菌群（表6-6）。由此说明，发酵茶在后期储藏过程中微生物群落组成会发生

急剧变化，微生物生命活动仍然很活跃，合适的贮藏环境对于茶叶品质的提升及微生物安全控制的重要性不言而喻。这些研究结果是基于真菌纯培养及菌种鉴定技术，研究结果还存在一定的局限性，仍不能深入地了解这几类茶叶贮藏过程中菌群组成及动态变化。有研究显示，茯砖茶贮藏和销售过程中，若受到有害曲霉、毛霉、拟青霉、青霉等杂菌的污染，可能会给后期茶叶品质形成及饮茶的安全性带来一定的隐患。从我国现行有效的各类茶叶相关国家与行业标准来看，只有普洱茶有明确的微生物学卫生标准，其他发酵茶微生物卫生学标准是否也应该建立相应的微生物学标准也是茶叶质量安全学应考虑的一个问题。因此，对发酵茶叶（尤其是后发酵茶叶）而言，不良的运输、贮藏及销售环境条件容易滋生有害微生物，影响茶叶品质形成的同时，还可能会影响茶叶健康消费品的形象。

表 6－6　后发酵茶贮藏过程中的主要微生物菌群

中文名	拉丁学名	中文名	拉丁学名
冠突散囊菌属	*Eurotium cristatum*	黑曲霉	*Aspergillus niger*
光孢青霉	*Penicillium glabrum*	娄地青霉	*Penicillium roqueforti*
巴恩正青霉	*Eupenicillium baarnense*	根霉属	*Rhizopus* spp.
赭曲霉	*Aspergillus ochraceus*	草酸青霉	*Penicillium oxalicum*
产黄青霉	*Penicillium chrysogenum*	塔宾曲霉	*Aspergillus tubingensis*
烟曲霉	*Aspergillus fumigatus*	米曲霉	*Aspergillus oryzae*
萨氏曲霉	*Aspergillus sydowii*	溜曲霉	*Aspergillus tamarii*
菌核青霉	*Penicillium sclerotiorum*	橘青霉	*Penicillium citrinum*
产黄青霉	*Penicillium chrysogenum*	草酸青霉	*Penicillium oxalicum*
—	*Penicillium mallochii*	鲜红青霉	*Penicillium chermesinum*
鲜红青霉	*Penicillium chermesinum*	斑点青霉	*Penicillium meleagrinum*
—	*Penicillium brocae*	宛氏拟青霉	*Paecilomyces variotii*
阿姆斯特丹散囊菌	*Eurotiam amstelodami*	西弗射盾子囊霉	*Stephanoascus ciferrii*

四、茶叶冲泡环节的微生物

与其他食品有所不同，茶叶消费基本没有蒸、煮、煎炸等再加工过程，大多只包含一个高温冲泡过程。茶叶高温冲泡过程对茶叶中的热敏性微生物有一定的抑制及杀灭作用，但对于芽孢杆菌及产孢真菌并无太大影响。具体分析，茶叶高温冲泡过程对饮茶卫生的影响表现在以下几个方面。

（1）冲泡水温不够或凉水泡茶，对茶叶中本身所带的微生物抑制和高温消毒作用不够，如茶叶中本身已污染致病微生物则可能产生食物中毒等危害。在高温的夏季，茶叶冲泡后在室温下放置时间过长或放入冰箱，不但会影响茶水的感官品质，也会让一些耐热霉菌和芽孢杆菌的芽孢再次萌发生长，产生二次污染，造成食品安全隐患。

（2）对于威胁食品安全的霉菌毒素（黄曲霉毒素、赭曲霉毒素、玉米赤霉烯酮及呕吐毒素等）和细菌毒素（肉毒杆菌毒素、金黄色葡萄球菌内毒素及蜡质芽孢杆菌毒素等），大多是非常耐热的，尤其是受霉菌毒素污染的样品，一般可以耐受300℃以上高温，茶叶热冲泡或煮沸过程并不能对霉菌毒素或产毒性微生物污染进行有效控制。

（3）在茶叶冲泡过程中添加其他食品成分，例如白砂糖、咖啡或牛奶等，这些富含糖、蛋白质和脂肪的成分会更加有利于茶叶中本已存在的微生物生长。因此，对于此类食品成分添加后冲泡的茶水更需要及时消费，以防止食品风味的改变及营养成分腐败。

（4）茶叶冲泡器具、冲泡人员及环境卫生状况，是容易被忽略却又对健康饮茶有重要影响的因素。如同其他餐饮业一样，泡茶与饮茶器具，尤其是在茶社、会议室、酒店等公共场合，由泡茶及饮茶器具所引起的食品安全隐患早已被大众和餐饮行业所重视，但常会被茶叶质量安全科技或从业人员所忽视。喝茶不仅仅是为了解渴，补足身体所需水分，茶水的感官品质与健康效应是茶叶核心生命力，一次性塑料杯或纸杯一般不应该作为茶叶冲泡合理选择，泡茶器具一般选择玻璃器具或瓷器。简言之，泡茶与饮茶的器具（尤其在公共场所）需要严格的消毒流程，从事茶艺工作的人员应身心健康，无特定的传染性疾病，操作得当，以保证茶叶消费的安全与健康属性。

第二节　茶叶中有害微生物的控制途径

随着微生物学先进技术，尤其是微生物组学的发展，微生物多样性分析手段越来越多样化，越来越精细准确，我们对茶叶加工、贮藏和消费过程中参与的微生物种类的认识也越来越清晰，这给有益微生物的富集与有害微生物控制，提供了很大的便利。但是各微生物菌群在茶叶品质形成过程中的贡献及其与有害菌群的区分还没有明确的研究结果。对于发酵茶叶而言，茶叶品质形成离不开微生物的参与，研究各类发酵茶叶加工环节的微生物多样性是我们揭示茶品质形成机制的重要途径。例如，曲霉、青霉和散囊菌属是各类后发酵茶（黑茶）微生物群落结的主要种群，其具体菌群组成、数量与茶叶品质存在怎样的关系仍需要深入研究，同时如何将茶叶中有益菌群与曲霉属和青霉属中的有害菌株加以区分，将是茶叶质量提升和安全控制的关键性技术环节。不同的发酵茶种类在生产过程中由于原料及技术参数的不一致，会导致微生物多样性差异显著。另有研究显示，同类型黑茶微生物多样性结果也存在较大差异，说明不同地域和加工环境对茶叶微生物群落具有显著影响，不同研究者对茶叶微生物多样性分析判断也存在较大主观误差，这些环境及人为因素导致的微生物群落差异，与发酵茶生产标准化程度较低有着直接关系。在发酵茶生产环节中不仅要重视参与茶叶品质形成的有益微生物，同时也要防范可能引起食品安全风险的有害微生物。依据目前的研究状况，茶叶的微生物安全风险压力较低，但由于环境状态的改变而诱发霉菌产毒的事实客观存在，茶叶微生物安全问题仍是一个值得研究和注意的问题。

一、茶叶中有害微生物控制的基本原理

（一）减少微生物污染的可能性

从茶树种植环节开始，保持健康的茶园环境，合理水肥和病虫害防治，在茶叶采

收、加工和贮藏过程中，清洁化生产环境与设施是有效控制人为污染的重要源头。标准化的生产加工方法、生产车间与贮藏条件对预防茶叶微生物污染具有重要的意义。在有条件的企业引入安全生产 HACCP 管理体系，从茶园种植到成品茶制作完成及后续贮藏过程中的每一个环节，进行微生物污染环节风险评估与控制措施研究，对各类茶叶微生物污染的可能关键环节进行有效评估和重点管控，成功经验逐步向其他中小企业推广。在此需要说明的是，每一类茶叶的鲜叶种植环境、加工工序及贮藏方式等均有所不同，其关键控制点（CCPs）未必一样，同一类茶叶不同加工企业所处环境及加工设备也可能有所差别，其关键控制点也可能有所不同，因茶叶生产的 HACCP 质量管理体系是个灵活的管理系统，不同的茶叶类型，不同生产环境可能微生物污染环节会有所差异，企业应该根据自身所处的实际情况，依据 HACCP 原理，具体问题具体分析，得出符合企业自身适用的质量管理体系，可以借鉴别人的经验，但具体的方法不可生搬硬套。

（二）不影响茶叶品质并遵循其自然属性

茶叶微生物安全控制技术，不仅严禁其他化学物质的非法添加，同时像高温、高压，高能射线（辐照灭菌）和氧化还原等剧烈理化杀菌技术，也可能会影响茶叶感官品质，一般均不作为茶叶微生物污染控制的有效手段。普通食品防腐保鲜，除了从原料的源头、清洁化生产程序、设施和人员卫生状况等入手之外，食品的包装材料及合理添加食品添加剂（防腐剂）等都是有效控制食品微生物污染和预防食源性疾病的常用手段。但是，与普通食品不同的是，茶叶作为一种健康产品，其特点在于健康属性、保健功效及文化传承象征，根据现行国家及多个行业标准规定，茶叶中不允许添加任何非茶类物质（包括在食品中允许使用的调味剂及防腐保鲜剂），用以改变茶叶的自然属性、感官品质，以及用于微生物污染控制等其他目的。同时，茶叶也属于干燥食品，水活度本身不适于绝大多数菌群生长繁殖，其微生物安全风险本身较低。因此，茶叶微生物安全控制技术应该遵循源头控制、清洁生产和自然生态的理念。一切可能引起茶叶感官品质、活性成分及自然属性改变的剧烈理化杀菌手段均不推荐使用，以最大限度地保持茶叶原有的自然属性。

（三）加强发酵茶微生物组学研究

如本章的引言所述，随着生物学先进技术，尤其是微生物组学（包括微生物组、基因组、转录组和代谢组）的发展，微生物多样性分析手段越来越多样化和精细化。这些现代生物学分析技术，使得我们对茶叶（尤其是发酵茶叶）加工、贮藏和消费过程中所参与的微生物种群、活性物质合成及有害微生物污染的认识也越来越清晰，这给生产者进行有益微生物的富集与有害微生物控制，提供了很大的便利。

但是，目前这方面的研究工作才刚刚起步，相关的研究数据和结果还难以系统的收集。对于发酵茶叶有害霉菌及其有毒代谢产物安全控制，首先要加强发酵茶在制作和贮存过程中的有益菌群、潜在有害菌群，各类群微生物在发酵茶生产与贮藏过程中动态变化规律及生物组学特征系统性研究工作；深入了解微生物菌群在发酵茶制作与贮藏过程中，种群演替情况和代谢组学特征，用以监测茶叶加工及贮藏体系中，是否具有相关产毒基因的表达及化合物合成情况，为发酵茶微生物安全生产提供理论基础。

二、茶叶中有害微生物控制措施

基于茶叶理化属性、生产特点与茶叶微生物污染控制的基本原理，在茶叶生产、贮藏和销售过程中，通过在生产线或贮藏环境中，适度增加清洁的微生物杀菌生产设备（如紫外线、微波处理）和层流洁净包装车间等，使茶叶生产在微生物控制上更为合理奏效。然而，由于茶叶的天然健康属性，茶叶微生物污染控制是一个综合防控的过程，难以通过一两项特效措施完成，这也是茶叶微生物防控的复杂性所在。以下几项措施在茶叶生产与流通过程中可根据各企业的具体情况，结合 HACCP 原理进行具体的分析验证，做出最佳选择，以保证茶叶的微生物学安全性。

（一）加强茶园管理、鲜叶采摘与验收等源头控制

较为理想的茶叶生产企业，应建立相对固定的茶叶种植园区，统一茶园水肥及园艺操作管理，给合理的水肥与病虫害的综合防治创造良好的管理条件。在种植阶段应做好以下工作：一是加强田间管理，做好茶园杂草清除工作，并加强通风，防止有害真菌的浸染和大量生长繁殖，而这种情况在目前往往被忽视。二是注意施肥的污染，目前一些功能性肥料，尤其是一些叶面肥料，其中是否会含有肠道微生物，产生霉菌和细菌毒素和感染性的病原微生物均应加以重视，对茶园施用的肥料实行例行性检测和无害化处理措施。对于直接施于叶面的肥料要尤其注意相关真菌和细菌有毒素代谢的污染。同时，严格控制茶叶采收人员及采收工具的卫生状况，避免人员和工具的人为性污染，尽量不要在雨天采收，茶叶采收尽量避开雨季。若加工企业同时外购茶鲜叶的话，也需要从源头预防不合格鲜叶采购。鲜叶采收后应及时清洗摊开、杀青等加工处理，确保原料在生产车间内不受到二次污染，规范原料运输。尽量避免鲜叶采收到加工企业过程中存在过多的环节，避免在过多环节上增加微生物污染风险。根据茶叶微生物控制基本原理，选取适当的消毒杀菌手段，在不影响茶叶品质的情况下，加强对茶叶的物理杀菌工作，严格按照标准化生产工艺与条件进行安全生产。

（二）茶叶加工与贮藏的过程控制

每个茶叶生产企业，应该根据所在地域、设施条件及生产茶叶的类型，具体分析其在茶叶生产加工过程中（从原料收购到成品茶叶包装）每个环节的微生物菌群变化及各个可能的污染环节，确定本企业在茶叶生产过程中微生物污染的关键控制环节，并针对关键环节提出具体有效的控制措施，建立本企业适用的茶叶生产 HACCP 体系，完成体系的效果验证与调整。加强生产过程中关键环节相关微生物和霉菌毒素的检测，实现对生产过程的实时监测和管理，对于拼配茶，特别要加强对各原料茶中细菌、霉菌和水分等相关内容的检测。针对以上基本原理准则，提出以下几点具体微生物污染防控措施。

（1）生产企业的厂区和车间选址应远离交通枢纽、炼油厂、发电厂及垃圾处理厂等，一切可能潜在污染源，最好也能够远离都市区，保证厂区周围空气质量良好（图 6－3）。季风性气候区域的厂区上风口不会有明显的污染气体和不良气味、粉尘和潜在生物污染源。生产加工企业在有条件的情况下，不断加强和改善厂区及车间的环境卫生条件（图 6－4），保证车间清洁，在原料放置区加装紫外灯，定时消毒通风，并

配备有良好的通风设备，物理消毒后能够及时通风消除不良气味，并控制重点区域的人员流动频率。注意车间内的空气流动方向，有可能成为污染源的材料尽可能放在下风口，并对潜在的污染源进行及时评估和处理。

图 6－3　某茶叶加工企业选址外部环境

扫码看彩图

图 6－4　茶叶清洁化加工生产线示例

扫码看彩图

（2）发酵茶生产企业，应该对本企业发酵茶叶生产环境条件下，可能污染菌群的种类进行过较为系统的分析研究，对常见污染菌群生长条件（或有毒代谢产物的产毒条件）做过系统调研和评估，建立茶叶加工过程中有害微生物安全风险评估及污染控制技术体系。以便于企业技术人员在渥堆发酵和其他生产过程中能够及时控制环境条件和发酵参数（如温度、湿度和渥堆发酵时间等），有效避开污染菌群生长与产毒有利条件。从茶叶生源的环境及加工工艺的源头入手，通过绿色生态生产技术避免有害微生物的污染。

（3）清洁化的加工工艺与机械设备是茶叶微生物质量安全的基本保障。同时用与茶叶加工和预包装的相关运输原料、包装材料尽可能避免过多环节，防止与外界过多接触造成微生物污染。有研究显示，包装材料选择对于茶叶微生物污染控制具有显著的影响，牛皮纸袋包装的茶样的菌落总数、霉菌及大肠杆菌数检测结果较高，而 PET/PE 或 PA/PE 所贮藏的同一批茶样微生物数量总体要少于牛皮纸袋，与以上四种材料相比铝箔复合袋包装的同批茶样微生物检出数量最低。生产过程中对原料、包装材料放置区进行严格的微生物控制，并定期进行仓库清洗消毒，增设紫外灯，尽量低温通风贮藏。对加工环境，包括车间环境、水处理系统、设备管路等进行定期清洗消毒。针对芽孢杆菌、能形成生物膜的细菌、霉菌等抵抗力强的微生物，运用较强消毒剂清洗并定期轮换不同的杀菌消毒剂，每次对加工环境消毒后需要及时的清洗、通风和干燥，预防不良气味与不友好物质残留蓄积。加工车间空气需要定期进行净化处理，减少微生物的交叉污染问题；对加工人员进行卫生培训，定期健康检查，进行个人卫生习惯和良好操作规范的培训，工作时穿戴工作服、帽子、口罩等，避免人员直接接触生产环境，疏散人口密度。

（三）茶叶微生物安全制度建设

高效的行业制度保障，是茶叶微生物安全最重要的控制措施。从茶园管理、原料收购，成品茶加工，一直到仓储和运输都要实行有效的监督管理，形成行之有效的良好行业操作规程和作业指导规范。加强茶叶微生物安全学科人才队伍建设和科技力量投入，逐渐将茶叶微生物安全检验检疫技术规程及标准与国际标准接轨，为茶叶（尤其是发酵茶）微生物及其霉菌毒素检测与污染控制，提供技术保障和充分的法律依据。

目前，我国涉及茶叶卫生的国家标准有 GB 2762—2017《食品安全国家标准　食品中污染物限量》、GB 2763—2016《食品安全国家标准　食品中农药最大残留限量》等多个标准。这些标准明确了茶叶中多种农药和污染物的限量指标，但是均未把微生物学卫生指标（或有害微生物）指标列为检验项目。依据目前检索结果，只有 GB/T 22111—2008《地理标志产品　普洱茶》、NY/T 456—2001《茉莉花茶》等少数标准将微生物列为检验项目。目前，关于茶叶中微生物学卫生指标（有害微生物）的检验项目和允许限量标准很不完整，有的标准建议检验细菌总数，有的规定检验大肠杆菌值、沙门杆菌等肠道感染细菌。此外，我国暂还未将有害微生物列为茶叶标准中的强制性指标，虽然大多数茶叶进口国和地区也尚未将其列为必检项目，但欧盟、美国、加拿大和日本已作为检验项目。我国作为茶叶的最大出口国之一，针对茶叶微生物卫生标准及良好生产技术规程亟须加强建设，早日与欧美和日本等发达国家接轨。同时，中国作为茶叶最大的生产国、消费国和出口国，应该大力加强茶叶微生物安全人才队伍建设，倡导茶叶微生物学国际卫生标准与检测方法建设。

同其他食品行业的质量安全体系接轨，大力加强茶叶质量安全体系中的全程控制与质量可追溯体系建设。根据国务院办公厅发布的《关于加快推进重要产品追溯体系建设的意见》的指导原则，建设茶叶生产消费过程的质量可追溯体系。在茶叶生产、流通及消费过程中，系统采集记录产品生产、流通、消费等环节信息，实现来源可查、去向可追、责任可究，强化全过程质量安全管理与风险控制的有效措施。参考近些年各地区和有关部门，围绕食用农产品和食品等重要同类产品，推动的物联网和云计算等现代信息技术建设的质量安全追溯体系，尝试将其改进应用于茶叶产业，提升企业质量管理能力、促进监管方式创新、充分保障消费者的饮茶安全性。

第三节 茶叶中非茶类夹杂物的污染与控制

近年，茶叶中非茶类夹杂物逐渐在茶叶行业获得重视，主要是因为在我国加入世界贸易组织（WTO）后，茶叶进口国（尤其是欧盟、美国、日本等）纷纷提高非关税性技术壁垒，对茶叶中微生物与非茶类夹杂物提出了近乎苛刻的卫生要求。我国现有茶叶加工企业有六七万家之多，从事茶叶运输、销售及茶叶资源深加工的中小企业更是难以统计。我国茶叶生产企业特征普遍存在企业规模小、标准化生产技术规程缺乏、设施简陋、卫生条件相对落后等突出问题。然而，茶叶中非茶类夹杂物的含量及存在的种类，又直接反映了企业的加工技术水平和卫生管理状况。因此，前些年茶叶中非茶类夹杂物污染是较为普遍的不良现象，而且未引起从业者及国内消费者的充分重视。随着世界上各茶叶进口国纷纷对非茶类夹杂物标准提出明确且严格的要求后，这类污染物逐渐引起了生产企业和管理者的足够重视，目前其污染状况也已经有了显著的改观。

一、茶叶中非茶类夹杂物的种类

非茶类夹杂物大都是在茶叶采收、加工包装和贮藏过程的无意识带入，这与食品安全中的非法添加物还是有本质区别的，非茶夹杂物所揭示的食品安全问题，主要是食品安全中的卫生意识问题，以及从业者、管理者和卫生监督者，对茶叶生产过程中卫生状况的重视程度。一般情况下，非茶类夹杂物只是会偶尔出现在茶叶中，且含量很少，对饮茶安全并不会造成显著的影响（当然不能包括一些恶性的非茶夹杂物），但这类污染物对茶叶感官影响及品质提升是显著的减分项，同时也反映了茶叶生产企业整体的卫生状况不佳，整体质量安全水平较差等企业基本情况。近几年中，主要茶叶进口国对茶叶中非茶类夹杂物要求日趋严格，我国民众对食品卫生意识也在逐渐加强，茶叶中非茶类夹杂物检测逐渐成为各类茶叶必检项目。

根据相关学者和从业人员，对茶叶生产销售中存在的非茶类夹杂物进行归纳总结，在我国茶叶产品中非茶类夹杂物主要有以下几类。

（1）毛发类　如人、鸟类和其他动物的毛发。

（2）昆虫类　如苍蝇、蚊子、蟑螂和其他飞虫的尸体等。

（3）金属碎屑类　如铁钉、螺丝、铁线、铁锈等。

（4）其他类　如烟头、玻璃碎片、塑料片、沙子、小石块、煤块、骨屑、竹屑、杂草和树叶等。

在以上非茶类夹杂物中，毛发类、昆虫类尸体、烟头等为恶性非茶类夹杂物，这类夹杂物不仅给消费者带来感官上极度的不悦，同时还会对消费者的健康安全带来一定威胁，也会给企业形象带来严重的负面影响。因此，在茶叶产品的加工、包装及贮藏过程中应杜绝此类杂物的混入。

二、茶叶中非茶类夹杂物主要来源

(一)原料

对毛茶初制加工来说原料即是茶叶鲜叶，对精制加工而言原料即是指毛茶。在原料采集或毛茶收购过程中，由于茶农卫生意识缺乏或采茶期工作量大，难以做到事无巨细，在鲜叶采摘过程中可能会不小心混入杂草、昆虫（包括昆虫尸体）或泥沙等。此外，在茶叶采集与鲜叶收购过程中可能发生的偶然事故（比如盛装器具或运输车侧翻）导致鲜叶翻洒后没有采取人工充分挑拣等有效善后处理措施等，也是导致非茶类夹杂污染物的可能原因。

(二)加工场所

加工场所卫生状况不良、卫生设施故障和管理不善，以及非预期性的气候条件（如台风、山洪暴发等恶劣气象条件）等原因，从外界环境中将非茶类夹杂物带入加工场所，导致的杂质异物混入。统计表明，大量的沙石、煤块（渣）、毛发、动物粪便、动物尸骨、其他植物叶片、稻谷、种子类、玻璃碎片等，大多是毛茶不良加工环境中混入。例如，红茶的萎凋工序和乌龙茶的晒青工序，会因地面上的各类杂质清除不净而混入。再如，在茶叶原料加工车间、贮存仓库，因管理不善发生了老鼠、飞虫等鼠害与虫害而造成的污染等。

(三)加工设备

因设备的维护不力、使用不当，或设备卫生状况不良，长久使用的加工设备没有及时清理、清洗与消毒，造成加工过程中混入异物污染在茶叶制品中，如杀青、烘焙时易混入锈片、螺丝或油污等。老旧加工设备长久没有更换或及时有效的维护，造成的碎片污染难以避免。如加工设备中的竹及木制工具长年累月使用产生的腐坏，金属设备出现腐锈，由此所产生的竹屑、木屑和铁锈等污染异物。

(四)不当操作

从事茶叶加工人员卫生意识缺乏，违规或操作不当，造成杂质异物的混入。例如因操作人员随意丢弃而混入打火机、手表链、烟头等；在杀青、烘焙、装箱工序，因操作不当而混入煤渣、石块、竹屑、纸片等异物。操作人员作业时没有身着工作服帽，混入的毛发、指甲等恶性异物。

三、非茶类夹杂物的防控措施

茶叶原料来源于千家万户，茶叶生产厂家的加工技术水平和设备、环境条件良莠不齐，在茶叶加工中混入非茶类夹杂物难以完全避免。如何以最少的投入，获得最佳的防控效果，是茶叶加工企业必须探讨和解决的问题。综合国内多位学者、生产管理实践者和食品安全管理者的经验与论著来看，茶叶生产企业应着重从企业生产要素和非茶类夹杂物的混入途径，探讨切实有效的防控措施。

(一)增强企业生产人员卫生意识

作业人员是生产力的第一要素，从业人员综合素质提升，卫生保健与健康意识的培养，是切实执行企业安全生产技术规程，保证产品的卫生质量的先决条件。清洁生产意识及作业人员拥有良好的卫生习惯是高质量产品的基本保证，也是决定性因素。因此，生产与销售企业及卫生监督管理部门，应有强烈的卫生质量安全意识，制定切实有效的卫生管理制度，建立可以有效监督作业人员执行安全生产操作规范长效机制，杜绝人为原因造成的非茶类夹杂物二次污染。生产企业应该将新进员工的食品安全意识及卫生习惯岗前培训，以及定期的良好操作规范培训，作为一名企业员工的必修课予以制度化，并形成良好的企业文化，切实增强人员的卫生技能、意识和责任感。

（二）严把原料收购与检验关

茶叶原料（鲜叶）在生产过程中，由于受到场所、设备等生产条件和管理水平的影响，造成非茶类夹杂物混入情况时常发生，可能对茶叶最终产品卫生质量构成严重威胁。控制茶叶中非茶类夹杂物等污染，必须严把原料茶关。严把茶叶原料收购关，才能简化去杂工序，减少投入，保证茶叶产品的卫生质量。供货商对茶农的原料收购，以及加工企业对供货商的资质均需要进行严格筛选，包括对供货商的厂房设备的卫生状况、人员素质、质量管理水平及原料产地等方面进行认真考查与全面评价，以确保其提供的产品符合相关卫生标准要求。原料进厂验收应严格按照原料茶的标准要求进行，尽量减少人为因素干扰正常的质量控制程序。大批量的原料，应按具体规定程序对进厂原料进行抽样检验，发现偏差应扩大抽样范围和批次，加以复验，对不符合卫生要求的原料应报相关职能部门及时处理。整体做到，每批进厂原料都必须进行严格的非茶类夹杂物检验，并把检验结果通知生产部门，以便其制定相应的去杂措施。

（三）保持良好的环境卫生

经多年的统计分析，发现毛茶加工是杂质异物混入最严重的阶段，不良的毛茶加工环境是导致杂质异物混入的首要因素。毛茶加工场所的选址应不易受到气象条件等偶然因素影响，周围环境设施应有利于环境卫生的保持。在茶叶精制加工过程中，能保持加工场所的整洁和密封条件，严防动物飞虫的混入和建筑物损坏混入，如老鼠、蟑螂、苍蝇等和墙壁天花板破损坠入等。加工场所的环境卫生及其相配套的基础设备必须经常检查，及时修补，必要时应配置灭蝇、灭蚊和防鼠设施，对灭蝇、灭蚊和灭鼠后的环境进行及时清理和通风，预防不良气味的产生影响茶叶品质。一旦发生内部的虫害和外部侵入的虫害或异物，应及时研究对策，采取相应的措施进行预防和消除，并对处理后的加工环境进行有效维护。

（四）合理使用和维护设备

加工设备可以剔除茶叶中的非茶类夹杂物，但也可能产生异物杂质，必须加强设备的维护和卫生清理，按操作规程正确合理使用设备。在保证设备性能发挥的同时，需掌握设备的正确拆卸和组装方法，清楚设备各部件功能，这样才能做到及早发现设备故障和损伤，及时维修，以免由于故障或损伤产生的废油、部件脱落，造成茶叶污染和杂质异物混入。对用油部位、运转的传送带和紧固部位应定时进行检查，防止泄漏、松动、脱落磨损而混入茶叶。根据非茶类夹杂物的种类、物理特性，合理配置取杂设备，改进去杂工艺流程，引进新型的去杂设备，提高去除非茶类夹杂质异物技术水平，以达到最佳的拣剔方案，保证产品卫生要求。如：采用风选设备去除轻质杂物如草片、塑料碎片等，重质杂物如铁类、石子、煤块等，采用磁铁装置去除金属杂物等。

（五）规范加工工艺和操作

不同批次的原料，所含非茶类杂质异物的种类和数量并不相同；根据进厂验收结果，结合原料的来源和产地情况，按照成品茶卫生质量要求，制定相应的拣剔工艺。依据检测结果，所含杂物的物理特性，调整去杂设备和手段，加强在线半成品的抽样检验，适时调整工序流程，直至产品符合成品茶卫生质量要求。良好操作规范（GMP）既可确保有效地剔除茶叶中已混入的非茶类夹杂物，又可有效防止二次污染。同茶叶微生物安全类似，企业技术人员可以对茶叶加工过程中各步骤，进行非茶类夹杂物的污染关键环节与控制措施进行分析，设置非茶类夹杂物的关键控制点，采取有效的处理措施，从生产工序的关键环节入手，提高非茶异物污染控制效率。操作人员明确各去杂工序的关键控制点，并严格按照操作技术规程进行作业，如对投料工序和包装工序，操作员应严密防范杂质异物混入，严格按操作规范中规定的动作要领，来确保拣剔杂质异物的效率和提高成品合格率。

思考题

1. 茶叶中的微生物主要来源有哪些？

2. 后发酵与非发酵茶（轻发酵茶）的微生物群落及安全性有哪些实质差异？为什么？

3. 如何实施在生产、加工及贮藏茶叶过程中微生物的污染控制？

4. 如何理解茶叶中微生物组学概念？茶叶微生物组学研究对充分利用茶叶中有益菌群和控制有害微生物污染有何重要意义？

5. 茶叶中的非茶类夹杂物主要来源和种类有哪些？控制茶叶中非茶类夹杂物的关键技术措施有哪些？

参考文献

[1] RABHA A J，NAGLOT A，SHARMA G D，et al. *In vitro* evaluation of antagonism of endophytic *Colletotrichum gloeosporioides* against potent fungal pathogens of *Camellia sinensis* [J]. Indian J Microbiol，2014，54：302 – 309.

[2] WEI W，ZHOU Y，CHEN F J，et al. Isolation，diversity，and antimicrobial and immunomodulatory activities of endophytic actinobacteria from tea cultivars Zijuan and Yunkang – 10（*Camellia sinensis* var. *assamica*）[J]. Front Microbiol，2018，9：1304.

[3] YAN X M，WANG Z，MEI Y，et al. Isolation，diversity，and growth – promoting activities of endophytic bacteria from tea cultivars of Zijuan and Yunkang – 10 [J]. Front Microbiol，2018，9：1848.

[4] YE Z，CUI P，WANG Y，et al. Simultaneous determination of four aflatoxins in

dark tea by multifunctional purification column and immunoaffinity column coupled toliquid chromatography tandem mass spectrometry [J]. J Agri Food Chem, 2019, 67 (41): 11481 – 11488.

[5] YE Z, WANG X, FU R, et al. Determination of six groups of mycotoxins in Chinese dark tea and the associated risk assessment [J]. Environ Pollut, 2020, 261. DOI: 10. 1016/j. envpol. 2020. 114180.

[6] ZHAO M, SU X, NIAN B, et al. Integratedmeta – omics approaches to understand the microbiome of spontaneous fermentation of traditional Chinese pu – erh tea [J]. mSystems, 2019, 46. DOI: 10. 1128/mSystems. 00680 – 19.

[7] 杜颖颖，陆小磊. 国家食品安全标准中茶叶标准论述 [J]. 中国茶叶加工，2015 (5): 49 – 54.

[8] 段仁周，张久谦. 影响茶叶安全性的主要因素研究进展 [J]. 河北农业科学，2008，12 (7): 60 – 62.

[9] 季爱兵. 普洱茶叶片中内生菌的鉴定 [D]. 长春：吉林大学，2013.

[10] 李建华，齐桂年，田鸿，等. 茶树根内生细菌的分离及其茶多酚耐受性的初步研究 [J]. 茶叶通讯，2008，35 (1): 14 – 16.

[11] 凌甜. 我国茶叶质量安全现状与控制对策分析 [D]. 长沙：湖南农业大学，2014.

[12] 吕毅. 氟与茶叶品质化学和微生物学的研究 [D]. 杭州：浙江大学，2004.

[13] 汪立群，颜小梅，郭小双，等. 云抗 10 号两个茶树品种内生菌多样性初步研究 [J]. 安徽农业大学学报：自然科学版，2016，43 (1): 1 – 5.

[14] 王婷，杨升，陈亚雪，等. 两株茶树内生草螺菌的微生物学特性 [J]. 微生物学报，2014，54 (4): 424 – 432.

[15] 谢丽华，徐焰平，王国红，等. 茶树品种、叶片生育期和茶叶化学成分对内生真菌的影响 [J]. 菌物研究，2006，4 (3): 35 – 41.

[16] 胥伟，吴丹，姜依何，等. 从群落组成到安全分析 [J]. 食品安全质量检测学报，2016，7 (5): 3541 – 3552.

[17] 徐凌，周卫龙，宿迷菊. 茶叶微生物指标的现状与展望 [J]. 中国茶叶，2012 (7): 14 – 16.

[18] 张婉婷，张灵枝. 茶树品种和叶片生育期对内生真菌的影响 [J]. 广东农业科学，2011 (21): 44 – 46.

[19] 朱金国，莫瑾，谭建锡，等. 出口茶叶生产加工中有害微生物危害分析 [J]. 食品科学，2014 (2): 304 – 307.

[20] 朱育菁，陈璐，蓝江林，等. 茶叶内生菌的分离鉴定及其生防功能初探 [J]. 福建农林大学学报：自然科学版，2009，38 (2): 129 – 134.

第七章　茶叶质量安全产品与控制体系认证

随着市场和消费者对茶叶质量安全要求日益提高，茶叶质量安全越来越受到重视，特别是当今茶叶国际贸易中进口国茶叶质量安全标准日趋严格，对茶叶质量安全管理提出了新的要求，在此形势和背景下，为很好地满足消费需要和有效地应对贸易需求，茶叶质量安全认证逐渐兴起并不断发展。

在我国现行的有关产品质量管理体制下，茶叶质量安全认证主要包括产品认证和体系认证。茶叶质量安全产品认证主要包括绿色食品（茶叶）和有机茶认证；体系认证主要有良好农业规范（GAP）、GMP、HACCP 和 ISO 认证等。不同认证的标准、机构以及程序等方面都有所不同，科学高效的认证有利于对茶叶产品质量管控，对保障和提高茶叶整体质量有积极促进作用。

第一节　绿色食品（茶叶）认证

一、绿色食品（茶叶）概述

（一）绿色食品（茶叶）的定义

绿色食品（茶叶）指的是遵循可持续发展原则，按照特定生产方式生产，经专门机构认定，许可使用绿色食品标志的无污染的安全、优质、营养类茶叶产品。绿色食品区分为 A 级和 AA 级绿色食品，其标志见图 7－1。

(1)A级绿色食品标志

(2)AA级绿色食品标志

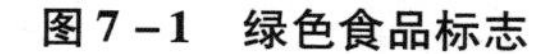

图 7－1　绿色食品标志

扫码看彩图

A 级绿色食品（茶叶）指的是在生态环境质量符合规定的产地，生产过程中允许限量使用限定的化学合成物质，按特定的生产操作规程生产、加工，产品质量及包装经检测、检查符合特定标准，并经专门机构认定，许可使用 A 级绿色食品标志的茶叶产品。

AA 级绿色食品（茶叶）指的是在生态环境质量符合规定的产地，生产过程不使用任何有害化学合成物质，按特定的生产操作规程生产、加工，产品质量及包装经检测、检查符合特定标准，并经专门机构认定，许可使用 AA 级绿色食品标志的茶叶产品。

（二）绿色食品（茶叶）的一般特征

为区别于一般的普通食品，绿色食品实行标志管理。绿色食品标志是由中国绿色食品发展中心在原国家工商行政管理局商标局正式注册的质量证明商标。

绿色食品（茶叶）与普通茶叶相比具有以下 4 个明显的特征。

1. 强调产品出自最佳生态环境

绿色食品（茶叶）生产从原料产地的生态环境入手，通过对原料产地及其周围的生态环境因子严格监测，判定其是否具备生产绿色食品（茶叶）的基础条件，只有符合绿色食品对生态环境的要求，才能发展绿色食品生产。

2. 对产品实行全程质量控制

绿色食品（茶叶）生产实施“从茶园到茶杯”全程质量控制，即通过产前环节的环境监测和原料监测，产中环节的具体生产、加工操作规程的落实，以及产后环节产品质量、卫生指标、包装、保险、运输、贮藏、销售控制，确保绿色食品（茶叶）的整体产品质量，并提高整个生产过程的技术含量。

3. 对产品依法实行标志管理

绿色食品标志是一个质量证明商标，属知识产权范畴，受《中华人民共和国商标法》保护。政府授权专门机构管理绿色食品标志。因此，绿色食品在认定的过程中是质量认证行为，在认定后是商标管理的结合，使质量认证和商标管理有机地结合。

4. 严密的质量标准体系

绿色食品产地环境质量标准、生产技术标准、产品标准、产品包装标准和贮藏运输标准构成了绿色食品一个完整的质量标准体系，确保绿色食品的质量。

二、绿色食品（茶叶）的发展

（一）绿色食品（茶叶）的发展历史

绿色食品（茶叶）的认证是随着绿色食品认证的出现而出现的。绿色食品认证是“三品”认证中发展较早的，也是我国比较有特色的一种安全认证食品开发形式。在我国经济发达地区，随着人民生活水平的提高，环境保护意识和绿色消费意识也不断增强，同时国际市场对质量安全茶叶需求增大，为我国绿色食品茶叶发展创造了良好客观条件。1989 年我国农业部正式提出“绿色食品”的概念。从 1990 年 5 月 15 日开始，我国正式宣布发展绿色食品。在此之后十多年的发展历程中取得了积极成效，保持着较快的发展势头。1992 年 11 月国务院批准成立中国绿色食品发展中心。1994 年农业部又提出了发展绿色食品的三项基本原则。1996 年开始在绿色食品申报审批过程中区分

A 级和 AA 级。通过不断发展我国建立了绿色食品产品质量监测系统制定了一系列技术标准以及产品标准，在扩展绿色食品海外市场的同时，加强与国际的合作与交流，并且相继在日本和我国香港开展绿色食品标志商标注册，中国绿色食品发展中心还参照有机农业国际标准制定了绿色食品标准，直接与国际接轨。

（二）绿色食品（茶叶）的发展趋势

1. 产业化

绿色食品产业化是从传统食品向现代食品产业转化的历史过程，是促进绿色食品发展的最佳途径。利用以市场引导产业、以标准规范产业、以标志管理产业的绿色食品良性发展机制，形成绿色食品（茶叶）产业链，有效实现绿色食品（茶叶）产业一体化经营。

2. 国际化

在质量标准、技术规范、认证管理、贸易准则等方面加强国际合作与交流，提高我国绿色食品（茶叶）的国际知名度，扩大出口量，将绿色食品（茶叶）产品推向国际市场。

3. 品种多样化、系列化

围绕多茶类、多品质风格的主线，开发多样化、系列化的绿色食品（茶叶）产品。

4. 生产科技化

在生产、加工、贮运等诸环节中，结合现代化科技手段，充分利用各种高新技术，把绿色食品（茶叶）生产相关的科研成果尽快转化为生产力，增加绿色食品（茶叶）产品的科技含量，进一步提高其附加值。

5. 营销生态化

绿色食品（茶叶）的营销理念注重生态环保，在营销过程中，营销理念、手段方式以及产品包装等都将向生态化方向发展。

三、绿色食品（茶叶）认证的程序

（一）绿色食品（茶叶）认证的管理部门与机构

绿色食品（茶叶）认证由中国绿色食品发展中心负责。

（二）绿色食品（茶叶）的认证程序

绿色食品（茶叶）认证程序如图 7－2 所示。

1. 认证申请材料

申请绿色食品（茶叶）认证的单位和个人（下文简称申请人）向中国绿色食品发展中心及其所在省、自治区和直辖市绿色食品办公室或绿色食品发展中心（下文简称省绿办）领取《绿色食品标志使用申请书》《企业及生产情况调查表》及有关资料，或从中国绿色食品发展中心官方网站（网址：www. greenfood. org. cn）下载。

申请人填写并向所在的省绿办递交《绿色食品标志使用申请书》《企业及生产情况调查表》及以下材料。

（1）保证执行绿色食品标准和规范的声明；

（2）茶叶种植和生产加工操作技术规程；

（3）公司对“基地＋农户”的质量控制体系（包括合同、基地图、基地和农户清单、管理制度）；

（4）产品执行标准，即 NY/T 288—2018《绿色食品　茶叶》以及具体的茶产品标准；

（5）产品注册商标文本（复印件）；

（6）企业营业执照（复印件）；

（7）企业质量管理手册；

（8）要求提供的其他材料（通过体系认证的，附证书复印件）。

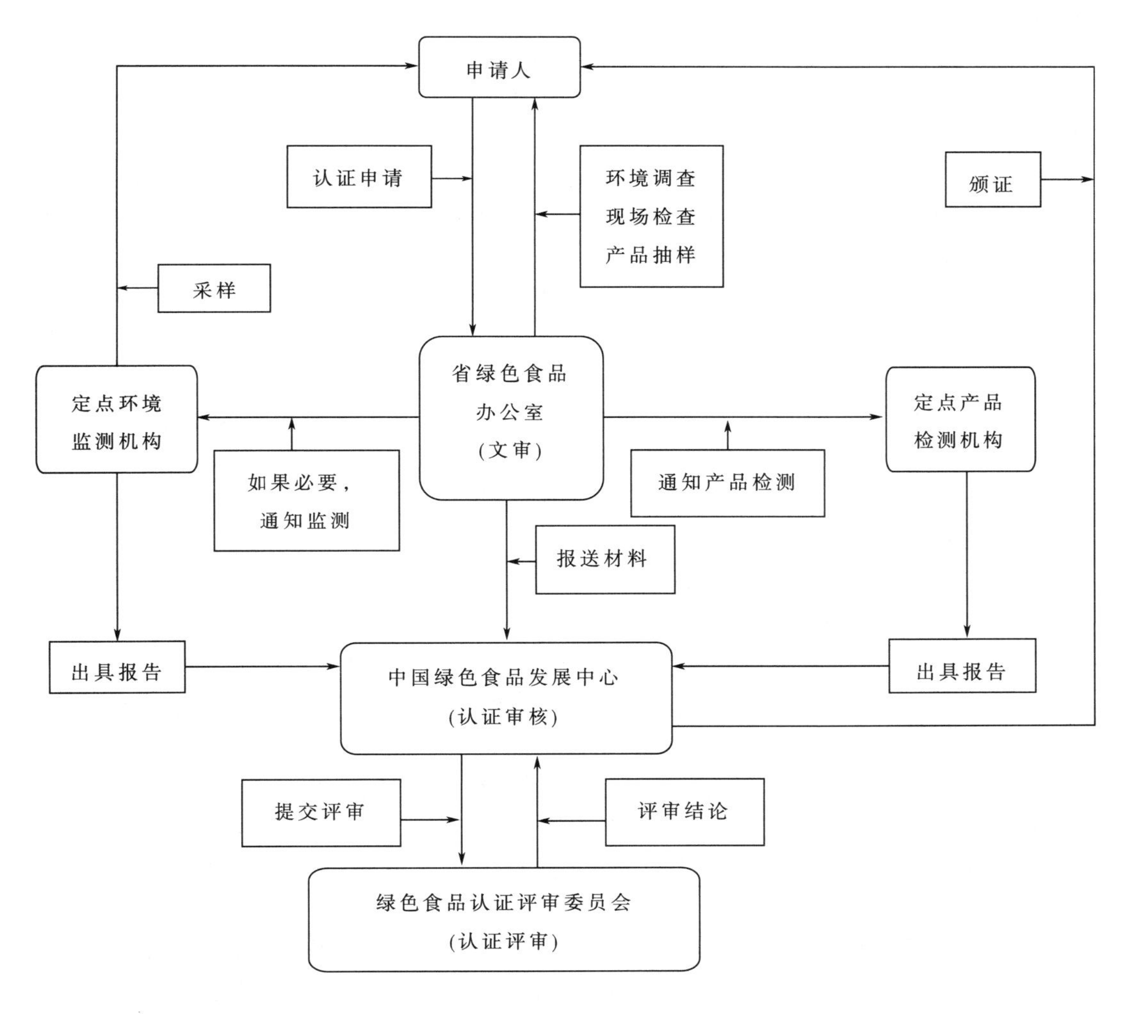

图 7－2　绿色食品（茶叶）认证程序

2. 申请材料受理和文审

（1）省绿办收到上述申请材料后，进行登记和编号，5 个工作日内完成对申请认证材料的审查工作，并向申请人发出《文审意见通知单》，同时抄送中国绿色食品发展中心认证处。

（2）申请认证材料不齐全的，要求申请人收到《文审意见通知单》后10个工作日内提交补充材料。

（3）申请认证材料不合格的，通知申请人本生产周期内不再受理其申请。

3. 现场检查与产品抽样

（1）省绿办应在《文审意见通知单》中明确现场检查计划，并在计划得到申请人确认后委派2名或2名以上检查员进行现场检查。

（2）检查员根据《绿色食品　检查员工作手册（试行）》和《绿色食品　产地环境质量现状调查技术规范（试行）》中规定的有关项目进行逐项检查。每位检查员单独填写现场检查表和检查意见。现场检查和环境质量现状调查工作在5个工作日内完成，完成后5个工作日内向省绿办递交现场检查评估报告和环境质量现状调查报告及有关调查资料。

（3）现场检查合格，可以安排产品抽样。凡申请人提供了近一年内绿色食品定点产品监测机构出具的产品质量检测报告，并经检查员确认，符合绿色食品产品检测项目和质量要求的，免产品抽样检测。

（4）产品抽样时，当时可以抽到适抽产品的，检查员依据《绿色食品产品抽样技术规范》进行产品抽样，并填写《绿色食品产品抽样单》，同时将抽样单抄送中国绿色食品发展中心认证处。特殊产品（如动物性产品等）另行规定。

（5）产品抽样时，当时无适抽产品的，检查员与申请人当场确定抽样计划，同时将抽样计划抄送中国绿色食品发展中心认证处。

（6）申请人将样品、产品执行标准、《绿色食品产品抽样单》和检测费寄送绿色食品定点产品监测机构。

（7）现场检查不合格，不安排产品抽样。

4. 环境监测

绿色食品产地环境质量现状调查由检查员在现场检查时同步完成。

（1）经调查确认，产地环境质量符合《绿色食品　产地环境质量现状调查技术规范》规定的免测条件，免做环境监测。

（2）根据《绿色食品　产地环境质量现状调查技术规范》的有关规定，经调查确认，必要进行环境监测的，省绿办自收到调查报告2个工作日内以书面形式通知绿色食品定点环境监测机构进行环境监测，同时将通知单抄送中国绿色食品发展中心认证处。

（3）定点环境监测机构收到通知单后，40个工作日内出具环境监测报告，连同填写的《绿色食品环境监测情况表》，直接报送中国绿色食品发展中心认证处，同时抄送省绿办。

5. 产品监测

绿色食品定点产品监测机构自收到样品、产品执行标准、《绿色食品产品抽样单》、检测费后，20个工作日内完成检测工作，出具产品检测报告，连同填写的《绿色食品产品检测情况表》，报送中国绿色食品发展中心认证处，同时抄送省绿办。

6. 认证审核

（1）省绿办收到检查员现场检查评估报告和环境质量现状调查报告后，3 个工作日内签署审查意见，并将认证申请材料、检查员现场检查评估报告、环境质量现状调查报告及《省绿办绿色食品认证情况表》等材料报送中国绿色食品发展中心认证处。

（3）中国绿色食品发展中心认证处收到省绿办报送材料、环境监测报告、产品检测报告及申请人直接寄送的《申请绿色食品认证基本情况调查表》后，进行登记、编号，在确认收到最后一份材料后 2 个工作日内下发受理通知书，书面通知申请人，并抄送省绿办。

（3）中国绿色食品发展中心认证处组织审查人员及有关专家对上述材料进行审核，20 个工作日内做出审核结论。

（4）审核结论为“有疑问，需现场检查”的，中国绿色食品发展中心认证处在 2 个工作日内完成现场检查计划，书面通知申请人，并抄送省绿办。得到申请人确认后，5 个工作日内派检查员再次进行现场检查。

（5）审核结论为“材料不完整或需要补充说明”的，中国绿色食品发展中心认证处向申请人发送《绿色食品认证审核通知单》，同时抄送省绿办。申请人需在 20 个工作日内将补充材料报送中国绿色食品发展中心认证处，并抄送省绿办。

（6）审核结论为“合格”或“不合格”的，中国绿色食品发展中心认证处将认证材料、认证审核意见报送绿色食品评审委员会。

7. 认证评审

绿色食品评审委员会自收到认证材料、认证处审核意见后 10 个工作日内进行全面评审，并做出认证终审结论。

认证终审结论分为两种情况：认证合格、认证不合格。

（1）结论为“认证合格”，执行第 8 条。

（2）结论为“认证不合格”，评审委员会秘书处再做出终审结论。

（3）2 个工作日内，将《认证结论通知单》发送申请人，并抄送省绿办。本生产周期不再受理其申请。

8. 颁证

中国绿色食品发展中心在 5 个工作日内将办证的有关文件寄送“认证合格”申请人，并抄送省绿办。申请人在 60 个工作日内与中国绿色食品发展中心签订《绿色食品标志商标使用许可合同》，中国绿色食品发展中心主任签发证书。

四、绿色食品（茶叶）的相关标准

现行绿色食品茶叶相关标准多为产品标准，涵盖了茶叶、茶饮料以及代用茶等茶产品，对产品的检验规则、标签、包装和贮运均做了系统要求，而在绿色食品茶叶的产地环境、生产管理等环节，主要遵循绿色食品通用标准。现行的绿色食品（茶叶）有关标准如表 7－1 所示。

表 7－1　　现行绿色食品（茶叶）相关标准

序号	标准名称	标准主要内容	标准适用对象
1	NY/T 288—2018《绿色食品　茶叶》	该标准规定了绿色食品茶叶的要求检验规则、标签，包装、贮藏和运输	适用于绿色食品茶叶产品
2	NY/T 391—2013《绿色食品　产地环境质量》	该标准规定了绿色食品产地的术语和定义、生态环境要求、空气质量要求、水质要求、土壤质量要求	适用于绿色食品茶叶产地
3	NY/T 393—2013《绿色食品　农药使用准则》	该标准规定了绿色食品生产和仓储中有害生物防治原则、农药选用、农药使用规范和绿色食品农药残留要求	适用于绿色食品茶叶生产和贮运管理以及产品质量安全评价
4	NY/T 394—2013《绿色食品　肥料使用准则》	该标准规定了绿色食品生产中肥料使用原则、肥料种类及使用规定	适用于绿色食品茶叶生产施肥管理
5	NY/T 1056—2006《绿色食品　贮藏运输准则》	该标准规定了绿色食品贮藏运输的要求	适用于绿色食品茶叶产地环境监测评评价
6	NY/T 1055—2015《绿色食品　产品检验规则》	该标准规定了绿色食品的检验分类、抽样、检验依据和判定规则	适用于绿色食品茶叶检验
7	NY/T 658—2015《绿色食品　包装通用准则》	该标准规定了绿色食品包装的术语和定义、基本要求、安全卫生要求、生产要求、环保要求、标志与标签要求和标识、包装、贮藏与运输要求	适用于绿色食品茶叶包装
8	NY/T 1054—2013《绿色食品　产地环境调查、监测与评价规范》	该标准规定了绿色食品产地环境调查、产地环境质量监测和产地环境质量评价的要求	适用于绿色食品茶叶产地环境监测与评价
9	NY/T 1713—2018《绿色食品　茶饮料》	该标准规定了绿色食品茶饮料的术语和定义、产品分类、要求、检验规则、标签、包装、运输和贮藏	适用于绿色食品茶饮料
10	NY/T 2140—2015《绿色食品　代用茶》	该标准规定了绿色食品代用茶的术语和定义、分类、要求、检验规则、标签、包装、运输及贮藏	适用于绿色食品代用茶产品

第二节　有机茶认证

一、有机茶概述

（一）有机茶的定义

有机茶指在原料生产过程中遵循自然规律和生态学原理，采取有益于生态和环境

的可持续发展的农业技术，不使用合成的农药、肥料及生长调节剂等物质，在加工过程中不使用合成的食品添加剂的茶叶及相关产品。部分国家和地区有机产品认证标志见图 7－3。

(1)中国有机认证

(2)欧盟有机认证

(3)美国有机认证

(4)日本有机认证

扫码看彩图

图 7－3　部分国家和地区的有机产品认证标志

（二）有机茶的要求

根据国际有机农业运动联合会（IFOAM）的基本要求，有机食品（茶叶）要符合以下三个条件。

（1）有机食品（茶叶）的原料必须来自有机农业的产品（有机产品）；

（2）有机食品（茶叶）的原料是按照有机农业生产和有机食品加工标准而生产加工出来的食品（茶叶）；

（3）加工出来的产品或食品（茶叶）必须经有机食品（茶叶）颁证组织进行质量检查，符合有机食品（茶叶）生产、加工标准，颁给证书的食品（茶叶）。

有机茶生产要求禁止使用人工合成的农药、化肥、除草剂和生长调节剂等物质，需要生产者运用一系列相关有机农业技术来保证生产与开发顺利进行。有机茶生产作为环境友好型、资源节约型、产品安全型农业生产方式，不同于传统农业的生产观念，强调遵循自然法则和可持续发展的理念，更加注重生态环境保护、生物多样性发展，在生产加工过程中不使用化学合成物质，最终实现人与自然的和谐发展。但有机茶不是传统农业的翻版，而是传统农业和现代科技的结合和升华，在有机茶生产基地建设、栽培、加工、贮运等过程中都必须在传统农业基础上引用先进的现代科学技术与之结合。

二、有机茶的发展

（一）有机茶的发展历史

有机茶生产作为一种在生产过程中不使用化学合成物质、采用环境资源有益技术为特征的生产体系，由于有机茶生产在保护环境和改善品质的价值不能通过其最终产品直观地反映出来，初期发展速度缓慢。

1990 年，根据浙江省茶叶进出口公司和荷兰阿姆斯特丹茶叶贸易公司的申请，荷兰有机食品认证机构 SKAL 对位于浙江省和安徽省的 2 个茶园和 2 个茶叶加工厂实施了有机认证检查并给予认证，标志着中国有机茶叶的起步。1994 年，经国家环境保护局批准，国家环境保护局南京环境科学研究所的农村生态研究室改组成为“国家环境保护局有机食品发展中心”（Organic Food Development Center of SEPA，简称 OFDC，2003 年改称为“南京国环有机产品认证中心”），开展有机产品认证工作。2000 年以来特别是在全国“无公害食品行动计划”的部署下，按照农业部的要求中国绿色食品发展中心于 2002 年 10 月组建了“中绿华夏有机食品认证中心”，并成为在国家认监委登记的第一家有机食品认证机构。同时国外的一些认证机构也纷纷在国内设立办事处，如瑞士 IMO（瑞士生态研究所）、德国 BCS（德国有机认证公司）、法国 Ecocert（法国生态认证）、美国 OCIA（美国作物改良协会）、日本 JONA（日本有机农业协会），极大地推进了有机农业及有机产品认证的发展。

经过各方努力，有机茶的开发步伐明显加快，成为提高茶叶质量和竞争力、保护生态环境、节约自然资源的重要生产方式，受到各级政府和部门、企业和茶农的广泛重视。浙江、江西、湖北、四川、云南、安徽、湖南、福建、贵州、广东、广西、重庆、河南等茶叶主产省（自治区、直辖市）先后启动“有机茶工程”，制订了有机茶的发展规划，进一步加速和促进了中国有机茶的发展。

浙江、湖北、四川、安徽、福建、云南、江西、湖南、江苏、广东、广西、河南、山东、陕西、甘肃、贵州、重庆、西藏、上海、海南等省（自治区、直辖市），都先后生产和销售有机茶，涌现了一大批有机茶生产销售企业，产品出口欧洲、美国、加拿大、日本、韩国、马来西亚、新加坡等国家和地区，其价格比普通茶叶高 50% 左右，经济效益十分明显。随着人们对美好生活的需求不断增长，国内有机茶市场先后快速启动，进一步推动了我国有机茶产业的发展。

（二）发展有机茶的意义

发展有机茶具有以下几方面意义和作用。

（1）生产出有机茶产品，满足市场对质量安全等级较高的产品消费需求。

（2）有机农业生产方式强调遵从自然法则，改变传统的茶叶生产观念，更加注重环境、生态、安全和质量等方面的问题，提高生产者科学、合理使用肥料以及茶树病虫草害综合防控的意识，从整体上提高茶叶卫生质量水平。

（3）改善茶园生态状况，丰富茶园生物多样性，实现人与自然的和谐共生。

有机茶的发展，促进了茶产业增收、增效，提升了区域茶叶经济的效益，保护并改善了生态环境，有利于社会、经济和生态协同发展，保障茶业可持续发展。

（三）有机茶的发展趋势

与非有机茶相比，有机茶产业发展面临着更多的挑战。

1. 社会公众对有机茶的认知度待提高

国家茶叶产业技术体系产业经济研究室的调研报告表明，消费者普遍对我国茶叶质量安全标识的认知水平和信任程度较低，仅 10% 左右消费者非常了解，4% ~8% 消费者非常信任。与此同时，中国消费者对有机茶的网络搜索热度不断提高，尤其是 2015 年以来的搜索量不断提高，选择愿意为质量安全标识产品支付较高价格的消费者所占比例高达 94%，但消费者可接受的溢价幅度平均仅为 10% 左右。因此提高公众对有机茶的认识，提升消费者对有机茶的消费力是未来有机茶发展的重要任务之一。

2. 有机茶生产加工的剪刀差效应明显

一方面，受多方面因素制约（主要是有机茶园病虫草害管理），有机茶生产成本持续增加，并且增加幅度很大；另一方面，据连续多年的市场反应，有机茶与非有机茶相比较，有机茶价格优势不明显，并且有机茶维护成本高。因此，研究提高有机茶生产效率，降低成本，提升有机茶品质与价格比较效益，将是有机茶发展的重要研究课题。

3. 有机茶市场开拓落后于有机茶生产加工

我国有机茶产量每年有所增加，但其总量还不到我国茶叶总产量的2%。由于市场的发育程度与消费习惯等原因，我国有机茶基本上是内销和外贸各占50%左右，与总体茶产业内销占75%的市场份额相比，有机茶在国内的销售与消费比重非常小。因此，有机茶市场生产开发应重视和培育国内消费市场，有机茶企业必须根据自己产品的特色选择合适的营销沟通手段，加大有机茶知识的普及，提高有机茶的市场认知度，对于许多有机茶叶产区，应从原有的单纯卖茶叶转型为卖生态有机理念，从原有的单打独斗转型到资源整合，各方努力，齐心协力，推动我国有机茶产业的持续健康发展。

4. 有机茶生产与市场需求脱钩，供给侧结构性不合理比非有机茶更加突出

有机茶叶的茶类结构不均衡，消费需求量大的乌龙茶、普洱茶、红茶的有机产品量少、花色品种少。我国在国际茶叶市场具有竞争力的有机茶红茶由于受成本的影响，出口量又较少，近几年市场需求量上升十分快，茶类数量本身总量较少的白茶、黄茶的有机品类又更少；其次，对健康十分关注的年轻人和年老消费者，他们有巨大需求的有机花草茶基本没有供应、有机代用茶供应严重不足。因此有机茶的发展，势必要开发多茶类、多样化的有机茶产品。

尽管有机茶生产和市场面临暂时的一些困难和挑战，但有机茶潜力巨大，茶叶种植的有机化方向也是农业发展的主流方向，与国家农业战略相符。

三、有机茶认证的程序

（一）有机茶认证的管理部门与机构

认证机构必须符合以下条件。

（1）必须是独立于生产者和贸易者的机构，本着公平、公正、公开的原则，开展认证工作。

（2）必须拥有一支既熟悉茶叶生产、又具备有机食品生产和管理知识的检查员队伍，必须成立颁证委员会，必须具有对茶叶质量指标和卫生指标进行检测和管理的能力，或者依托国家质量技术监督局认可的产品质量监督检验机构对茶叶质量指标和卫生指标进行检测。

（二）有机茶的认证程序

根据国际有机农业运动联合会有机食品生产和加工基本标准和欧盟 EC2092/91 有机食品认证规定的要求，中国农业科学院茶叶研究所有机茶研究与发展中心（OTRDC）制定了有机茶颁证标准。

OTRDC 有机茶认证程序为：基地选点、采样预检；提出申请、填写调查表；初步

审查、签订协议书；实地检查，编写检查报告；综合审查评估；颁证委员会审议；颁发证书。

1. 基地选点、采样预检

（1）基地选点　有机茶园必须符合生态环境质量，要求远离城市和工业区以及村庄与公路，以防止城乡垃圾、灰尘、废水、废气及过多人为活动给茶叶带来污染。茶地周围林木繁茂，具有生物多样性；空气清新，水质纯净；土壤未受污染，土质肥沃。

有机茶园与常规农业区之间必须有隔离带。隔离带以山、河流、湖泊、自然植被等天然屏障为宜，也可能是道路、人工树林和作物，但隔离带宽度不得小于9m。如果隔离带上种植的是作物，必须按有机方式栽培。对基地周围原有的林木，要严格实行保护，使它成为基地的一道防护林带。若基地周围原有林木稀少，要营造防护林带。

（2）采样预检　申请者选定茶园基地后，则自行采样预检。样品采集要求具有代表性，即多点采样，其中土壤样品还要求采集0～40cm土层的上、中、下三点。茶叶样品主要检测卫生指标，如铜、铅、十种农药残留等；土壤样品主要检测六种重金属元素。

2. 提出申请、填写调查表

申请者向认证机构提出申请，交纳申请费，索取申请表，并将填写好的申请表返回认证机构。认证机构根据申请表所反映的情况决定是否受理。如同意受理，则通知申请人，并将全套调查表及有关资料发给申请人。调查表包括：茶场基本情况调查表、茶叶加工厂基本情况调查表和有机茶贸易/批发基本情况调查表。

3. 初步审查、签订协议书

申请人将填写好的调查表返回给认证机构。认证机构以返回的调查表进行初步审查，若没有发现明显违背有机茶标准的情况，将与申请人签订颁证审查协议书。一旦协议生效并确认申请人已经支付相关费用后，认证机构将派出检查员，对申请者的茶园、茶叶加工厂和贸易情况进行实地检查。

4. 实地检查

认证机构派出检查员，对申请者所申请的内容进行实地检查，以评估其是否达到颁证标准。同时还要现场采集土壤样品和茶叶样品供检测。检查必须在生产季节进行，对茶园的检查面积不得少于申请颁证面积的1/3。这是常规的颁证检查，有时还进行不通知检查，也就是通常所称的飞行检查。

申请者在递交调查表或在接受检查时，应全面地向认证机构提供相关的证明材料。这些材料包括茶树生产、产量、投入的用量和日期，投入物的使用方法、病虫害管理、修剪、采摘记录等；加工和销售记录，产品批号、入出库记录、运输记录等；土壤、鲜叶、商品茶分析记录等。此外，申请者不定期应提供公司简介、企业法人营业执照、商标注册证明、生产加工生产许可证及从业人员健康证、产品标准、标明企业所在地位置的行政区域图以及茶园地块分布图、加工厂车间平面图及设备布置图等。

5. 编写检查报告

检查员实地检查后，编写茶园检查报告、茶叶加工厂检查报告和茶叶贸易有机认证检查报告，这些报告将作为有机茶中心综合评估和颁证委员会审议的重要材料。

6. 综合审查评估

有机茶中心根据检查员的检查报告、相关检测报告和申请者提供的有关材料，并对照 OTRDC 有机茶颁证标准，编制颁证评估表，综合审查认为申请者符合 OTRDC 有机颁证的最低要求，则提交颁证委员会审议。同时核定颁证面积和产量，提出改进建议。

7. 颁证委员会审议

颁证委员会由熟悉茶叶科技、生产、管理和有机茶标准的专家组成，与颁证产品的生产和销售单位没有直接或间接经济利益关系。颁证委员会针对检查员的报告、相关的调查表和证明材料，评价申请者是否符合本标准，做出同意颁证、有条件颁证、拒绝颁证和有机转换颁证的决定。

8. 颁发证书

根据颁证委员会决议，对获证单位颁发证书。全套证书包括有机茶原料生产证书有机茶加工证书、有机茶销售商证书、有机茶销售证书（样本）和标志准用证共五个。其中有机茶销售证书是在已明确买卖双方以交易数量后来颁证机构开具。根据《有机茶标志管理章程》，标志使用费按产品销售额的 0.5% ~1% 收取。

获证单位在获取证书之前，需对检查报告进行核实盖章，有条件颁证者要对改进意见做出书面承诺。

证书有效期为一年，第二年及以后每年必须重新履行申请和检查等手续。

目前，国内中国农业科学院茶叶研究所有机茶研究与发展中心可以开展有机茶认证服务工作。

四、有机茶的相关标准

现行有机茶相关标准涵盖了茶叶产品、产地环境、生产管理、加工技术以及包装标识等环节。现行的有机茶有关标准如表 7 -2 所示。

表 7 -2　现行绿色食品茶叶相关标准

序号	标准名称	标准主要内容
1	NY 5196—2002《有机茶》	该标准规定了有机茶的术语和定义、要求、试验方法、检验规则、标志、标签、包装、贮藏、运输和销售的要求
2	NY 5199—2002《有机茶产地环境条件》	该标准规定了有机茶产地环境条件的要求、试验方法和检验规则
3	NY/T 5197—2002《有机茶生产技术规程》	该标准规定了有机茶生产的基地规划与建设、土壤管理和施肥、病虫草害防治、茶树修剪和采摘、转换、试验方法和有机茶园判别
4	NY/T 5198—2002《有机茶加工技术规程》	该标准规定了有机茶加工的要求、试验方法和检验规则

续表

序号	标准名称	标准主要内容
5	GB/T 19630.1—2011 《有机产品　第1部分：生产（含第1号修改单）》	该标准规定了植物、动物和微生物产品的有机生产通用规范和要求
6	GB/T 19630.2—2011 《有机产品　第2部分：加工（含第1号修改单）》	该标准规定了有机加工的通用规范和要求
7	GB/T 19630.3—2011 《有机产品　第3部分：标识与销售（含第1号修改单）》	该标准规定了有机产品标识和销售的通用规范及要求
8	GB/T 19630.4—2011 《有机产品　第4部分：管理体系》	该标准规定了有机产品生产、加工、经营过程中应建立和维护的管理体系的通用规范和要求

第二节　食品生产许可证认证

一、食品生产许可证认证概述

食品生产许可证认证即SC认证，SC认证的前身为质量安全（QS）认证，我国从2015年10月1日开始正式实施新《食品安全法》，作为配套法规的《食品生产许可管理办法》也于同日正式实施，在此之前实行的QS认证制度和使用的QS标识将被新的SC认证制度和SC标识取代（图7－4）。

图7－4　SC标识

扫码看彩图

食品生产许可证编号由“SC”（“生产”的汉语拼音首字母缩写）开头，再与14位阿拉伯数字组合形成（图7－5）。

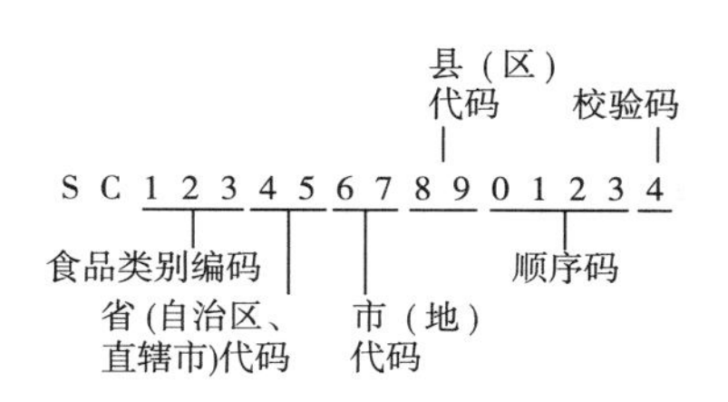

图 7－5　食品生产许可证编号及其意义

二、茶叶 SC 认证的发展

改革开放以来，我国食品工业快速发展，食品生产企业和食品数量不断增多，食品种类也不断丰富，人民生活水平日益提高，食品消费已从原来的“数量型”向“质量型”转变，人们对食品质量的要求越来越高。但当前我国食品工业的生产力总体水平不高，食品质量和产品档次偏低，食品合格率较低。鉴于此，国家质检总局于 2002 年 7 月 9 日下发《加强食品质量安全监督管理工作实施意见》的通知，正式公布在我国建立实施食品质量安全市场准入制度，将小麦粉、大米、食用植物油、酱油、醋这类与人民生活息息相关的食品率先纳入认证管理。2005 年 1 月，国家质检总局制定并发布了《食品质量安全市场准入审查通则》，将肉制品、乳制品、饮料、调味品糖、味精、方便食品、饼干、罐头、冷冻饮品、速冻面米食品、膨化食品这类食品纳入认证管理。

2004 年 9 月在北京召开的中国食品安全年会上宣布，我国将于 2005 年对全部大类食品包括茶叶全面实施认证管理。由此，我国的茶叶产业，尤其是茶叶加工业，开始进入由传统加工向现代食品加工转型的重大变革和发展阶段，茶叶 QS 认证也成为接下来 10 年茶叶质量安全认证和市场准入的基本制度和认证形式。

2015 年 10 月 1 日新《食品安全法》开始实施后，作为新《食品安全法》的配套规章，国家食品药品监督管理总局制定的《食品生产许可管理办法》也同步实施，《食品生产许可管理办法》实施后食品“QS”标志取消。新的食品生产许可证编号是字母“SC”加上 14 位阿拉伯数字组成，以满足消费者的识别和查询要求。

三、茶叶 SC 认证的程序

（一）茶叶 SC 认证的管理部门与机构

国家市场监督管理总局负责监督指导全国食品生产许可管理工作。县级以上地方市场监督管理部门负责本行政区域内的食品生产许可监督管理工作。

（二）茶叶 SC 认证的办理流程

茶叶 SC 认证办理流程如图 7－6 所示。

1. 申请与受理

（1） 申请者应具备的条件

①申请食品生产许可，应当先行取得营业执照等合法主体资格。企业法人、合伙

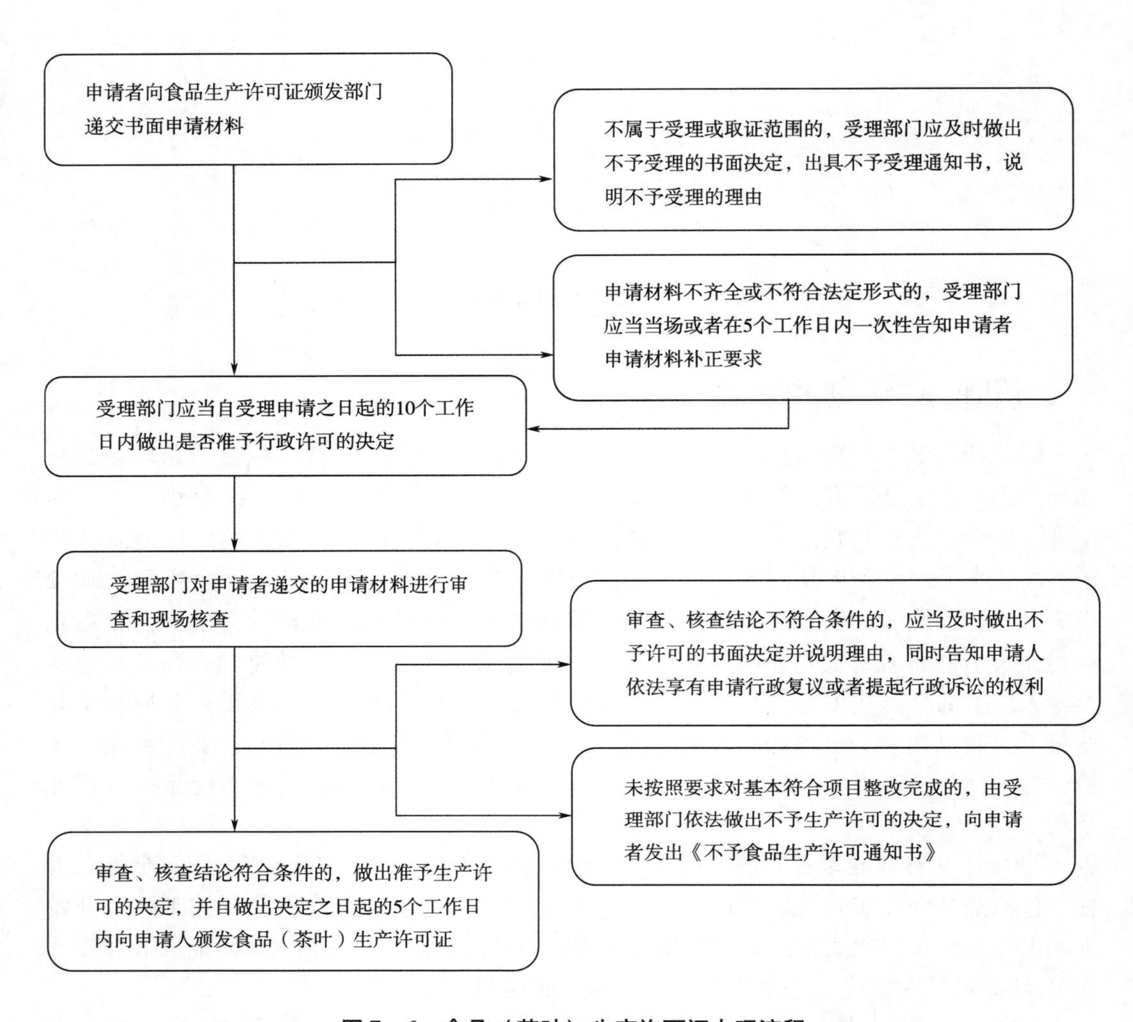

图7－6　食品（茶叶）生产许可证办理流程

企业、个人独资企业、个体工商户、农民专业合作组织等，以营业执照载明的主体作为申请人。

②申请食品生产许可，应当按照茶叶及相关制品的食品类别提出申请。国家市场监督管理总局可以根据监督管理工作需要对食品类别进行调整。

③申请食品生产许可，应当符合下列条件：

a. 具有与生产的食品品种、数量相适应的食品原料处理和食品加工、包装、贮存等场所，保持该场所环境整洁，并与有毒、有害场所以及其他污染源保持规定的距离。

b. 具有与生产的食品品种、数量相适应的生产设备或者设施，有相应的消毒、更衣、盥洗、采光、照明、通风、防腐、防尘、防蝇、防鼠、防虫、洗涤以及处理废水、存放垃圾和废弃物的设备或者设施；保健食品生产工艺有原料提取、纯化等前处理工序的，需要具备与生产的品种、数量相适应的原料前处理设备或者设施。

c. 有专职或者兼职的食品安全专业技术人员、食品安全管理人员和保证食品安全的规章制度。

d. 具有合理的设备布局和工艺流程，防止待加工食品与直接入口食品、原料与成品交叉污染，避免食品接触有毒物、不洁物。

e. 法律、法规规定的其他条件。

（2）申请材料

①申请食品生产许可，应当向申请人所在地县级以上地方市场监督管理部门提交下列材料：

a. 食品生产许可申请书。

b. 食品生产设备布局图和食品生产工艺流程图。

c. 食品生产主要设备、设施清单。

d. 专职或者兼职的食品安全专业技术人员、食品安全管理人员信息和食品安全管理制度。

②申请人应当如实向市场监督管理部门提交有关材料和反映真实情况，对申请材料的真实性负责，并在申请书等材料上签名或者盖章。

（3）受理意见

①县级以上地方市场监督管理部门对申请人提出的食品生产许可申请，应当根据下列情况分别做出处理：

a. 申请事项依法不需要取得食品生产许可的，应当即时告知申请人不受理。

b. 申请事项依法不属于市场监督管理部门职权范围的，应当即时做出不予受理的决定，并告知申请人向有关行政机关申请。

c. 申请材料存在可以当场更正的错误的，应当允许申请人当场更正，由申请人在更正处签名或者盖章，注明更正日期。

d. 申请材料不齐全或者不符合法定形式的，应当当场或者在5个工作日内一次告知申请人需要补正的全部内容。当场告知的，应当将申请材料退回申请人；在5个工作日内告知的，应当收取申请材料并出具收到申请材料的凭据。逾期不告知的，自收到申请材料之日起即为受理。

e. 申请材料齐全、符合法定形式，或者申请人按照要求提交全部补正材料的，应当受理食品生产许可申请。

②县级以上地方市场监督管理部门对申请人提出的申请决定予以受理的，应当出具受理通知书；决定不予受理的，应当出具不予受理通知书，说明不予受理的理由，并告知申请人依法享有申请行政复议或者提起行政诉讼的权利。

2. 审查与决定

（1）审查

①县级以上地方市场监督管理部门应当对申请人提交的申请材料进行审查。需要对申请材料的实质内容进行核实的，应当进行现场核查。

②市场监督管理部门开展食品生产许可现场核查时，应当按照申请材料进行核查。对首次申请许可或者增加食品类别的变更许可的，根据食品生产工艺流程等要求，核查试制食品的检验报告。试制食品检验可以由生产者自行检验，或者委托有资质的食

品检验机构检验。

③现场核查应当由食品安全监管人员进行，根据需要可以聘请专业技术人员作为核查人员参加现场核查。核查人员不得少于2人。核查人员应当出示有效证件，填写食品生产许可现场核查表，制作现场核查记录，经申请人核对无误后，由核查人员和申请人在核查表和记录上签名或者盖章。申请人拒绝签名或者盖章的，核查人员应当注明情况。

④市场监督管理部门可以委托下级市场监督管理部门，对受理的食品生产许可申请进行现场核查。特殊食品生产许可的现场核查原则上不得委托下级市场监督管理部门实施。

⑤核查人员应当自接受现场核查任务之日起5个工作日内，完成对生产场所的现场核查。

（2）决定

①除可以当场作出行政许可决定的外，县级以上地方市场监督管理部门应当自受理申请之日起10个工作日内做出是否准予行政许可的决定。因特殊原因需要延长期限的，经本行政机关负责人批准，可以延长5个工作日，并应当将延长期限的理由告知申请人。

②县级以上地方市场监督管理部门应当根据申请材料审查和现场核查等情况，对符合条件的，做出准予生产许可的决定，并自做出决定之日起5个工作日内向申请人颁发食品生产许可证；对不符合条件的，应当及时做出不予许可的书面决定并说明理由，同时告知申请人依法享有申请行政复议或者提起行政诉讼的权利。

③食品生产许可证发证日期为许可决定做出的日期，有效期为5年。

④县级以上地方市场监督管理部门认为食品生产许可申请涉及公共利益的重大事项，需要听证的，应当向社会公告并举行听证。

⑤食品生产许可直接涉及申请人与他人之间重大利益关系的，县级以上地方市场监督管理部门在做出行政许可决定前，应当告知申请人、利害关系人享有要求听证的权利。

⑥申请人、利害关系人在被告知听证权利之日起5个工作日内提出听证申请的，市场监督管理部门应当在20个工作日内组织听证。听证期限不计算在行政许可审查期限之内。

3. 许可证管理

（1）食品生产许可证分为正本、副本。正本、副本具有同等法律效力。

（2）国家市场监督管理总局负责制定食品生产许可证式样。省、自治区、直辖市市场监督管理部门负责本行政区域食品生产许可证的印制、发放等管理工作。

（3）食品生产许可证应当载明：生产者名称、社会信用代码、法定代表人（负责人）、住所、生产地址、食品类别、许可证编号、有效期、发证机关、发证日期和二维码。

（4）副本还应当载明食品明细。

（5）食品生产许可证编号由SC（“生产”的汉语拼音字母缩写）和14位阿拉伯数

字组成。数字从左至右依次为：3 位食品类别编码、2 位省（自治区、直辖市）代码、2 位市（地）代码、2 位县（区）代码、4 位顺序码、1 位校验码。

（6）食品生产者应当妥善保管食品生产许可证，不得伪造、涂改、倒卖、出租、出借、转让。

（7）食品生产者应当在生产场所的显著位置悬挂或者摆放食品生产许可证正本。

4. 监督检查

（1）县级以上地方市场监督管理部门应当依据法律法规规定的职责，对食品生产者的许可事项进行监督检查。

（2）县级以上地方市场监督管理部门应当建立食品许可管理信息平台，便于公民、法人和其他社会组织查询。

（3）县级以上地方市场监督管理部门应当将食品生产许可颁发、许可事项检查、日常监督检查、许可违法行为查处等情况记入食品生产者食品安全信用档案，并通过国家企业信用信息公示系统向社会公示；对有不良信用记录的食品生产者应当增加监督检查频次。

（4）县级以上地方市场监督管理部门及其工作人员履行食品生产许可管理职责，应当自觉接受食品生产者和社会监督。

（5）接到有关工作人员在食品生产许可管理过程中存在违法行为的举报，市场监督管理部门应当及时进行调查核实。情况属实的，应当立即纠正。

（6）县级以上地方市场监督管理部门应当建立食品生产许可档案管理制度，将办理食品生产许可的有关材料、发证情况及时归档。

（7）国家市场监督管理总局可以定期或者不定期组织对全国食品生产许可工作进行监督检查；省、自治区、直辖市市场监督管理部门可以定期或者不定期组织对本行政区域内的食品生产许可工作进行监督检查。

（8）未经申请人同意，行政机关及其工作人员、参加现场核查的人员不得披露申请人提交的商业秘密、未披露信息或者保密商务信息，法律另有规定或者涉及国家安全、重大社会公共利益的除外。

第四节　良好农业规范认证

一、茶叶良好农业规范概述

（一）良好农业规范的定义

良好农业规范（good agricultural practices，GAP），是一套主要针对初级农产品生产而设计的操作规范，是涵盖初级农产品生产加工全过程质量安全的控制体系，成为当前世界农产品质量管理的主导质量管理标准。

（二）茶叶 GAP 的一般内容

2006 年 3 月欧盟发布世界上第一个茶叶 GAP 标准，该标准遵循了 EurepGAP 的基本原则，内容涵盖了茶叶生产从种植到消费的全过程的质量控制，特别是生产管理中的记录保存、茶树保护、工人健康和安全环境保护等关键因素。标准中共列出243个控制点，其中一级控制点72个、二级控制点130个、三级控制点41个。

2008年4月我国首次颁布茶叶GAP标准GB/T 20014.12—2008《良好农业规范 第12部分：茶叶控制点与符合性规范》，标准要求茶叶生产加工各关键控制点的操作程序可追溯，建立茶叶产品质量可追溯体系，保证茶叶终端产品的食品质量安全。标准中列出总控制点数248个，其中一级控制点79个、二级控制点127个、三级控制点42个（表7－3）。

表7－3　GAP认证控制点级别划分原则

等级	级别内容
1级	基于危害分析与关键控制点和与食品安全直接相关的所有食品安全要求
2级	基于1级控制点要求的环境保护、员工福利的基本要求
3级	基于1级和2级控制点要求的环境保护、员工福利的持续改善措施要求

二、茶叶GAP认证的发展

随着国际农产品市场竞争日趋激烈，对农产品食品安全的要求也日益严格，加上生态环境的破坏以及人工管理的不规范引发了一些农业食品安全问题，使人类意识到缺少对农产品生产、加工过程的质量管理和控制，农产品食品安全就难以保障。1997年，欧洲零售商协会（EUREP）自发组织制定了一个包括对食品可追溯性、安全、环境保护、工人福利和动物福利等要求的符合性标，即后来的欧洲良好农业规范（EUREPGAP）。1998年美国食品与药物管理局（FDA）和美国农业部（USDA）首次提出了良好农业操作规范（GAP）的概念。随后，越来越多的国家认同了欧洲GAP标准。2000年5月，澳大利亚也提出编制GAP指导本国农业生产。2004年1月，欧共体发布了2004/882/EEC法规，其中建议出口到欧洲的食品除应遵守欧洲的法规外，还宜遵守一些私人标准。2007年9月，欧洲GAP委员会将欧洲GAP更名为全球GAP，并发布第三版。

2003年4月，中国认监委首次提出了要在食品链源头建立“良好农业规范”体系，2004年，国家食品药品监督管理局发布了第一批合格“认证证书”。同年，由国家认监委组织农业、检验检疫、认证认可行业等相关行业的专家进行中国良好农业规范标准的制定与编写，并于2005年11月通过审定。2005年12月31日，首批GB/T 20014.1～20014.11—2005《良好农业规范》公布了11个系列标准，从2006年5月1日起正式实施。

2006年3月欧盟发布茶叶GAP标准，该标准是欧洲GAP与荷兰SKAL国际认证公司合作完成。该标准也成为全球范围内茶叶生产、加工和贸易企业开展茶叶良好农业操作规范的主要参考准则。2007年3月，全球GAP标准改版，国家认监委又分别对《良好农业规范》第12部分《茶叶控制点与符合性规范》等17项国家标准逐条进行了审查修改，进一步完善了我国良好农业规范的国家标准。2008 年 2 月 1 日，国家标准化委员会发布了 GB/T 20014. 12—2008《良好农业规范　第 12 部分：茶叶控制点与符合性规范》，该标准于 2013 年 12 月 31 日更新为 GB/T 20014. 12—2013，并于 2014 年 6 月 22 日起实施。

三、茶叶 GAP 认证的程序

（一）茶叶 GAP 认证的管理部门与机构

《中华人民共和国认证认可条例》规定，良好农业规范认证机构应当依法设立，具有《中华人民共和国认证认可条例》规定的基本条件，通过国家认证认可监督管理委员会批准，具有符合中国合格评定国家认可委员会要求的良好农业规范认证的技术能力，方可从事 GAP 茶叶的认证。目前，我国有 16 家认证机构认可业务范围包含“GAP 认证 - 植物类”，GAP 茶叶认证机构主要有位于浙江省杭州市的杭州中农质量认证中心和位于北京市的农业部优质农产品开发服务中心等。

（二）茶叶 GAP 认证的程序

中国良好农业操作规范（ChinaGAP）认证程序一般包括认证申请和受理、检查准备与实施、合格评定和认证的批准、监督与管理这些主要流程。申请人向具有资质的认证机构提出认证申请后，应与认证机构签订认证合同获得认证机构授予的认证申请注册号码；检查人员通过现场检查和审核所适用的控制点的符合性，并完成检查报告；认证机构在完成对检查报告、文件化的纠正措施或跟踪评价结果评审后做出是否颁发证书的决定。

1. 认证申请和受理

（1）良好农业规范的认证申请人包括农业生产经营者和农业生产经营者组织。

（2）农业生产经营者可以是个人、独立农场、以租赁土地方式从事农业生产的公司或个人；是代表农场的自然人或法人，并对农场出售的产品负法律责任。

（3）农业生产经营者组织是农业生产经营者联合体，该农业生产经营者联合体具有合法的组织结构、内部程序和内部控制，所有注册成员按照良好农业规范的要求登记，并形成清单，其上说明了注册状况。农业生产经营者组织必须和每个农业生产经营者签署协议，并有一个承担最终责任的管理代表，如农村集体经济组织、农民专业合作经济组织、农业企业加农户组织。协议内容至少包括：明确加入和退出的程序，做出中止的规定，同意遵守中国良好农业规范对注册成员的要求。

（4）申请人可按照下列两种认证方式之一申请认证。

选项 1：农业生产经营者认证；选项 2：农业生产经营者组织认证。

（5）农业生产者如果想申请 GAP 认证，首先确定申请人是以单一的生产者身份申请还是以农业生产经营者组织的身份申请认证，从而确定认证选项。

（6）作为农业生产经营者组织申请认证，需要按照《良好农业规范认证实施规则》的相关要求建立质量管理体系，组织内部要有符合要求的内部审核员和内部检查员。

（7）组织的注册成员按照组织的质量管理体系统一运作，质量管理体系的内容涉及以下方面：管理和组织结构、组织和管理、人员能力和培训、质量手册、文件控制、记录、抱怨的处理、内部审核/内部检查、产品的可追溯性和隔离、罚则、认证产品的召回、认证标志的使用、分包方等 13 个方面的内容。

（8）注册成员的农事操作仍然要按照与认证产品相适应的良好农业规范的控制点及符合性规范的标准要求执行良好农业规范的相关标准。

（9）作为单一的生产经营者申请认证，不需要建立质量管理体系，只要农场的管理符合相关良好农业规范的控制点及符合性规范的标准要求即可。

（10）在确定申请人的认证选项后，认证的申请人需要向认证机构提出注册申请，需要在收获前进行申请注册。

（11）在认证前，需要提供 3 个月的记录来证实符合良好农业规范的相关要求。认证机构在接到注册申请后，会评估申请人的合法身份，决定是否受理申请。

（12）注册和受理必须在检查发生前完成。

2. 检查准备与实施

（1）对于生产经营者组织的认证检查，认证机构会对组织的质量管理体系实施审核，对组织的注册成员按照成员数量进行抽样检查，抽样的数量是注册成员数量的平方根。

（2）对于生产者的认证，满足相关控制点和符合性规范的要求即可获得证书。

（3）在认证检查过程中发现的不符合项，申请人需要在规定的期限内提供整改证据，只有整改证据在规定的期限得到认证机构的认可后，证书才能颁发。

（4）证书范围与产品的生产地点有关。

（5）非注册生产地点的产品不能认证；反之，在注册地点生产的非注册产品也不能认证。

（6）一旦有制裁，制裁适应于产品和地点。

（7）只有生产者才能申请产品认证。

3. 合格评定和认证的批准

（1）批准认证的条件　同时符合下列条件的，可批准颁发认证证书。

①申请人具有自然人或法人地位，并在认证过程中履行了应尽的责任和义务；

②产品经检测符合相应认证标准；

③经检查现场符合规定的要求；

④文件齐全；

⑤申请人缴纳了有关认证费用。

（2）中国 GAP 的证书分为一级证书和二级证书。

（3）一级认证要求符合适用良好农业规范相关技术规范中所有适用一级控制点的要求；至少符合所有适用良好农业规范相关技术规范中适用的二级控制点总数 95% 的要求。

（4）不设定三级控制点的最低符合百分比。

（5）二级认证要求应至少符合所有适用良好农业规范相关技术规范中适用的一级控制点总数 95% 的要求。

（6）凡能导致消费者、员工、动植物安全和环境严重危害的控制点必须符合要求。

（7）不设定二级控制点、三级控制点的最低符合百分比。

（8）认证机构根据发证数量的多少，会对通过认证的生产经营者进行不通知检查。

（9）对生产经营者组织的注册成员也进行抽样的不通知检查。

4. 监督与管理

（1）申请人在获得证书后，应保持证书的有效性，符合良好农业规范的相关要求。

（2）良好农业规范的证书有效期为一年，证书有效期截止日期之前，证书持有人应向认证机构提出再注册申请。

（3）认证机构接到申请后会在证书有效期前进行检查。

（4）在后续检查发现的不符合问题，认证机构可能会对申请人进行处罚，包括警告、证书暂停、证书撤销等。

（5）保持认证的条件　同时符合下列条件的，可继续持有认证证书：

①认证有效期之内，获证产品通过需要时进行的产品抽样检测（农场、仓库、市场），证明符合相应的标准；

②认证更改时，按《产品认证更改的条件和程序》的要求办理了相关手续；

③在认证有效期之内，没有违背《良好农业规范认证实施规则》处罚规定和《产品认证证书暂停、恢复、撤销、注销的条件和程序》的情况。

④申请人缴纳了有关认证费用。

四、茶叶 GAP 的相关标准

现行茶叶 GAP 的相关标准主要有如下几项。

（一）GB/T 20014. 12—2013 《良好农业规范　第 12 部分　茶叶控制点与符合性规范》

该标准规定了茶叶良好农业规范的要求，包括了茶树种植和茶叶初制加工的全过程控制。

（二）GB/T 20014. 1—2005 《良好农业规范　第 1 部分　术语》

该标准规定了良好农业规范控制点要求与符合性判定的通用术语和定义。

（三）NY/T 3168—2017 《茶叶良好农业规范》

该标准规定了茶叶生产的组织管理、质量安全管理、种植操作、鲜叶采收、茶叶加工、贮藏与运输等技术要求。

第五节　良好操作规范认证

一、茶叶良好操作规范认证概述

（一）良好操作规范的定义

良好操作规范（good manufacturing practices，GMP）是保证食品具有高度安全性的良好生产管理体系，其基本内容是从原料到成品全过程中各环节的卫生条件和操作规程。

(二) GMP 的一般内容

GMP 是一套适用于制药、食品等行业的强制性标准，要求企业从原料、人员、设施设备、生产过程、包装运输、质量控制等方面按国家有关法规达到卫生质量要求，形成一套可操作的作业规范帮助企业改善企业卫生环境，及时发现生产过程中存在的问题，加以改善。GMP 要求食品生产企业应具备良好的生产设备、合理的生产过程、完善的质量管理和严格的检测系统，确保最终产品质量（包括食品安全卫生）符合法规要求。GMP 所规定的内容，是食品加工企业必须达到的最基本的条件。

二、茶叶 GMP 认证的发展

食品 GMP 认证是从药品 GMP 认证发展起来的。美国于 1963 年制定、1964 年颁布了世界上第一部药品良好操作规范，实现了药品从原料开始直到成品出厂的全过程质量控制。1969 年美国食品与药物管理局制定了“食品良好生产工艺基本法”，从此开创了食品的新纪元。FAO/WHO CAC 也于 1969 年开始采纳 GMP，并研究、收集各种食品的作为国际规范推荐给各成员国。继美国之后，日本、加拿大、新加坡、德国、澳大利亚、中国台湾等都在积极推行食品 GMP 质量管理体系。我国食品企业质量管理规范的制定工作起步于 20 世纪 80 年代中期，从 1988 年起先后颁布了 19 个食品企业卫生规范，这些规范制定的指导思想与 GMP 的原则类似，自上述规范发布以来，我国食品企业的整体生产条件和管理水平有了较大幅度的提高，食品工业得到了长足发展，1998 年我国卫生部发布了 GB 17405—1998《保健食品良好生产规范》和 GB 17404—1998《膨化食品良好生产规范》，这是我国首批颁布的食品 GMP 标准，标志着我国食品企业管理向高层次发展。目前我国在医药行业也是强制执行 GMP，在茶叶行业则是自愿性。目前 CAC 共有 41 个 GMP，作为解决国际贸易争端的重要参考依据。

我国现行的与茶叶行业相关的 GMP，包括有原卫生部颁布的“国标 GMP”、原国家商检局颁布的“出口食品 GMP”和原农业部发布的 GMP。

三、茶叶 GMP 认证的程序

(一) 茶叶 GMP 认证的管理部门与机构

现今和茶叶行业密切相关的 GMP 认证是在茶叶出口企业推行的按照原国家质量监督检验检疫总局颁布的《出口食品生产企业卫生注册登记管理规定》，进行《出口食品生产企业卫生注册登记》。

(二) 茶叶 GMP 的认证程序

食品 GMP 认证工作程序包括申请受理、资料审查、现场勘验评审、产品抽验、认证公示、颁发证书、跟踪考核等步骤。食品企业 GMP 认证首先应递交申请书，申请书包括产品类别、名称、成分规格、包装形式、质量、性能，并附公司注册登记复印件、工厂厂房配置图、机械设备配置图、技术人员学历证书和培训证书等。申请认证主要是向所在地的直属检验检疫局提出申请，提出申请后认证方对提交的申请和文件进行审核，并到申请单位或企业现场评审，判定合格后再对审核合格企业发证，发证后统一监督管理。

四、茶叶 GMP 的相关标准

现行茶叶 GMP 的相关标准主要有如下几项。

（一）GB/T 23887—2009《食品包装容器及材料生产企业通用良好操作规范》

该标准规定了食品包装容器及材料生产企业的厂区环境、厂房和设施、设备、人员、生产加工过程和控制、卫生管理、质量管理、文件和记录、投诉处理和产品召回、产品信息和宣传引导等方面的基本要求。

（二）GB/T 27060—2006《合格评定　良好操作规范》

该标准规定了合格评定活动所有要素的良好操作规范，包括规范性文件、机构、制度和方案以及结果，旨在为希望提供、促进或使用合乎职业道德和可靠的合格评定服务的个人及机构使用，包括监管机构、贸易组织、校准实验室、检验实验室、检查机构、产品认证机构、管理体系认证机构、人员认证机构、认可机构、提供复合性生命的组织、合格评定制度和方案的设计者及管理者，以及合格评定结果的用户。

第六节　危害分析与关键控制点认证

一、茶叶危害分析与关键控制点认证概述

（一）危害分析与关键控制点的定义

危害分析和关键控制点（hazard analysis critical control point，HACCP）是用于对食品生产、加工过程进行安全风险识别、评价和控制的一种系统方法，是食品生产、加工过程中通过对关键控制点实行有效预防的措施和手段，有助于使食品的污染、危害因素降到最低程度。HACCP 体系以预防食品安全、降低食品危害为基础，其宗旨是将以产品检验为基础的控制观念转变为生产过程控制其潜在危害的预防性方法，是对生产过程中的每一个关键点都严格控制，以保证产品质量。

HACCP 方法强调以风险评估和预防为主，它通过安全风险评估和危害分析，预测和识别在食品的生产、加工、流通、食用和消费的全过程中，最可能出现的风险或出现问题将对人体产生较大危害的环节，找出关键控制点，采取必要有效的措施，减少病毒侵入食品生产链的机会，使食品安全卫生达到预期的要求。HACCP 方法应用于食品产出到食品生产的全过程，是防止食品危害和食品污染的一种控制方法。

（二）HACCP 体系应用于茶叶生产的方法原则

1. 分析危害并提出预防措施

分析并确定茶叶生产、加工、贮运和销售全过程可能会发生的生物、化学和物理性质的危害，提出预防和控制这些危害的措施。

2. 确定关键控制点

基于危害分析确立能够危害茶叶质量的关键控制点。

3. 建立和确定关键控制点的临界值

每个关键控制点需要确定，并设置会对茶叶质量产生危害的安全临界值。

4. 建立监控关键控制点的体系

建立能够有效监控全过程、各环节关键控制点的技术体系。

5. 确定纠正偏差的措施

分析并建立预防、保护和控制的措施和计划，当监测到的关键控制点数值超过临界值，能够恢复或纠正偏离的关键控制点临界值。

6. 建立记录保存程序保存记录

要把与茶叶 HACCP 相关的数值变化、控制措施等信息和数据完整地记录保存。

7. 建立验证程序

建立技术过程系统以验证 HACCP 系统的正确运行。

二、茶叶 HACCP 认证的发展

HACCP 起源于 20 世纪 60 年代初，是美国为解决太空作业宇航员的食品安全问题而由 Pillsbury 公司首创发展起来的一种质量控制体系。随着全球范围内食品安全事件的频繁出现，越来越多权威人士和研究人员注重食品生产销售过程的质量安全控制，特别是食品生产加工过程可能引发的质量安全危害因素研究与控制，而 HACCP 质量管理体系正是顺应这些趋势和要求而发展起来的。1995 年，欧盟规定所有进口海产品都必须在 HACCP 体系下生产。目前，发达国家的很多食品生产企业中 HACCP 是以法规形式存在，如美国、澳大利亚和加拿大等。我国在 20 世纪 90 年代出现了食品出口贸易的快速发展，农业部于 1996 年发起在水产品行业实行 HACCP 培训活动。从 2003 年开始，国家质监总局在《食品生产加工企业质量安全监督管理办法》第十五条中规定食品生产加工企业应当在生产的全过程建立健全企业质量管理体系，获取 HACCP 认证。HACCP 系统被政府引入以来，食品安全性得到了提高。

目前 HACCP 方法已被应用于我国各类茶叶以及茶饮料的生产加工中，提高了茶叶生产管理水平，保证了茶叶的卫生安全质量，取得了较好的应用效果。

三、茶叶 HACCP 认证的程序

（一）茶叶 HACCP 认证的管理部门与机构

HACCP 认证不仅可以为企业生产的茶叶质量安全控制水平提供有力佐证，而且将促进茶叶企业 HACCP 体系的持续改善，尤其将有效提高顾客对企业茶叶质量安全控制的信任水平。在国际贸易中，越来越多的进口国官方或客户要求供方企业建立 HACCP 体系并提供相关认证证书，否则产品将不被接受。

在我国，认证认可工作由国家认证认可监督管理委员会统一管理，其下属机构中国合格评定国家认可委员会（CNAS）负责 HACCP 认证机构认可工作的实施，也就是说，企业应该选择经过中国合格评定国家认可委员会认可的认证机构从事 HACCP 的认证工作。

（二）茶叶 HACCP 认证的认定程序

HACCP 认证流程如图 7 –7 所示。

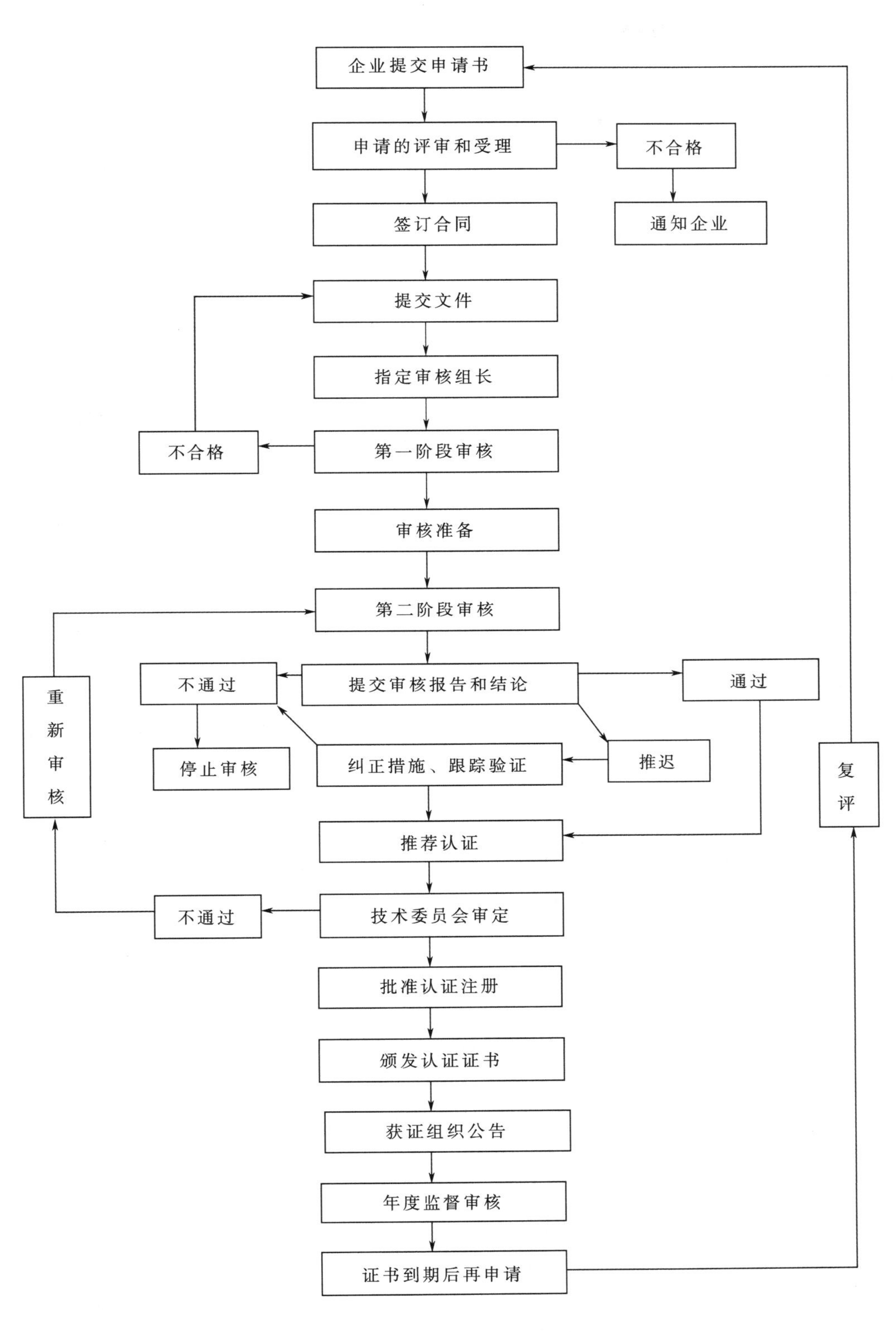

图7－7 HACCP认证流程

HACCP 体系认证通常分为四个阶段，即企业申请阶段、认证审核阶段、证书保持阶段、复审换证阶段。

1. 企业申请阶段

（1）企业申请 HACCP 认证必须注意选择经国家认可的、具备资格和资深专业背景的第三方认证机构，这样才能确保认证的权威性及证书效力，确保认证结果与产品消费国官方验证体系相衔接。

（2）认证机构将对申请方提供的认证申请书、文件资料、双方约定的审核依据等内容进行评估。

（3）认证机构将根据自身专业资源及中国认证机构国家认可委员会（CNAB）授权的审核业务范围决定受理企业的申请，并与申请方签署认证合同。

（4）在认证机构受理企业申请后，申请企业应提交与 HACCP 体系相关的程序文件和资料，申请企业还应声明已充分运行了 HACCP 体系。

（5）认证机构对企业提供和传授的所有资料和信息负有保密责任。

（6）认证费将根据企业规模、认证产品的品种、工艺、安全风险及审核所需人员和天数，按照中国认证机构国家认可委员会制定的标准计费。

2. 认证审核阶段

（1）认证机构受理申请后将确定审核小组，并按照拟定的审核计划对申请方的 HACCP 体系进行初访和审核。

（2）审核小组通常会包括熟悉审核产品生产的专业审核员，专业审核员是那些具有特定食品生产加工方面背景并从事以 HACCP 为基础的食品安全体系认证的审核员。

（3）必要时审核小组还会聘请技术专家对审核过程提供技术指导。

（4）申请方聘请的食品安全顾问可以作为观察员参加审核过程，HACCP 体系的审核过程通常分为两个阶段。

（5）第一阶段是进行文件审核，包括卫生操作标准程序（SSOP）计划、GMP 程序、员工培训计划、设备保养计划 HACCP 计划等。这一阶段的评审一般需要在申请方的现场进行，以便审核组收集更多的必要信息。审核小组将听取申请方有关信息的反馈，并与申请方就第二阶段的审核细节达成一致。

（6）第二阶段审核必须在审核方的现场进行，审核组将主要评价 HACCP 体系、GMP 或 SSOP 的适宜性、符合性、有效性。

（7）现场审核结束，审核小组将最终审核结果提交认证机构做出认证决定，认证机构将向申请人颁发认证证书。

3. 证书保持阶段

（1）HACCP 是一个安全控制体系，因此其认证证书有效期通常最多为一年，获证企业应在证书有效期内保证 HACCP 体系的持续运行，同时必须接受认证机构至少每半年一次的监督审核。

（2）如果获证方在证书有效期内对其以 HACCP 为基础的食品安全体系进行了重大更改，应通知认证机构，认证机构将视情况增加监督认证频次或安排复审。

4. 复审换证阶段

（1）认证机构将在获证企业 HACCP 证书有效期结束前安排体系的复审，通过复审认证机构将向获证企业换发新的认证证书。

（2）根据法规及顾客的要求，在证书有效期内，获证方还可能接受官方及顾客对 HACCP 体系的验证。

四、茶叶 HACCP 的相关标准

现行茶叶 HACCP 相关标准主要有如下几项。

（一）GB/T 27341—2009《危害分析与关键控制点（HACCP）体系 食品生产企业通用要求》

该标准规定了食品生产企业危害分析与关键控制点（HACCP）体系的通用要求，使其有能力提供符合法律法规和顾客要求的安全食品。

（二）GB/T 19538—2004《危害分析与关键控制点（HACCP）体系及其应用指南》

该标准给出了危害分析与关键控制点（HACCP）体系的原理及其应用的通用指南。

五、茶叶企业 HACCP 管理关键技术

随着食品安全意识的日益提升，消费者核对茶叶质量安全越来越关注，生产质量安全茶叶成为茶产业的普遍和基本要求。将 HACCP 管理理念应用于茶叶生产加工中，通过识别茶叶生产加工过程中可能发生的危害环节，采取相应的控制措施防止危害发生，从而避免或者减低危害发生的概率，有利于确保茶叶在生产、加工、储运和销售过程中的卫生质量安全。

茶叶企业开展 HACCP 应用，需按照以下步骤进行。

（一）成立 HACCP 实施小组

筛选确定合格人员组成 HACCP 小组，小组成员应具备食品安全专业知识，对茶叶生产、加工、包装、贮藏、运输、销售、品饮等全过程有深入的了解，掌握 HACCP 的基本原理和实施方法，分工明确，制订工作计划。

（二）产品描述

主要涉及茶园投入品、茶叶初加工、茶叶精制关键控制点，具体可参见表 7－4～表 7－6。

表 7－4 茶园投入品关键控制点

序号	投入品	潜在危害	显著性	是否关键控制点	危害判断	预防措施
1	农药	化学性：农药残留	是	是	可能因选用农药不合理或施用方式不当导致农药残留	选用抗病虫品种、加强栽培管理等措施，提高茶树自身的抗逆能力；采用物理防治、农业防治、生物防治等绿色综合防治措施，化学农药选用生物源、植物源、矿物源农药

续表

序号	投入品	潜在危害	显著性	是否关键控制点	危害判断	预防措施
2	化肥	化学性：重金属，硝酸盐	否	是	可能因选用肥料不合理或施用方式不当导致重金属超标	应当摒弃使用城市垃圾、污水污泥，不使用未经腐熟的人粪尿和禽畜粪肥。施肥时还应避免氮的过量使用造成对环境的污染，应制定氮素营养管理计划，根据土壤和茶叶生产状况计算合理的氮素用量
3	灌溉水	杂质	否	是	可能因浇灌用水水质不达标、茶园环境污染、土壤污染等导致农药和重金属残留	水质应当达到国家农田灌溉水质标准的要求；对茶园土壤、水、空气进行检测

表7-5　　茶叶初加工关键控制点

序号	工艺程序	潜在危害	显著性	是否关键控制点	危害判断	预防措施
1	鲜叶	化学性：农药残留，重金属残留	是	是	鲜叶采收、运输、贮存不当，可能携带和产生细菌、真菌类致病菌	要求鲜叶原料生产基地通过相关认证，必要时对原料进行检验；对鲜叶进行人工目测检测；按GMP和SSOP规范操作程序操作
		物理性：非茶类夹杂物	是			
		生物性：致病菌类和螨类、真菌毒素等微生物	是			
2	萎凋	物理性：非茶类夹杂物	否	否	鲜叶萎凋操作不当可能导致病菌滋生；萎凋机具不合格，产生金属碎片、竹木碎片等机具脱落物质	萎凋器具洁净无污染，萎凋机具定期维护更换，萎凋操作卫生清洁；后续杀青和干燥工艺可以杀灭菌类等微生物；按GMP和SSOP规范操作程序操作
		生物性：致病菌类和螨类、真菌毒素等微生物	是			
3	杀青	物理性：金属杂质	否	是	杀青设备机具不合格磨损产生金属碎片	使用合格材质的茶叶杀青机具；要求茶机供应商提供相关证明文件；杀青机具定期维护和更换

续表

序号	工艺程序	潜在危害	显著性	是否关键控制点	危害判断	预防措施
4	造型	生物性：细菌、真菌等微生物	是	否	造型时间和温度等工艺操作控制不当可能产生致病菌类微生物；造型设备机具不合格可能产生金属碎片等杂质	使用合格材质的茶叶揉捻机具，要求茶机供应商提供相关证明文件，造型设备机具定期维护和更换；按 GMP 和 SSOP 规范操作程序操作
		物理性：重金属	否			
5	做青、发酵、渥堆、闷黄	生物性：致病菌类和螨类、真菌毒素等微生物	是	是	做青、发酵、渥堆、闷黄操作不当可能导致病菌滋生；使用机具不合格产生金属碎片、竹木碎片、棉布碎末等机具脱落物质	工艺环境清洁干净、卫生质量符合要求；使用器具洁净无污染并定期维护更换；后续杀青和干燥工艺可以杀灭菌类等微生物；按 GMP 和 SSOP 规范操作程序操作
		物理性：非茶类夹杂物	否			
6	干燥	生物性：细菌、真菌等微生物	是	是	干燥时间和温度等控制不当可能产生致病菌类微生物；干燥设备机具不合格可能产生金属和竹木碎片等杂质	控制时间和温度；使用器具洁净无污染并定期维护更换
		物理性：金属杂质	否			
7	包装、贮运	生物性：细菌、真菌等微生物	是	是	包装材料选择不当可能对茶叶产生化学污染；贮藏、运输环境卫生质量不达标可能导致茶叶产生致病菌类或混入非茶类夹杂物杂质	按 GMP 和 SSOP 规范操作程序操作；选择质量符合要求的包装材料，建立有效的包装操作规范程序，避免交叉污染和异物残留
		化学性：化学污染物	否			
		物理性：非茶类夹杂物	否			

表 7－6　　茶叶精制关键控制点

序号	工艺程序	潜在危害	显著性	关键控制点	预防措施
1	毛茶验收	化学性：农药残留、重金属残留 物理性：杂质	是	是	要求鲜叶原料生产基地通过相关认证，必要时对原料进行抽检；对原料进行人工目测检查
2	筛分、切断	生物性：微生物	是		按 GMP 和 SSOP 规范操作程序操作
3	风选	生物性：微生物	是		按 GMP 和 SSOP 规范操作程序操作
4	拣梗	生物性：微生物	是		按 GMP 和 SSOP 规范操作程序操作

续表

序号	工艺程序	潜在危害	显著性	关键控制点	预防措施
5	去磁	物理性：铁质杂质	是	是	安装去磁装置
6	拼配包装	生物性：微生物	是		按 GMP 和 SSOP 规范操作程序操作
7	检验	化学性：农药残留、重金属残留、添加物 生物性：微生物	是	是	装运前检验

第七节　国际标准化组织质量管理体系认证

一、国际标准化组织质量管理体系认证概述

国际标准化组织（international organization for standardization，ISO）是世界上规模最大、认可度最高的标准化组织。ISO 组织已制定发布各类国际标准近万项，其中涉及质量管理体系认证的标准主要是 ISO 9000 系列标准。

（一）ISO 9000 系列标准

ISO 9000 指的是《质量管理和质量保证》系列标准，又称 ISO 9000 族系列标准，该系列标准是质量管理和质量保证标注中的主体标准，共包括“标准选用、质量保证和质量管理”三类五项标准（表 7 -7）。

表 7 -7　　ISO 9000 系列标准信息

序号	标准名称	标准主要内容
1	ISO 9000 质量管理和质量保证标准	主要内容是质量管理体系通用的要求和指南
2	ISO 9001 质量体系	主要内容是从开发设计、生产、安装直到售后服务全过程的质量保证模式
3	ISO 9002 质量体系	主要内容是从生产到安装阶段的质量保证模式
4	ISO 9003 质量体系	主要内容是最终检验和试验的质量保证模式
5	ISO 9004 质量管理和质量体系要素	主要内容是为企业按自身的需要建立质量管理体系提供指南的管理标准

五项标准中，ISO 9001、ISO 9002、ISO 9003 是企业要向顾客证明自己的质量保证体系，以使顾客对企业的质量能力建立信任的外部质量保证要求的标准，从质量保证水平上看，ISO 9001 要求最高，其次为 ISO 9002、ISO 9003。ISO 9001 不是指一个标准，而是一类标准的统称，是由 TC176（指质量管理体系技术委员会）制定的所有国际标准，是 ISO 12000 多个标准中最畅销、最普遍的产品。

（二）ISO 9001 的一般特征

ISO 9001 是由全球第一个质量管理体系标准 BS 5750（BSI 撰写）转化而来的，

ISO 9001 是迄今为止世界上最成熟的质量框架，全球有 161 个国家或地区超过 75 万家组织正在使用这一框架。ISO 9001 不仅为质量管理体系，也为总体管理体系设立了标准。它帮助各类组织通过客户满意度的改进、员工积极性的提升以及持续改进来获得成功。

ISO 9001 质量管理体系适合希望改进运营和管理方式的任何组织，不论其规模或所属部门如何。此外，ISO 9001 可以与其他管理系统标准和规范（如 OHSAS 18001 职业健康安全管理体系和 ISO 14001 环境管理体系）兼容。它们可以通过“整合管理”进行无缝整合。它们具有许多共同的原则，因此选择整合的管理体系可以带来极大的经济效益。

二、ISO 认证的发展

（一）茶叶 ISO 质量管理体系的发展历史

质量管理体系最先源于 1979 年英国标准化研究所发表的质量管理系统 BS5750。随着后续发展 1987 年国际标准化组织质量管理和质量保证标准技术委员会（ISO/TC176）正式发布 ISO 9000 系列的标准，包括 20 个要素和 16 项标准，同时英国标准化研究所也发布了与 ISO 9000 系列相同的 BS5750 修订版。目前全球已有相当一部分国家已经将其标准转化为本国标准并开展质量体系认证，建立了质量保证体系认证机构国家认可制度。20 世纪 80 年代，我国企业从传统的质量管理阶段，跨越过统计质量控制阶段直接进入到全面的质量管理阶段，1988 年，我国标准化行政主管部门按照等效采用国际标准的指导思想，参考 1987 年版的 ISO 9000 系列标准，制定发布了 GB/T 10300—1988《质量和质量保证》系列标准，并授权有关机构开始对企业开展标准宣贯试点工作。我国 1989 年组织成立了全国质量管理和质量保证标准化技术委员会（国家标准化管理委员会前身），并于 1992 年 10 月发布了等同采用 ISO 9000 标准的 GB/T 19000—1992《质量管理和质量保证》标准，2000 年又根据加入 WTO 的新形势需要，发布了修订后的质量管理和质量保证系列标准，使之更好地与国际标准接轨。

（二）茶叶企业实施 ISO 9000 系列认证的目的和意义

1. 促进茶叶企业相关制度的完善，大力提高管理水平

目前我国茶叶企业普遍存在的管理问题是整体管理水平不高、管理制度不够规范、管理方法不够先进。ISO 9000 系列认证是以过程为基础的质量管理体系，实施该认证有利于茶叶企业建立和实施科学的管理体系、完善管理制度，提高管理效率。

2. 加快茶叶企业接轨国际市场，拓展贸易领域

随着我国茶业在国际贸易领域的日渐深入和扩大，茶叶企业面临的市场竞争也更加激烈，在获得机遇的同时也面临着严峻的挑战。为了更好地适应国际市场，必须提高企业管理的科学化、先进化水平，ISO 9000 系列质量管理体系标准是目前世界上应用最多、认可度最高的质量管理体系模式，通过 ISO 9000 族质量管理体系将极大地提高茶叶企业的知名度，也有利于促进我国茶叶企业更好地融入世界贸易市场，拓展国际贸易领域。

3. 强化企业质量管理，保障和提高茶叶产品质量

ISO 9000 系列质量管理体系迎合当前质量管理的要求，该体系的重点就是质量管理和质量保证，所有工作开展的前提是最终提供符合顾客要求的产品和服务。产品质量是茶叶企业生存和持续发展的根本，以过程为基础的 ISO 9000 系列质量管理体系能很好地保证茶叶产品质量。

三、ISO 9000 认证的程序

（一）茶叶企业实行 ISO 9000 认证的管理部门、 机构及条件

根据茶叶企业自身条件，目前实施 ISO 9000 系列质量管理体系认证主要是向国家正规的质量认证机构或中心申请认证，在专业人员的协助下完成相关工作。

茶叶企业申请产品质量认证必须具备四个基本条件。

（1）中国企业持有工商行政管理部门颁发的“企业法人营业执照”；外国企业持有有关部门机构的登记注册证明。

（2）产品质量稳定，能正常批量生产。质量稳定指的是产品在一年以上连续抽查合格。小批量生产的产品，不能代表产品质量的稳定情况，必须正式成批生产产品的企业，才能有资格申请认证。

（3）产品符合国家标准、行业标准及其补充技术要求，或符合国务院标准化行政主管部门确认的标准。这里所说的标准是指具有国际水平的国家标准或行业标准。产品是否符合标准需由国家质量技术监督局确认和批准的检验机构进行抽样予以证明。

（4）生产企业建立的质量体系符合 GB/T 19000—ISO 9000 族中质量保证标准的要求。建立适用的质量标准体系（一般选定 ISO 9002 来建立质量体系），并使其有效运行。

具备以上四个条件，企业即可向国家认证机构申请认证。

（二）茶叶企业实行 ISO 认证的程序

1. 认证前的准备

茶叶企业进行认证要根据自身的具体情况，按照认证的要求进行规划，做好认证前的准备工作，具体应包括建立质量管理体系的总体规划员工知识培训及内审员培训组织人员编写《质量手册》和《程序文件》，组织按编写文件要求运行，并作内部质量审核进行管理评审。

在准备阶段企业应该考虑如何选择申请产品认证或质量体系认证、如何选择国内或国外的认证机构，以及如何选择咨询机构。

2. ISO 9000 系列体系认证的实施

（1）提出申请　企业按照规定的内容和格式向体系认证机构提出申请，并提交质量手册和其他必要的信息。

（2）体系审核　体系认证机构指派审核组对申请企业进行文件审核和现场审核。

（3）审批发证　体系认证机构审查审核组提交审核报告，对符合规定要求的企业批准认证，向申请者颁发体系认证证书，证书有效期三年，对不符合规定要求的亦应书面通知申请者。体系认证机构应公布证书持有者的注册名录，其内容应包括注册的

质量保证标准的编号及其年代号和所覆盖的产品范围。

（4）监督管理　企业在获得认证证书后还要对体系进行监督管理，包括标志的使用监督审核及监督后的处置等内容。

思考题

1. A 级绿色食品（茶叶）和 AA 级绿色食品（茶叶）有何异同？
2. 什么是有机茶？有机茶的主要生产要求有哪些？
3. 有机茶认证的主要程序是什么？
4. HACCP 认证应用于茶叶生产的方法和原则各是什么？
5. 茶叶企业实施 ISO 认证的目的和意义有哪些？

参考文献

［1］WANG Z，MAO Y，GALE F. Chinese consumer demand for food safety attributes in milk products［J］. Food Policy，2008，33：27－36.

［2］傅尚文. 中国有机茶发展现状与思考［J］. 茶博览，2018（4）：52－57.

［3］赖笔进. 实施 QS 认证的要求与应对措施［J］. 福建茶叶，2007（增刊 1）：35－36.

［4］罗理勇. 茶叶质量安全认证现状及发展研究［D］. 长沙：湖南农业大学，2007.

［5］吕帆，吴春梅. 茶产业 QS 认证制度的实施与改进［J］. 安徽农业科学，2009，37（21）：10215－10216；10222.

［6］唐小林. 实施 GAP 促进我国茶叶发展［J］. 中国茶叶加工，2006（4）：10－12.

［7］王秋霜，凌彩金，柯乐芹，等. HACCP 管理体系在茶叶质量控制中的应用现状［J］. 广东农业科学，2010（2）：198－200.

［8］郑文佳，岑忠福，贺伯果. 浅谈当前茶叶企业实施 ISO 9000 及其认证工作的具体方法［J］. 贵州茶叶，2003，113（1）：25－27.

［9］郑文佳，舒腾忠. 茶叶企业与 ISO 9000 漫谈［J］. 贵州茶叶，2002，112（4）：37－39.

第八章　茶叶质量安全监测与风险评估

茶叶质量安全属于食品质量安全范畴，它不仅仅是生产者与消费者之间的问题，还关系到人民的身体健康和国家、企业和生产经营者的声誉，同时也反映出一个国家科学生产和技术进步的水平。在食品安全问题频发的敏感时期，茶叶的质量安全问题受到中国民众的高度关注。近年来，随着全球茶叶市场对规模化、健康型等方面的要求，发达国家对我国茶叶的“设限”速度不断加快。农药残留超标成为制约我国茶叶出口、影响茶业持续发展的主要障碍。导致我国茶叶产品出现质量问题的原因非常复杂，其中之一是茶叶质量安全监督体系的不完善。茶叶质量安全监测是一项长期而复杂的工作，涉及茶叶产地、种植、采摘、加工、流通等各个环节。因此，有效地对茶叶的质量与安全进行监管，建立高效率、高通量、高选择性和高灵敏度的检测技术尤为重要。

茶叶质量安全对促进茶业的可持续发展，提高茶叶企业竞争力和出口创汇能力，满足人们日益增长的对茶叶营养与保健功能的消费需求，促进茶叶清洁化生产技术水平的提高和茶业的转型升级具有重要意义。为保障茶叶产品的安全，农业和食药部门发挥政府职能，全方位进行了质量安全监管，取得良好的效果；当前茶叶科研部门也正在不断研究新技术，减少化学农药和化肥的使用，保障茶叶产品安全及环境安全。

第一节　茶叶质量安全监测

1996 年，世界卫生组织提出“食品安全”的概念，强调农产品从田间到餐桌的整个过程不能对消费者的身体健康造成损害。就茶叶行业而言，茶叶质量安全是指茶叶产品的质量状况对于饮用者的健康和安全有所保障，在规定的使用方式与用量条件下长期食用也不会对饮用者造成不良影响，在我国，这一概念几乎等同于“无公害茶叶”。1999 年，我国首次提出有别于常规茶叶的“无公害茶叶”的概念及其要求，内容包括有机茶、绿色食品茶和无公害茶三种。经历了从茶园到茶杯的过程，茶叶产品在产地、生产、加工、包装、贮存、运输和销售等每一个过程中都可能存在安全隐患。目前，影响我国茶叶安全质量的主要因素包括农药残留、有害重金属、有害微生物及其毒素残留、非茶类夹杂物四种，如果没有严格而缜密的监管体系，那么将很容易在一个或多个环节上出现问题，影响产品的质量安全。良好、规范的监测是提高产品质量安全的有效途径，因此要重视产地环境建设，强化对源头的监管；重视茶园产地环境建设，加强对环境的监测；加强对投入品的监管，做好源头整治；茶区投入物要实行准入制，禁止一切不合格的生产资料用于茶叶生产；政府执法部门要重点对茶叶生产资料销售点进行监督，可试行茶叶生产资料销售许可制；严格茶叶生产与加工过程中农药、化肥和添加剂等投入品的供应和管理，实现服务与监控相结合的投入品一体化管理制度，确保茶叶质量安全。此外，国家、省级政府管理部门要加大监测力度，每年对全国和各省进行茶叶质量普查或抽查，确保茶叶质量安全。

一、茶叶质量安全监管体系

各国茶叶质量安全监管体系，主要有多元体系、综合体系和单一体系三种类型。

多元体系是指由多个部门负责的茶叶控制体系。一般来说，发展中国家多采用这种监管体制。我国也是采用的这种模式。

综合体系由一个部门负责制定政策、标准和法规，开展风险评估、协调指导和监督，由其他部门组织实施。这种体系可以明确管理主体的分工，使得茶叶质量安全监管活动有序地进行。

单一体系将所有责任都合并到单一茶叶安全机构，这种管理模式的优势在于彻底解决了部门分割和部门协调问题，职责管理机构清晰、权责明晰，不存在责任推诿现象。

（一）茶叶质量安全管理机构

1. 我国政府管理机构

我国农业农村部是保障茶叶质量安全的一个重要管理部门，其主要职能：拟定茶叶技术标准并组织实施；组织实施对安全茶叶的质量监督、认证；组织协调种子、农药等投入品质量的监测、鉴定和执法监督管理。因此，农业农村部在茶叶质量安全领域的作用就主要表现在管理茶叶种植中农药、化肥等的使用情况，推动实施良好农业规范，保证茶叶在种植、加工和销售过程中的安全。2003 年 4 月，原农业部成立了农产品质量安全中心，无公害茶叶的认证就由此中心承担。此外，为推动绿色食品茶、有机茶发展，农业农村部还加强了对茶叶质量安全检验检测体系的建设。

国家市场监督管理总局食品生产安全监督管理司分析掌握生产领域茶叶安全形势，拟订茶叶生产监督管理和茶叶生产者落实主体责任的制度措施并组织实施；组织开展茶叶生产企业监督检查，组织查处相关重大违法行为；指导企业建立健全茶叶安全可追溯体系。

国家市场监督管理总局食品安全抽检监测司拟订全国茶叶安全监督抽检计划并组织实施，定期公布相关信息；督促指导不合格茶叶核查、处置、召回；组织开展茶叶安全评价性抽检、风险预警和风险交流；参与制定茶叶安全标准、茶叶安全风险监测计划，承担风险监测工作，组织排查风险隐患。

国家卫生健康委员会组织拟订茶叶安全国家标准，开展茶叶安全风险监测、评估和交流，承担新食品原料、食品添加剂新品种、食品相关产品新品种的安全性审查。

2. 国外政府管理机构

在当代消费倾向的推动下，人们茶叶消费的质量安全控制从成品延伸到鲜叶原料，产品源头管理越来越受到重视。通常国外在解决各种经济与社会问题时，使用最多的是法律手段、经济手段，很少使用行政手段，但是在对待茶叶安全问题上，他们都使用了非常严厉的行政手段来进行管理，如各国政府为确保茶叶安全，按照管理机构集中化程度，将相当一批职权集中于农业行政主管部门。

3. 国际组织

在与茶叶质量安全相关的国际组织中，比较具有影响的有：

（1）国际标准化组织　这是世界上最大并且最有影响的负责茶叶标准制定的国际机构，它所制定的标准基本上被世界大多数国家采用，是国际贸易中所依据的主要标准。在国际标准化组织的224个技术委员会中，与茶叶标准制定有关的是TC34食品，下设TC34/SC8：茶叶分技术委员会。

（2）联合国粮农组织茶叶协商小组（FAO Tea Consultation Group）　它是一个协调世界茶叶生产、促进茶叶消费、稳定茶价的国际性茶叶协商性组织。

（3）国际茶叶委员会（The International Tea Committee）　这是世界主要茶叶生产国最早成立的原料生产和输出国组织。其主要工作是加强成员国之间的联系和合作，收集和公布世界范围及地区性的有关茶叶生产、出口、进口、价格和库存的统计资料等。成员包括印度、印度尼西亚、肯尼亚、马拉维、莫桑比克、孟加拉国、斯里兰卡7个茶叶出口国和加拿大、澳大利亚、比利时、丹麦、法国、德国、爱尔兰、意大利、卢森堡、荷兰、英国11个茶叶进口国。

（4）欧洲茶叶委员会（European Tea Association）　这是欧洲共同体组织国家建立的一个半官方、半民间的跨国组织，除了协调欧共体国家的茶叶质量指标（如咖啡碱、水分含量、灰分、茶红素、茶黄素等）和卫生指标（农药残留、重金属含量等）进行分析检验，该组织还制订茶叶中的各种标准和各种农药的最高残留限量。

（5）澳新食品标准局（FSANZ）　这是澳大利亚、新西兰两国的一个独立的、非政府部门的机构，主要是制定食品标准、标签和成分，包括各种物质成分的含量。这些标准适用于所有在澳、新境内生产、加工、出售以及进口的食品（包括进口茶叶）。澳新食品标准局在确保茶叶质量安全上的主要工作是：提出新的茶叶标准，对原有的技术标准做出修订和补充，然后报部长联席会议（ANZFR）批准。部长联席会议的组成人员包括澳联邦政府和新西兰的卫生部长、各州和领地的高级政府官员，而澳新食品标准局作为观察员参加会议，部长会议将对澳新食品标准局的提议做出重审、修改、实施或否决的决定。

（二）其他监管机构

其他监管主要是指社会监管与公众监管。社会监管在监管中占有重要的地位，当今社会是社会监管和政府监管共同进行管理的模式，政府监管起到主导作用，社会监管指的是消费者、新闻媒体、社会团体的监管。在食品监管中政府监管和社会监管是需要并行的。创建科学完整的社会监管体制需要注重两点，即参与主体和参与方式，其中参与主体主要有个人、社会组织和新闻媒体。

我国《食品安全法》对社会监管做了相关规定，具体条文如下："食品行业协会应当加强行业自律，按照章程建立健全行业规范和奖惩机制，提供食品安全信息、技术等服务，引导和督促食品生产经营者依法生产经营，推动行业诚信建设，宣传、普及食品安全知识。消费者协会和其他消费者组织对违反本法规定，损害消费者合法权益的行为，依法进行社会监督。""鼓励社会组织、基层群众性自治组织、食品生产经营者开展食品安全法律、法规以及食品安全标准和知识的普及工作，倡导健康的饮食方式，增强消费者食品安全意识和自我保护能力。新闻媒体应当开展食品安全法律、法规以及食品安全标准和知识的公益宣传，并对食品安全违法行为进行舆论监督。""国家鼓励和支持开展与食品安全有关的基础研究、应用研究，鼓励和支持食品生产经营者为提高食品安全水平采用先进技术和先进管理规范。国家对农药的使用实行严格的管理制度，加快淘汰剧毒、高毒、高残留农药，推动替代产品的研发和应用，鼓励使用高效低毒低残留农药。""任何组织或者个人有权举报食品安全违法行为，依法向有关部门了解食品安全信息，对食品安全监督管理工作提出意见和建议。"但是虽然法律条文有规定，社会性监管体制在我国现实当中并未建立起来，食品行业协会、社会团体、新闻媒体、个人在我国食品安全监管过程中发挥的作用仍然很小，未能与政府监管产生合力起到应有的监管效应。从社会监管的参与主体角度来看，构建和完善我国食品安全社会监管机制的途径主要从如何发挥行业协会等社会团体组织和普通公众在食品安全监管中的作用入手。

二、茶叶质量安全检测体系

茶叶在加工、贮存以及销售等流程当中，比较容易受到有毒化学物质的污染，如农药残留、重金属残留以及真菌毒素等，这些都会对茶叶的质量及安全造成一定影响。为了有效地对茶叶的质量与安全进行监管，建立高效率、高通量、高选择性和高灵敏度的检测技术尤为重要。

（一）检测程序

1. 国外

德国的检验检测体系可以分为三个层次：第一个层次是企业对茶叶质量安全的自我监测检验，由茶叶生产、加工、流通企业根据法律规定和相关标准规定，对其自身的鲜叶采购、生产、加工、贮存、运输、销售的各个环节所涉及的设备、人员、环境、有害物等进行自我监测检验，尽最大可能减少茶叶质量安全问题的出现，从源头上保证产品的质量安全；第二个层次是中性外部机构的监测检验，由独立于茶叶企业的中性外部机构按照有关茶叶安全质量标准对其生产、加工、流通企业进行检测；第三个层次是政府的监督监测检验，与上面两个层次相比，它属于宏观层次，主要的工作是监控、记录和保存检验检测的数据和评价结果，以及提出报告。美国的检验检测体系还负责对茶叶的风险评估、风险管理和风险通报。

2. 国内

在全国统一规划的基础上，逐步建立起茶叶质量安全检验检测体系是我国茶叶安全监督管理的主要方式。农业农村部以条件、手段良好的中央和省属农业科研、教学、技术推广单位为依托，利用现有的专业技术人员和实验条件，通过授权认可和国家计量认证的方式，规划建设了国家级和部级农产品质检中心，对茶叶产地环境、投入品和产出品进行质检。另外，近些年各省级农业行政主管部门也相继建立了农药、肥料、种子等质检站（所）、质检中心以完善茶叶检测检验体系。

（二）检测技术

1. 茶叶中农药残留检测技术

（1）色谱法　随着新型分析仪器和技术的发展，气相色谱（GC）、高效液相色谱（HPLC）、色谱－质谱联用等技术广泛应用于茶叶农药残留分析。气相色谱法主要用于易气化、热稳定性好的化合物的测定，多用于分离和测定茶叶中的有机磷类、有机氯类、拟除虫菊酯类农药残留。常用的检测器有电子捕获检测器（ECD）、火焰光度检测器（FPD）和氮磷检测器（NPD）。研究人员通过 GC－ECD 法检测了绿茶、红茶、普洱茶、茉莉花茶、铁观音茶中的联苯菊酯、甲氰菊酯、高效氯氟氰菊酯、氯菊酯、氟氯氰菊酯、氯氰菊酯、氰戊菊酯、氰戊菊酯 8 种拟除虫菊酯类农药残留。还有研究人员通过 GC－ECD 法检测了茶叶中有机氯类和拟除虫菊酯类农药残留，样品通过直接悬浮液滴微萃取法提取、净化，可以显著降低茶叶基质的干扰。

对于一些极性强、不易挥发、热稳定性差的农药，如氨基甲酸酯类、磺酰脲类、苯氧羧酸类等，适合用高效液相色谱法。与气相色谱相比，高效液相色谱流动相参与分离机制，通过灵活调节其组成、比例和 pH，可使许多极难分离的待测农药得以分析。高效液相色谱常用的检测器有紫外检测器（UVD）、荧光检测（FLD）和二极管阵列检测器（DAD）。有研究人员通过 HPLC－DAD 法检测了茶叶中氯磺隆、苄嘧磺隆、氯嘧磺隆、吡嘧磺隆 4 种磺酰脲类除草剂。另有研究人员通过 HPLC－UVD 法检测了茶叶中呋虫胺、烯啶虫胺、噻虫嗪、吡虫啉、噻虫胺、氯噻啉、啶虫脒、噻虫啉 8 种新烟碱类农药残留，用该方法对 53 份出口绿茶和红茶样品进行分析，在其中 2 份样品中检测到吡虫啉，含量在 0.18～0.27mg/kg，高于欧盟规定的茶叶限量标准（0.05mg/kg），但远低于日本规定的限量标准（10～50mg/kg）。还有研究人员通过 HPLC－FLD 法测定了茶叶中 19 种氨基甲酸酯类农药残留。

气相色谱和高效液相色谱是茶叶农药残留检测的经典方法，但是假阳（阴）性误判、高检出限（LOD）以及复杂的样品前处理等弊端使其难以满足茶叶中多残留检测要求。色谱－质谱联用技术，如气质联用（GC－MS）、气相色谱串联质谱（GC－MS/MS）、高效液相色谱串联质谱（HPLC－MS/MS）等，结合了色谱与质谱两者的优点，将色谱的高分离性能和质谱的高鉴别特征相结合，在农药残留的多类多组分检测上具有高灵敏度、高通量的优势，已广泛应用于茶叶质量安全的确证研究。研究人员采用 GC－MS 法同时检测了茶叶、茶汤和茶渣中的 67 种农药残留，该方法净化效率高，基质效应低，29min 内可完成样品中所有组分的分析和确证，定量限低于欧盟规定的茶叶限量标准。另有研究人员采用 GC－MS 同时检测了茶叶中的阿特拉津、乙烯菌核利、腐霉利、氟菌唑、抑霉唑、噻嗪酮、丙环唑、氯苯嘧啶醇、哒螨灵 9 种有机杂环类农药残留，有研究人员采用 HPLC－MS/MS 确证分析了绿茶、乌龙茶、普洱茶中的 37 种农药残留，还有研究人员建立了 GC－MS/MS 检测绿茶、乌龙茶、红茶中 70 种农药残留的分析方法。此外，还有研究人员建立了 HPLC - MS/MS 同时定量分析了乌龙茶、红茶、绿茶和花茶中 16 种氨基甲酸酯类、有机磷类和拟除虫菊酯类农药残留的检测方法。

HPLC - MS/MS 具有高选择性、高灵敏度的特点，但仍要对样品进行复杂的净化过程以降低检测时的基质效应，尤其是对于基质复杂的茶叶样品，固相萃取等前处理方法虽然可以起到除杂净化作用，但费时费力。相比而言，在线净化技术（如 Turbo Flow 技术）可以快速、全自动地处理分析样品，与色谱分离检测系统串联，实现在线检测的目标。该技术结合了扩散、化学和体积排除的原理，通过改变净化流动相配比和选择不同功能的色谱柱，实现不同化学性质的物质在线净化富集，然后通过切换流路，用合适的流动相将分析物洗脱至分析柱从而进行色谱分离分析。在线净化省去了样品前处理中大多数费时的步骤，不仅提高了样品处理的通量，还减小了操作过程中的错误和可变因素带来的误差，由于除去了大部分的基质干扰影响，使得目标农药残留的响应更好、信噪比更高。但目前将该技术应用于茶叶基质中的农药残留尤其是多残留检测的研究较少。研究人员建立了在线净化 - HPLC - MS/MS 测定茶叶基质中扑灭通、莠灭净、三唑酮等 30 种农药残留的方法。该方法在线净化系统只有提取和过滤两步，100 个样品 3h 就能处理完毕，极大地提高了日常工作效率，非常适合高通量实验室的分析任务。

超高效合相色谱（UPC2）技术是近几年推出的基于超临界流体色谱的全新的色谱分离技术。该技术以超临界 CO_2 为主要的流动相，具有黏度低、传质性能好、分离效率高、绿色环保的优势，其色谱柱采用亚 2μm 填料，与传统色谱柱相比，粒径更小，色谱柱理论塔板高度减小，更有利于试样的分离。超高效合相色谱技术开辟了分离科学的新类别，其分析条件温和，不受分析物挥发性的限制，对于挥发性或非挥发性的组分都能提供良好的保留和分离，其固定相可采用现有的正、反相液相色谱固定相材料，选择性更加广泛，对于分离结构类似物、手性化合物等能提供更好的效果，正逐渐成为对传统气相色谱、高效液相色谱方法的有力补充，为食品科学、分析科学等不同领域所遇到的分离难题提供了优异的解决方案。研究人员将茶叶样品用石油醚提取，经固相萃取净化后，以 CO_2 为流动相主体、乙腈为助溶剂进行梯度洗脱，建立了基于超高效合相色谱技术测定茶叶中联苯菊酯的方法。与 GC - MS 相比，使用超高效合相色谱检测茶叶中的联苯菊酯，样品的前处理过程更加简单快速方便，且回收率满足样品检测要求。同时，在超高效合相色谱实验中，联苯菊酯保留时间为 0.95min，而 GC - MS 实验中联苯菊酯的保留时间为 18min，超高效合相色谱在较短时间内达到很好的分离，具有更高的检测效率，同时也节约了实验成本。四极杆飞行时间质谱（Q - TOF/MS）具有极快的扫描速度和高灵敏度，能够提供高分辨率精确质荷比离子用于化合物定性定量分析，同时利用串联质谱功能进行二级质谱裂解，可获得大量高分辨质谱碎片离子信息，用于进一步的结构确证和定量分析，将其与超高效合相色谱联用后作为高分辨检测设备，已经在茶叶安全研究领域开始得到应用。研究人员利用 UPC2 - Q - TOF/MS 技术分别建立了手性农药腈菌唑对映体、顺式 - 氟环唑对映体在红茶中的残留分析方法，采用该技术对 20 份市售红茶样品进行检测，均未检出腈菌唑对映体、顺式 - 氟环唑对映体残留。

超高效合相色谱作为新兴色谱分析技术，其基础理论研究还不够成熟，还需要不断深入。另外超高效合相色谱，特别是 UPC2－Q－TOF/MS 仪器价格昂贵，操作要求高，维护难度大，难以大范围的配备和使用，使用普及率不高。色谱技术尤其是色谱－质谱联用技术用于检测茶叶农药残留精度高且检出限低（表8－1），在有条件的大型实验室应用非常广泛，然而针对茶叶农药残留、特别是混合农药残留时，样品前处理方式复杂，且所需仪器大多比较贵重、体积大，无法满足快速、低成本、现场检测的要求。

表8－1　色谱－质谱联用技术在茶叶农药残留检测中的应用

分析技术	样品基质	分析对象	回收率/%	相对标准偏差（RSD）/%	检出限（LOD）/定量限（LOQ）
HPLC－MS/MS	绿茶、乌龙茶、普洱茶	噻虫嗪等37种农药	70～111	<14	LOD：1～5μg/kg LOQ：5～15μg/kg
GC－MS/MS	绿茶、乌龙茶、红茶	氟乐灵等70种农药	71～105	3～19	LOQ：5～25μg/mL
HPLC－MS/MS	乌龙茶、红茶、绿茶、花茶	抗蚜威等16种农药	87.7～99.6	0.2～9.6	LOD：0.01～1.38ng/g； LOQ：0.03～4.74ng/g
GC－MS	绿茶	联苯菊酯等15种农药	71.1～119.0	0.1～7.6	LOD：0.9～24.2ng/g LOQ：3～80ng/g
GC－MS/MS	绿茶	氟虫腈等101种农药	70～120	<20	LOQ：1.1～25.3μg/kg
GC－MS/MS	乌龙茶	氟草胺等89种农药	60～120	<20	LOD：1～25μg/kg LOQ：10～50μg/kg
HPLC－MS/MS	绿茶、乌龙茶、红茶、普洱茶	噻菌灵等290种农药	67～119	<12.4	LOQ<10μg/kg
UPLC－MS/MS	茶叶	多菌灵等76种农药	75～115	<18	LOQ：0.4～36.4μg/kg

（2）光谱法　三维荧光法是近年来发展快速的光谱分析技术，它能够获得待测物质完整的荧光特征信息，得到与激发光、发射光波长同时变化的光度信息的三维谱图，该谱图具有指纹性，利用这些光谱信息可完成多组分混合物体系中较为复杂的定量与定性分析任务，其特点和优势是灵敏度高、选择性强、简便快捷和破坏性小，因此在快速、实时和无损检测方面有着巨大的潜力，广泛应用于食品安全检测领域，如利用三维荧光法检测牛奶中的金霉素、鸭肉中的西维因、猪肉中的莱克多巴胺等药物残留。应用在茶叶质量与安全检测中可以实现对包括绿茶、铁观音等在内的化学成分检测，如正己烷溶液及其氯菊酯农药残留溶液等，通过对其中的荧光特性进行分析，在借助三维荧光光谱的基础上绘制科学准确的三维等高线图谱，从而得出两种茶叶荧光峰值位置位于激发波长675～785nm区间当中。而想要进一步分析这两种氯

菊酯农药残留的实际含量，就需要对函数神经网络使用遗传算法进行优化，一般可在实际操作次数为74次左右，实现对平均方差精度的有效控制，从而通过和已经构建成型的径向基函数神经网络模型之间的相互比较来实现三维荧光分析技术与遗传算法优化的镜像基础函数神经网络的完美融合，最终准确地检测出茶叶样品中所包含的农药残留物及其含量。不仅如此，随着这一技术的不断发展研究，其检测灵敏度也得到大幅提升，并且获得更为广泛的检出限范围，因此得到的茶叶农药残留检测数据也更为精准。基于以上分析，三维荧光法对于茶叶质量与安全检测具有很强的实用性。

尽管三维荧光检测存在诸多的优点，但也存在一定的应用局限性：首先，该技术对待测物质有一定的限制，检测过程中必须能够捕捉到荧光信息，即待测物质的分子必须有一定的吸收激发光的结构，并且具有较高的荧光量子产率；其次，该方法待测物质的荧光强度和荧光光谱容易受到环境因素（如温度、溶剂、pH等）的影响；最后，三维荧光分析中会受到溶液介质中微小粒子或分子的影响而产生散射峰（如瑞利散射和拉曼散射）。鉴于此，为了不使检验结果的精确性打折扣，应在实际检验中灵活结合其他技术，以避免检测漏洞。

（3）免疫检测法　免疫检测法是基于抗原和抗体间的高选择性反应而建立起来的痕量检测技术，具有检测速度快、费用低廉、仪器简单易携、灵敏度高和特异性强等优点，非常适用于紧急情况下的现场快速检测，是一些高毒农药残留初筛测定的好方法。酶联免疫吸附测定（enzyme－linked immunosorbent assay，ELISA）是当前使用最多、被普遍接受的一类免疫检测方法，在茶叶农药残留检测领域应用最成熟、商品化程度也最高，目前已建立并开发了茶叶中多种不同类型农药残留的免疫检测技术、试剂盒和试纸条。研究人员合成制备了针对多种拟除虫菊酯类农药的广谱多克隆抗体，建立了拟除虫菊酯类农药的直接酶联免疫吸附测定的检测方法，可同时测定绿茶中溴氰菊酯、氯氰菊酯、氟胺氰菊酯、氰戊菊酯和甲氰菊酯5种农药残留。另有研究人员建立了快速测定茶叶中氰戊菊酯的酶联免疫吸附测定方法。茶样采用正己烷－丙酮提取后，经活性炭和弗罗里硅土固相萃取柱净化用于酶联免疫吸附测定。与采用GC－ECD法检测结果具有很好的一致性（$r=0.9984$），适用于茶叶样品中氰戊菊酯的快速检测。另有研究人员建立了用于测定茶叶中硫丹的酶联免疫吸附测定方法。茶样采用甲醇提取后，用含0.5%明胶的磷酸盐缓冲液稀释900倍，直接用于酶联免疫吸附测定。采用GC和GC－MS对方法进行确证，检测结果间具有较好的一致性。但酶联免疫吸附测定法显著减少了样品前处理过程，而且更易操作。

免疫检测法特别是酶联免疫吸附测定法作为高通量生物分析技术，与色谱等仪器分析方法相比，可以简化甚至省去样品前处理过程，在大量样本和现场样本快速筛选检测中优势明显。但该方法是一种半定量检测技术，与待测农药结构类似的化合物存在一定程度的交叉反应，对基质和不同实验条件的抗干扰能力差，容易出现假阳性，准确性往往要用更精准的色谱方法进行验证。

2. 茶叶中重金属残留检测技术

重金属的检测方法种类多样，表8－2列举了茶叶中重金属常见的传统检测方法，主要包括：分光光度法（SP）；原子光谱法，包括原子吸收法（FAAS）、石墨炉原子吸收法（GFAAS）和原子荧光光谱法（AFS）；电感耦合等离子体法，包括电感耦合等离子体-质谱法（ICP-MS）和电感耦合等离子体-原子发射光谱法（ICP-AES）。

表 8-2　　茶叶中重金属残留的检测技术

样品类型	重金属种类	检测方法	检出限
茶鲜叶、红茶	镉、铬、铅、砷、硒	GFAAS	0.00002~0.00010μg/g
毛尖、铁观音、红茶	铁	SP	0.02μg/mL
红茶	镉、铅、铬、镍、铜、锰	FAAS	0.16~0.38μg/L
茶叶	镉、锌	FAAS	3.5μg/g、2.6μg/g
茶叶	镉（Cd^{2+}）、锰（Mn^{2+}）、镍（Ni^{2+}）、铅（Pb^{2+}）、锌（Zn^{2+}）	FAAS	0.7~29.0μg/L
红茶	镉（Cd^{2+}）、铜（Cu^{2+}）	FAAS	0.45μg/L、1.49μg/L
红茶、绿茶、中草药茶	铬$^{6+}$	GFAAS	LOD 0.02μg/g；LOQ 0.07μg/g
普洱茶	铅、镉、汞、砷、铜	FAAS、AFS	0.1~5.0ng/g
红茶、绿茶	铁、锰、锌、铜、铅	ICP-AES	0.0023~0.0103mg/L
茶叶	镍、钴、铬、镉、铅、铜、锌、锰、铁、锡	ICP-AES	0.0015~0.0611mg/L
红茶、乌龙茶、绿茶	铬、铅、砷、铜、镍、铝、锰、钴、锌、铋、银	ICP-MS	0.00438~0.32400μg/L
红茶、绿茶	钼、锑、镉、铊、铅、铋	ICP-MS	0.002~0.079μg/L
红茶	锰、铁、钴、镍、铜、锌、钼、铬、镉、砷、铅	ICP-MS	0.48~166.03ng/g
茶和中草药饮料	铝、铬、镉、铅、砷、铜、锌、镍、锰、铁	ICP-MS	0.016~10.000μg/L；0.053~35.000μg/L

（1）分光光度法　分光光度法操作简便，所需仪器简单，检测成本低，稳定性和回收率较高，是检测重金属最简单的一类方法。研究人员以干灰化法处理茶叶样品，以 DBC-偶氮胂为显色剂，在 pH4.1 的醋酸钠缓冲介质和十六烷基三甲基溴化铵表面活性剂存在下，采用分光光度法测定了铁观音、茉莉和绿茶样品中的 Al^{3+} 含量。该方法的回收率为 98.3%~101.0%，检出限为 1.38μg/L，相对标准偏差值为 2.26%~2.51%，测得样品中的铝含量在 0.59~1.23μg/g 之间。分光光度法使用简单，但检出限一般较高，对含量较低的重金属元素检测效果不理想，有时要找到合适的显色剂也比较困难。

（2）原子光谱法　原子光谱法特征谱线单一、定性准确，并根据比尔定律进行定量测定，灵敏度高、线性范围宽，是目前重金属检测中应用最普遍的一类方法。研究人员采用表面涂有离子交换树脂 XAD-1180 的螯合树脂分离富集，建立了原子吸光法

测定茶叶样品中 Cd^{2+}、Mn^{2+}、Ni^{2+}、Pb^{2+} 和 Zn^{2+} 等金属含量的方法。另有研究人员提出了原子吸光法测定红茶和绿茶样品中铅、铜、镉等重金属的新方法，利用氢氧化锆共沉淀法对上述重金属元素进行分离富集，富集倍数为25倍，根据不同质量的锆对共沉淀法的影响，确定在反应中加入1mg氢氧化锆。该方法不仅能够检测茶叶样品中的重金属，还可用于烟草和咖啡样品中重金属的测定。有研究人员采用微波消解－高分辨连续光源石墨炉原子吸收法对中国部分地区7种茶叶（绿茶、黄茶、白茶、乌龙茶、红茶、普洱茶和茉莉茶）样品中的重金属元素铅、镉、铬、铜和镍进行了研究。还有研究人员以硝酸－双氧水体系高压消解处理茶叶样品，采用氢化物－AFS法测定茶叶中的痕量铋和镉。应用该方法对毛尖、银针、野生苦丁、铁观音、碧螺春、茉莉花等茶叶样品进行分析，在所有样品中均检测到铋和镉，含量分别为3.65～118.54ng/g、7.30～21.93ng/g。原子光谱法操作简单，分析方法成熟，但只能对茶叶中重金属的总量进行分析，且一次只能检测一种元素，影响检测速度，而且检测重金属元素的种类有限，如原子荧光光谱法目前只能检测砷、汞、硒、锑、铋等十几种金属元素。

（3）电感耦合等离子体法　电感耦合等离子体法检测速度快、干扰少、灵敏度和精密度高，尤其是能够同时测定多种重金属元素，克服了原子吸收光谱法不能同时检测多种元素的局限，以及原子发射光谱法光谱干扰严重、不适宜测定砷、镉、汞等元素的缺点。

研究人员以微波消解法处理茶叶样品，使用ICP－MS分析其中的铅、铬、砷、镉、铜等重金属元素，利用该方法对茶叶标准物质进行检测，5种被测元素的测定值均在标准值范围内。该方法具有多元素同时测定、操作简便快速、灵敏度高、准确度好等优点，适合广泛推广。还有研究人员以25%的硝酸为消化剂微波消解处理绿茶样品，使用ICP－MS测定其中的铅含量，铅的检出限、定量限值分别为0.3μg/L、1.0μg/L，检测范围为6.3～200.0μg/L。

ICP－MS还可以与其他技术（如高效液相色谱）联用进行重金属元素的价态分析和形态分析。研究人员建立了HPLC－ICP－MS测定几种富硒功能食品中硒酸根、亚硒酸根、硒代蛋氨酸、硒代胱氨酸、硒脲和硒代乙硫氨酸6种硒形态的分析方法，应用该方法测定了深圳市区部分市场及商场的富硒茶叶、富硒酵母等含硒功能食品中的硒形态。

ICP－MS是一种先进的重金属检测技术，适用于原子光谱法能检测的所有金属元素，但仪器价格昂贵，对环境条件和所用试剂要求严格，运行成本高，操作也比较复杂，需要专业人员操作，一般在有条件的大、中型检测中心应用较多。

（4）其他方法　除上述检测方法外，用于茶叶中重金属含量的检测方法还有酶联免疫吸附测定法、化学传感器法、X射线荧光光谱法等。研究人员通过制备抗重金属镉的单克隆抗体，建立了茶叶中镉含量的酶联免疫吸附测定方法，该方法具有较强的特异性，与镉、铅、汞、锰、铬、镍、锌、钠、钙、铁、镁、铜、铝、钴、锡、钾等金属离子几乎不存在交叉反应，与采用石墨炉原子吸收法检测结果间具有良好的一致性（$r=0.99$）。另有研究人员以硝酸－双氧水体系微波消解，选择超传导性黏结剂离子液体1－丁基－3－甲基咪唑六氟磷酸盐和功能化的多壁碳纳米管修饰丝网印刷碳电极，建立了一种新型、高灵敏度和高选择性的电化学传感器，结合差分脉冲溶出伏安法快速检测茶叶样品中的铅含量，检测结果与ICP－MS法测定值无显著性差异，可用于茶叶中痕量铅简单、经济的检测，经对市售5种茶叶样品采用该方法进行分析，均检测到含有较高含量的铅，含量范围0.72～2.06mg/kg。研究人员还建立了一种采用能量色散X射线荧光光谱法（EDXRF）无损测定茶叶中铜、铁、锌、铅4种重金属含量的快速分析方法。X射线荧光光子能量的敏感区域选择在16～316keV，低于此区间探测器无法响应，高于此区间信噪比过低。该方法对环境条件要求低，且无需对茶叶样品进行化学处理，茶叶中4种被测元素的平均检出限值为1.25mg/kg。选用原子吸收法测得茶叶中金属元素含量作为标准值，通过比较，能量色散X射线荧光光谱法测得数值实际相对误差小于6%，相对标准偏差值小于5%，经t检验$P>0.05$，表明两种方法所测结果没有显著差异，能够在现场环境下对茶叶样品进行即时检测，结果准确可靠。

3. 茶叶中真菌毒素检测技术

根据检测原理的不同，茶叶中真菌毒素的检测方法主要分为化学检测法、仪器检测法和免疫检测法三大类。

（1）化学检测法　化学检测法中最常用的是薄层色谱法（TLC）。该方法用适当的有机溶剂把待检测的真菌毒素从茶叶样品中提取出来，经纯化后在薄层板上展开层析、分离，利用真菌毒素的荧光特性，与标准品比较进行定性和定量。主要用于本身能发出荧光的真菌毒素的检测。研究人员采用薄层色谱法对红茶样品中的真菌毒素进行检测，发现4份红茶样品受到黄曲霉毒素（AFB_1和AFB_2）污染，含量范围为2.8～21.7mg/kg。薄层色谱法对设备要求不高，分析成本低、易于普及，但操作烦琐、耗时长，检测灵敏度以及重现性差，在茶叶真菌毒素检测中的研究及应用较少。

（2）仪器检测法　仪器检测法基于真菌毒素的理化性质，以高效液相色谱法为代表，其突出特点是准确度、灵敏度、稳定性和重现性高，是目前茶叶中真菌毒素检测的主流技术，主要适用于同一类真菌毒素的检测。研究人员采用高效液相色谱法测定红茶中的4种黄曲霉毒素（AFB_1、AFB_2、AFG_1、AFG_2）。对印度当地市场购买的7个品牌和20个非品牌红茶样品进行分析，其中1份样品检测到AFB_1，含量为19.2μg/kg。研究人员还采用不同样品前处理方法，建立了HPLC－FLD和HPLC－MS检测茶叶中真菌毒素AFT（AFB_1、AFB_2、AFG_1、AFG_2）、伏马毒素FB（FB_1、FB_2、FB_3）和赭曲霉毒素A（OTA）的分析方法。AFT、FB和OTA的检出限值分别为1.7、10.0、0.5μg/kg。将该方法用于奥地利部分茶叶商店和有机农场的普洱茶样品分析，在36份普洱茶样品中未检测到AFT和FB，但有4份样品（11.1%）存在不同程度的OTA污染，含量范围为0.65～94.70μg/kg。高效液相色谱用于检测茶叶中的真菌毒素，通常使用荧火检测，为了降低检出限，需要在柱前或者柱后进行衍生化处理，操作烦琐复杂，存在稳定性差、耗时等不足。

茶叶生产中可能污染多种真菌毒素，如果对每一种真菌毒素逐一进行检测，要花费大量的人力、物力和时间，这就需要建立可同步检测多种类别真菌毒素的方法。质谱法尤其是HPLC－MS/MS由于高分离效能、高选择性和灵敏度等优点，能实现多种真菌毒素的同步检测，成为满足这一需求的有力工具。研究人员建立了可同时测定茶叶和茶饮品中 27 种真菌毒素的超高效液相色谱 - MS/MS 检测方法，用含体积分数 0.3% 甲酸的甲醇 - 水溶液为流动相洗脱分离。真菌毒素在茶叶中检出限值为 2.1 ~ 121.0μg/kg，在茶饮品中检出限为 0.4 ~ 46.0μg/L。用该方法对 91 份茶叶和茶饮品样品进行分析，有 1 份样品检测到 FB1，含量为 76μg/kg。

HPLC - MS/MS 技术在真菌毒素的检测中显示出了巨大优势，杂质影响小，不需要衍生就能够准确对真菌毒素进行定性和定量。但需要昂贵的仪器及复杂的样品前处理，对操作人员有一定的要求，检测成本高、耗时长，不适于现场的快速检测，大多用作实验室验证手段。

（3）免疫检测法　免疫检测法是对高效液相色谱、HPLC - MS/MS 等大型仪器设备确证性检测方法的有效补充，主要包括酶联免疫吸附测定法和免疫层析法两种。其原理是以一种抗体或多种抗体作为分析试剂，利用抗原、抗体间的高特异性结合反应，并通过标记物的信号放大，对待测毒素进行定量或定性分析，可对茶叶中真菌毒素进行现场快速筛查和鉴别。研究人员以胶体金颗粒为 AFB_1 单克隆抗体的免疫标记物，建立了一种高特异性、快速检测茶叶样品中 AFB_1 的免疫层析检测方法。该方法的可视化检出限为 1ng/mL，与 AFT 的其他亚型 AFB_2、AFG_1、AFG_2 交叉反应率为 0.02% ~ 6.40%，在 15min 内即可得到检测结果。利用该方法对 5 份普洱茶样品进行分析，并用 HPLC - MS 确证，检测到 4 份样品含有 AFB_1，含量为 12.64 ~ 59.30μg/kg。该方法还可用于花生、植物油和饲料样品中 AFB_1 含量的测定。

茶叶中真菌毒素的免疫检测方法具有特异、灵敏、所需仪器简单、操作简便、检测时间短等优点。但是真菌毒素的抗体制备难度较大，开发费用较高，检测结果必须结合仪器方法进行确证，以防非特异性结合导致的假阳性结果。不过，随着新型抗体（如纳米抗体、核酸适体）制备技术的日益发展，相应抗体的开发周期缩短，制备成本进一步降低，免疫检测法在茶叶真菌毒素检测中的应用优势将更为明显。

4. 茶叶种类识别检测技术

茶叶的种类有很多，但是对于不熟悉茶叶种类的人来说，无法有效地分别出茶叶的种类，所以有些不法商家会在茶叶中掺和其他茶叶，从而降低茶叶的成本，提高销售利润。现在，可以通过近红外光谱技术来检测出茶叶的种类，从而更好地保证茶叶的质量。在我国，通过将近红外光谱技术和支持向量机相互结合，可以对红茶、绿茶以及乌龙茶进行识别，其判断的正确率分别可以达到 100%、90% 和 93%。针对不同品种的茶类，通过近红外光谱技术也可以进行识别，如通过近红外光谱结合独立建模分类的方法可以对龙井、铁观音、碧螺春以及祁红进行识别，通过结合光谱的不同来进行判断。还有研究人员在相同的波段中通过主成分 - 马氏距离模式的方法来鉴别出龙井、铁观音、碧螺春和毛峰，其鉴别的正确率更是在 95% 以上。通过将近红外光谱技术和其他技术相互结合，可以分别鉴定出不同类型的茶叶，从而帮助人们更好地鉴别茶叶类型，避免受骗。在鉴别的过程中，主要还是依据不同茶叶的主要成分或者茶多酚的含量不同来进行辨别。而且通过使用近红外光谱技术来进行茶叶种类的检测，其准确率非常高，所以目前近红外光谱技术也被广泛地应用在茶叶种类检测中。

5. 茶叶等级检测技术

不同种类或者相同种类的茶叶都存在着不同的质量等级，目前，我国针对茶叶质量等级的划分大多数是依据感官以及茶叶的内部品质，如在购买茶叶的时候先观察茶叶的外形、闻茶叶的香味等，然后对茶叶进行简单的等级划分，而且在评审过程中，容易受到人们主观因素的影响。为了更加科学合理地对茶叶的质量等级进行划分，研究人员通过近红外和高光谱成像技术的研究，发现近红外和高光谱成像技术所评价出来的等级和感官评审法的结果是大致相同的，所以研究人员通过建立红外漫反射光谱－偏最小二乘法（NIRS－PLS）模型，并且建立多个定量分析模型，如干茶色泽、香气、色泽等分析模型，国内学者对大佛龙井茶进行了分析，从而对大佛龙井茶的质量等级进行了划分。研究人员还通过高光谱图像系统来对炒青绿茶进行质量等级划分。通过加强近红外和高光谱成像技术在茶叶质量等级划分中的应用，可以快速准确地对茶叶进行等级划分，提高人们对于茶叶质量的鉴别。

为进一步提高我国茶叶的质量，研究人员应当加强对各种检测技术的研究和创新，提高检测结果的准确性，更好地辅助检测人员进行茶叶质量的检测。从目前的研究结果来看，茶叶中农药残留、重金属残留、真菌毒素的检测，在前处理技术上，传统技术和一些新技术并存，但近些年传统技术的应用已经越来越少，一些新技术特别是悬浮液直接进样技术、免疫亲和技术、分散固相萃取技术开始受到关注，并得到大量研究和应用，大大推动了茶叶质量安全检测方法前进的步伐。在检测技术上，色谱－质谱联用法因其高通量、高灵敏度、高选择性等优点而作为该领域的确证技术。串联质谱法具有极其重要的作用。免疫检测法尤其是酶联免疫被吸附测定法具有快速、特异、灵敏、仪器简便易携等优势，更适于茶叶质量安全的现场检测。然而，茶叶质量安全检测是一项长期而复杂的工作，涉及茶叶产地、种植、采收、加工、流通等各个环节。随着污染物数量日益增加、化学组成日趋复杂，对分析检测方法也提出了更高的要求，必须在现有检测技术基础之上，不断改进、创新和提高，推出更加先进的检测方法来解决遇到的新的分析问题。简单快速、高效准确、自动化和智能化的样品前处理技术，以及多组分同步检测技术和高通量现场快速筛查技术将成为今后的发展方向。

三、茶叶质量安全监测对策

茶叶是我国的传统食品，也是广大人民群众重要的日常消费食品，食品药品监管部门一直高度重视茶叶质量安全监管工作，2017 年 4 月 7 日，国家食品药品监督管理总局正式发布了《关于进一步加强茶叶质量安全监管的通知》，要求全国茶叶生产企业严格按照《食品安全法》等法律、法规、标准和相关文件的规定，切实落实质量安全主体责任；各地食品药品监督监管部门全面加强茶叶质量安全监督管理，严厉打击违法违规行为；并进一步制定和完善监管工作措施，强化监管责任落实。但是，我国茶叶种植规模化程度较低，分布“小散远”，茶叶加工整体水平不高、管理相对粗放，茶叶仍存在一定的质量安全隐患与问题。为保障茶叶质量安全，切实依法落实质量安全主体责任，强化监管责任落实，全面加强监督管理。

（一）强化企业主体责任和政府部门监管职责

企业是茶叶食品安全生产的主体，因此确保茶叶质量安全，必须充分发挥各茶叶企业的主体作用。然而，企业主体责任的落实，光靠企业自身的自觉性还远远不够，必须通过各种监管措施，促使其自觉履行。对于强化政府部门监管职责，针对目前我国茶叶食品安全管理由多部门共同参与的实际特点，各相关政府职能部门首先应当明确自身的监管职责并自觉履行。其次要强化责任追究，确保监管到位，对于不作为和乱作为等行为都要依法依规进行责任追究，因失职、渎职行为而造成严重后果的要追究相关责任人的行政和刑事责任。

（二）建立健全产品标准和监测体系

鉴于我国茶叶行业目前标准体系比较混乱的现状，建议对茶叶行业标准体系进行全面梳理完善，标准的制修订应与行业建设发展实际相结合。同时，尽快解决标准老化、滞后等问题，努力使标准的研究、制修订与技术同步，并具有一定的前瞻性。同时，为了适应不断提高的茶叶食品质量安全检测需要，建议对现有机构进行全面整合，由国家认证认可委员会对检测机构进行统一规划，合理布局，整合现有检验机构资源，实现人员和设备的共享。同时加大财政投入，积极引进国外先进的精度较高的检测设备，满足茶叶食品质量安全检测所急需，为所有监管部门提供有力的技术支撑。

（三）建立健全行业风险评估体系

建立茶叶行业食品风险评估体系的主要目的是评估茶叶是否可以安全食用，具体就是评价茶叶中有关危害成分或者危害物质的毒性及相关的风险程度。为确保风险评估结果的准确性和公正性，风险评估体系应由食品安全监管部门以外的独立部门负责建设，严格按照科学方法进行评估，并将评估结果通报相关监管部门，以达到预警的目的。监管部门则根据评估结果采取相应的监管对策，把安全隐患消灭于萌芽状态。

（四）充分发挥行业协会的相关职能作用

行业协会既是沟通政府、企业和市场的桥梁与纽带，又是社会多元利益的协调机构，也是实现行业自律、规范行业行为、开展行业服务、维护行业利益、保障公平竞争的社会组织，其功能是非政府公共行政的重要内容。在现代食品安全体系中，行业协会具有举足轻重的地位，并将发挥无法替代的作用。对于我国茶叶行业而言，茶叶食品安全管理工作往往涉及诸多方面，仅依靠政府行政手段很难达到维护市场秩序的目的，而若依靠行业协会实行行业自律管理，将更有利于促进行业的发展和降低行政成本，从而获得更好的社会效果。因此，行业协会应当肩负起推动茶叶食品安全的重任，发挥应有的作用。

一是政府要加大对行业协会的扶持和引导，支持行业协会的工作，形成“政府—协会—企业”三者间互为联动的格局，共同筑起茶叶食品安全的牢固防线。

二是协会要积极协助配合政府有关部门，做好自律、协调、监督等工作。同时，强化服务意识，在行业规划与管理、信用体系建设、项目评估、技术咨询、贸易仲裁、法律法规及标准制定、市场监管、人才培训等方面发挥作用，加强和改进茶叶行业食品安全管理。

三是发挥桥梁纽带作用，反映行业的呼声、意见和建议，传递政府政策精神，通过对茶叶行业质量安全现状进行调研，分析国内外茶叶市场的发展趋势，为政府制定茶产业政策和发展规划，开展茶叶食品安全工作提供决策依据。

四是要加强自我管理，构建合理的管理机制，制定并组织实施茶叶行业的行规、行约，加快自律体制建设。

（五）强化舆论和社会监督

目前，我国茶叶生产点多面广，实际监管难度大，单靠监管部门一己之力难以取得满意效果，因此，必须依靠舆论和社会监督的力量齐抓共管，具体包括：

一是强化舆论监督。新闻媒体信息来源广泛，能及时发现许多监管部门尚未发现的问题。但由于茶叶食品安全问题专业性强，新闻记者对此了解往往不一定全面，因此要正确引导媒体正常的舆论监督，避免过度炒作，避免随意使用敏感性字眼，造成不必要的社会恐慌。

二是积极受理消费投诉。消费者投诉是发现问题的有效渠道，对许多茶叶质量安全问题，消费者往往是第一发现人。因此，监管部门应当积极处理消费者投诉，对消费者投诉的内容及时分析和整理，对投诉中发现的问题及时处置，避免造成更大的危害。

（六）建立健全行业诚信体系

茶叶质量安全问题的有效解决，关键还是要靠企业的自律和诚信，需要通过多方努力共同建立健全茶叶行业诚信体系。积极探索信用等级评价结果应用的新途径和新方式，不断在行业内外扩大信用等级评价工作的影响力，提高信用等级评价结果应用的深度和广度，使茶叶企业进一步认识行业信用体系建设的重要性和必要性，进而不断推动我国茶叶行业诚信体系和茶产业的可持续发展。

（七）强化质量安全科技支撑体系建设

科技是第一生产力。保障茶叶质量安全，需要相关科技的强有力支撑。当前，强化质量安全科技支撑体系建设，应联合相关科研院所的技术力量，围绕制约我国茶叶质量安全的共性关键技术难题展开相关研究。针对生产、加工和流通过程中的关键检测、控制和监测技术等比较落后的状况，进一步加强研究开发和应用示范，建立科技支撑体系，尽快研究制定茶叶中农药残留、重金属、微生物含量检测的国家统一标准，开展检测人员的技术培训。同时要研究开发茶叶农药残留快速检测技术，提高检测能力，扩大检测范围。

总体而言，我国茶叶产品的质量安全问题呈现出稳中有降的改善趋势，21 世纪较 20 世纪末有明显好转并逐年改善，茶叶出口量出现持续增长的局面。同时，在我国各级政府的号召与努力下，与茶叶产品相关的政策法规与技术标准日益完善，从源头上着力控制化学农药产品的使用，强化卫生质量监管体系，搭建各类茶叶质量检测平台，对即将进入国内外市场的产品进行安全检验。将茶叶质量安全纳入“十五”“十一五”“十二五”国家科技重点计划，给予大力支持；2016 年，由中国农业科学院茶叶研究所承担，阮建云研究院主持的“茶园化肥农药减施增效技术集成研究与示范”获得了国家重点研发计划“化学肥料和农药减施增效综合技术研发”专项支持，计划在5年内通过技术集成创新，构建出一系列的茶园化肥农药减施技术模式，为广大茶农提供明白易懂的操作规程，以大幅削减我国茶园化肥农药的用量，从而实现茶叶的绿色、安全生产，进一步推进我国茶产业的可持续发展。立法部门则颁布了一系列针对茶叶质量安全的法律法规，包括《农产品质量安全法》《食品安全法》《绿色食品 茶叶》《有机茶加工技术规程》《有机茶产地环境条件》《食品安全国家标准食品中农药最大残留限量》《食品安全国家标准食品中污染物限量》等，对茶叶中农残指标由原来的28项增加到48项、铅以及有害微生物的残留问题制定了安全限量标准，同时经过充分的科学论证及安全性评估，取消了稀土含量要求，使我国茶叶产品质量安全管理具备了坚实的法律后盾。然而，由于我国茶企众多、规模不一，部分中小茶企在资金和技术上都存在短板，时常出现质量问题，仍然需要综合整治与管理。

第二节 茶叶质量安全风险评估

进入21世纪以来，茶叶产品质量安全受到消费者的空前关注，政府十分重视茶叶产品质量安全保障工作，通过长期不懈的努力，我国茶叶产品质量安全水平全面提高，满足了国内外消费者的需求，维持了茶产业的持续健康发展。风险评估是茶叶安全监管的科学基础，我国的《食品安全法》规定要在我国建立食品安全风险评估制度，国家成立了食品安全风险评估委员会，农业部于2011年首批启动建设的专业性风险评估实验室，依托中国农业科学院茶叶研究所建立了农业部茶叶产品质量安全风险评估实验室（杭州），主要开展茶叶中的农药残留、重金属含量、添加物、微生物和内源污染物风险分析和风险评估；提出解决质量安全的措施和对策；为保障消费者的健康和政府的风险管理提供科学依据和技术支撑。

一、食品安全风险评估的概述

（一）食品安全风险评估的含义

根据《食品安全法》的规定，食品安全风险评估是指对食品中生物性、化学性和物理性危害对人体健康可能造成的不良影响及其程度进行科学评估的过程。由危害识别、危害特性、暴露评估和风险描述4个步骤组成的以科学为基础的一个过程。应该说，风险评估是食品安全监督管理流程中的枢纽性环节。通过食品安全风险评估能够对食品安全风险监测所得信息和数据进行分析，以确定是否存在食品安全风险以及风险的程度如何。食品安全风险评估的结果是制定、修订食品安全标准和实施食品安全监督管理的科学依据，是对食品安全风险采取应对举措的技术凭借。风险评估作为食品安全监管诸环节之一，具有以下一些特性，这些特性体现在食品安全风险评估的程序当中。

1. 识别性

食品安全风险评估具有危害识别的功能。风险评估工作首先就是要对人体暴露于某种危害后是否会对健康造成不良影响和造成不良影响的可能性，以及可能处于风险之中的人群和范围进行确定。实际上就是要根据流行病学、动物试验、体外试验、结构—活性关系等科学数据和文献信息对某种物质和人体健康损害之间的因果关系进行识别，并予以揭示。精准识别风险是进行食品安全风险评估和管理的前提。食品安全风险较难直接观测，但是已发生的食品安全事件是客观存在的食品安全风险的外在表现。因此，对过去较长一段时间跨度内发生的食品安全事件做系统分析成为很多学者识别食品安全风险的重要途径。自 21 世纪以来，我国发生的食品质量安全事件较多，很多学者基于一定规模的食品安全事件来进行食品安全风险识别研究，研究结果一致表明，滥用添加剂或非食用物质、使用不合格原材料、投入品施用不当等人为因素是造成我国食品安全问题的关键风险，生产和加工环节是供应链中风险高发的薄弱环节，食品企业尤其是小企业、小作坊是造成食品安全事件的主要责任主体。另外，通过人工手动统计或者直接利用已有的食品安全事件数据库是应用非常广泛的数据获取方式，近几年，部分学者尝试通过互联网大数据挖掘技术获取主流媒体中曝光的食品安全事件并进行分析，但相关研究还有待于进一步完善。

2. 专业性

在进行危害识别之后，风险评估工作要对危害特征进行描述，同时进行暴露评估。这是一个以自然科学技术为依托的，严格的、专业化的操作过程。它需要对与危害相关的不良健康作用进行定性或定量描述。期间要利用动物试验、临床研究以及流行病学等研究方法确定危害与各种不良健康作用之间的剂量—反应关系、作用机制等。同时要对危害进入人体的途径进行描述，对不同人群摄入危害的水平进行估算，对危害摄入人体的总量与安全摄入量进行比较。

3. 预测性

风险评估工作还要对食品安全风险的特征进行描述，在危害识别、危害特征描述和暴露评估的基础上，综合分析危害对人群健康产生不良作用的风险及其程度，同时对风险评估过程中的不确定性进行解释和描述，预测风险的级别和发生发展的趋势，以期为下一步的风险监管工作提供决策依据。综上可知，作为食品安全监管整体流程中的一项，食品安全风险评估是一个对食品中生物性、化学性和物理性等影响食品安全因素是否具有危害的判断，对危害产生的原因、机理及作用途径的分析描述和对危害后果（风险及程度）进行衡量的过程。

（二）食品安全风险评估的机构与程序

根据《食品安全法》第 17 条的规定，食品安全风险评估工作由国务院卫生行政部门（国家卫生健康委）负责组织，其专业性的具体评估任务则由医学、农业、食品、营养、生物、环境等方面的专家组成的食品安全风险评估专家委员会来完成。2010 年，由当时国家卫生部颁布并实行的《食品安全风险评估管理规定（试行）》中对食品安全的风险评估过程中所涉相关主体及其相应职能有相对细致的规定，其中涉及国务院卫生行政部门、国家食品安全风险评估专家委员会、国家食品安全风险评估技术机构、国务院有关部门、地方人民政府有关部门五项主体。以五项主体为基础，列出其在风险评估中担当的角色及相应职能（表 8 – 3）。

表 8－3　　食品安全风险评估主体的角色及职能

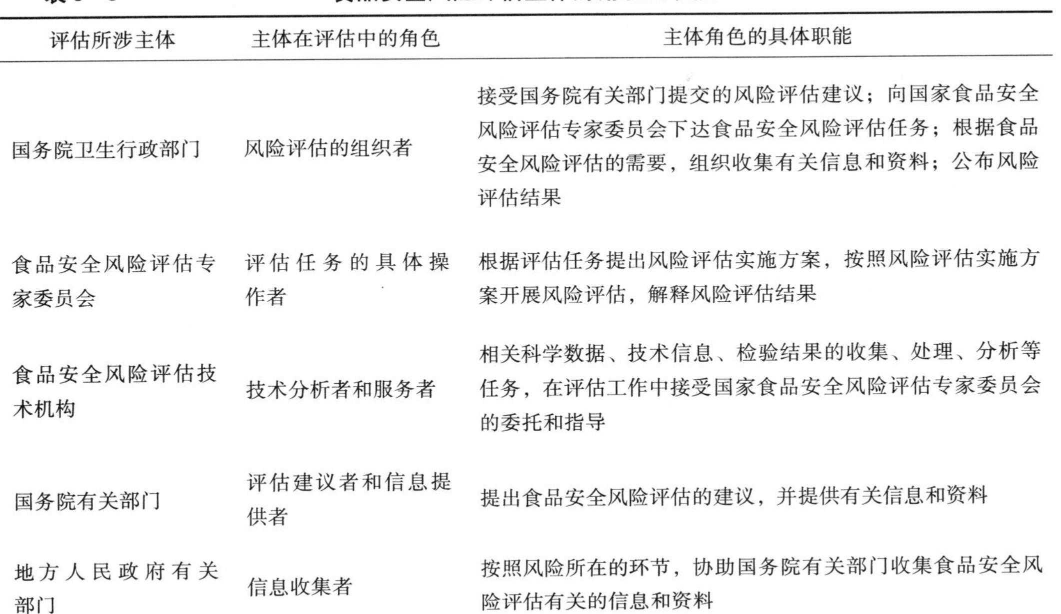

评估所涉主体	主体在评估中的角色	主体角色的具体职能
国务院卫生行政部门	风险评估的组织者	接受国务院有关部门提交的风险评估建议；向国家食品安全风险评估专家委员会下达食品安全风险评估任务；根据食品安全风险评估的需要，组织收集有关信息和资料；公布风险评估结果
食品安全风险评估专家委员会	评估任务的具体操作者	根据评估任务提出风险评估实施方案，按照风险评估实施方案开展风险评估，解释风险评估结果
食品安全风险评估技术机构	技术分析者和服务者	相关科学数据、技术信息、检验结果的收集、处理、分析等任务，在评估工作中接受国家食品安全风险评估专家委员会的委托和指导
国务院有关部门	评估建议者和信息提供者	提出食品安全风险评估的建议，并提供有关信息和资料
地方人民政府有关部门	信息收集者	按照风险所在的环节，协助国务院有关部门收集食品安全风险评估有关的信息和资料

在这一风险评估体制中，地方政府有关部门为国务院有关部门提供风险评估信息资料，国务院有关部门向国务院卫生行政部门提供信息资料并提出评估建议，国务院卫生行政部门向食品安全风险评估专家委员会下达评估任务，食品安全风险评估技术机构则为食品安全风险评估专家委员会的评估工作提供技术支持和服务，食品安全风险评估专家委员会进行具体的风险评估工作，最终的风险评估结果由国务院卫生行政部门负责公布。

（三）食品安全风险评估的科学方法

1. 运用分级工具评估法

风险评估者用分级工具整合到风险评估方法中对风险进行分级，进行优先顺序排列，可以为风险管理者提供资源合理分配的依据。分级工具一般是对“食品/危害组合”进行评分，许多排名靠前的食品/危害组合，如果单独考查食品或病原菌的风险就不会有这么高的排名。这也说明在食品/危害组合的水平上估计风险是很有必要的。分级工具的缺点是，评分系统会不可避免地带有主观性。

2. 应用流行病学统计评估方法

流行病学调查所得的资料是人体毒性资料，相比动物毒性资料，尤其当评估对象是具有种属特异性的危害因素，具有得天独厚的优势。流行病学被越来越多地运用于食品安全领域，来研究特定人群中不良健康影响发生频率和分布状况与特定食源性危害之间的联系。流行病学作为一个独立的手段，利用人类疾病资料，进行追溯，确定食品风险及风险因素的来源，但是不能被用于研究不同食品安全控制措施在降低风险方面的效果。整合了流行病学资料的风险评估可以用来评级食品生产加工过程中各种改变或干预对降低风险的影响。流行病学的缺点在于数据的获得困难，但是随着监测系统的不断完善，数据会越来越多，越来越全面。

（四）食品安全风险评估的重要意义

食品安全风险评估工作是食品安全监管工作的重要内容，对于提高食品安全监管效率、加强事前事中监管、保障食品安全具有重要意义：第一，有利于提高我国食品安全监督管理水平；第二，有利于推动食品安全标准的建立；第三，有利于构建食品安全预警机制。对此，必须建立起科学的信息公开制度，建立统一的信息发布平台，促进各部门之间的信息交流以消除信息不对称带来的风险问题。而这些工作进行的基础则是更高水平的风险评估；第四，有助于推动食品安全控制体系的建立。对食品安全进行科学管理与控制是保障食品安全的重要工作。食品安全风险评估是食品安全管理与控制的重要参考依据，有利于食品安全控制体系的建立。

二、茶叶质量安全风险评估概述

我国是世界上的茶叶生产大国，也是茶叶出口大国。农业农村部对茶叶多年的风险评估结果显示，茶叶质量安全风险因子主要有农药残留、重金属、有害微生物等。开展茶叶中农药残留的风险评估研究，根据茶叶消费者在当前农药残留水平状况下的农药实际暴露量，定量评估茶叶中农药残留对饮茶者健康造成的风险水平，科学评价茶叶中农药最大残留限量的合理性，探讨茶叶中农药最大残留限量制定准则，已成为迫在眉睫的工作，这也将为制定合理的茶叶农药残留标准提供科学依据，为打破茶叶国际贸易中的技术性贸易壁垒提供技术支持。

（一）茶叶质量安全风险因子

1. 农药残留

农药残留是指在茶叶中残留的微量农药污染，这部分约占目前茶叶质量安全问题的80%。目前，无论是茶叶生产国还是消费国都对茶叶中使用的农药种类及其允许的最大残留限量均有严格的规定。

我国茶叶农药残留问题产生于20世纪60年代。20世纪50年代生产上以使用六六六、滴滴涕和矿物性农药为主；20世纪60年代开始使用有机磷农药，但六六六和滴滴涕仍在使用，并严重超标；20世纪70年代以使用有机磷农药为主，从1972年开始茶叶上禁用有机氯农药，有机氯农药超标情况有好转，但没有完全解决问题；20世纪80年代以使用有机磷和菊酯类农药为主，从1984年开始全国停用六六六和滴滴涕，到了20世纪80年代末农药残留问题基本解决；20世纪90年代仍以使用菊酯类农药为主，到20世纪90年代末，由于国内对农产品质量安全的关注和欧盟等国采取技术性贸易壁垒措施，使得我国茶叶农药残留问题再度出现。自20世纪90年代以来，我国茶叶农残水平在持续明显降低，但由于极其严格的农残标准，农药残留仍是目前我国茶叶质量安全最重要的问题之一。对于农药残留问题，中国工程院陈宗懋院士指出："一是检出率不等于超标率；二是不能用欧盟标准来评定国内茶叶残留水平，因为欧盟标准具有明显的技术壁垒特征；三是不能把茶叶有农药残留和有毒等同起来"。造成茶叶中农药残留的因素较多：一是生态环境的污染；二是直接喷施农药，且农药喷洒后还未到安全间隔期即采摘鲜叶；三是间接污染，如土壤、水流、空气、运输、包装等，尤以空气和土壤污染为主。

2. 重金属元素和稀土

依据食品安全国家标准，茶叶中关注的重金属污染主要是铅、铜和稀土等问题。从20世纪90年代中期起，茶叶中铅的污染问题逐渐出现。铅和铜的来源：一是土壤母质中重金属含量较高；二是茶叶加工机械中的重金属元素（如铅、铜）的污染；三是环境污染，如茶园附近的水泥厂、化工厂、铅锌厂等污染，还有汽车尾气所导致的污染；四是茶园不合理的施肥和在茶园使用汽油、柴油等机械采茶和修剪所造成的污染。稀土在茶树体内有累积效应，其含量随着茶叶成熟度的提高而增加。

3. 氟

茶树是典型的聚氟植物，随着茶叶成熟度的提高，茶叶氟含量显著增加，所以老叶的氟含量常常达到1000mg/kg以上。氟对人体健康有双重性，适量的氟有益于健康，如防止龋齿，有些牙膏中添加氟就是为了达到这一目的，但氟摄入过量则可中毒，如出现氟斑牙和氟骨症，导致人体骨骼密度过高、骨质变脆。

4. 有害微生物

茶叶的有害微生物风险性最小，因为茶叶属于干燥食品，而且所含蛋白质含量甚低，不具备提供微生物生长的条件，但在加工过程中也同样存在污染有害微生物的可能性。这些微生物主要包括大肠杆菌、霉菌等。茶叶中有害微生物的来源：一是鲜叶采摘或鲜叶加工过程中所接触的污染，二是在加工后的成品茶在包装运输过程中引起的污染。

5. 非茶异物和粉尘等

造成茶叶中的非茶异物的主要原因：一是在茶叶的采摘过程中将一些非茶类物质带入；二是在加工过程中由于筛分、风选时没有达到规定的标准要求，使成品茶叶中含有一些茶类或非茶类夹杂物；三是在运输与贮存过程中，非茶类物质的混入；四是人为因素造成，如假冒伪劣茶叶、添加剂等；五是贮存不当造成茶叶的陈变和质变。

（二）茶叶中农药残留风险评估

风险评估由以下步骤组成：危害识别、危害特征描述、暴露评估、风险特征描述。其中包含了定量的风险评估，包括以数量表示风险，以及风险的定性表示，同时还包括指出不确定性的存在。风险评估的原则就是风险是毒性和暴露的函数，即：风险 =*f*（毒性，暴露）[Risk =*f*（toxicity，exposure）]。毒性高不等于高风险，高暴露量也并不等于高风险，只有综合考虑毒性和暴露量两个因素才能对农药的风险有一个正确的评价。对茶叶中农药残留的风险而言，其基本原则就是：农药残留的风险 = *F*（农药毒性，农药残留摄入量）。也就是说在茶叶中农药残留风险评估过程中，应综合考虑农药本身的毒性、茶叶中农药的含量和茶叶消费量等多项风险因子。

茶叶中农药残留的风险评估研究，与食品中农药残留的风险评估的内容基本一致，主要从危害鉴定、剂量—反应评估、暴露评估和风险评定四个方面进行。对于茶叶消费者农药残留的暴露评估，考虑到茶叶作为冲泡后饮用的饮料，只有溶于茶汤的农药残留才会影响人体健康，因此，为了获得人体通过饮茶实际摄入的农药残留量，必须研究茶叶中不同农药残留在茶汤中的浸出规律，另外，茶叶消费是群体行为，但饮茶群体中个体消费差异也很大，数据必须来源于消费者的个体调查。这些都构成了茶叶中农药残留风险评估的特点。

1. 危害鉴定

危害鉴定是确定该农药的暴露能否引起不良健康效应发生率升高的过程，即对农药引起不良健康效应的潜力进行定性评价的过程。危害鉴定阶段首先应收集该农药的有关资料，其中包括该物质的理化性质、人群暴露途径与方式、构效关系、毒物代谢动力学特性、毒理学作用、短期生物学实验，长期动物致癌实验及人群流行病学调查等方面的资料。对收集资料应进行分析、整理和综合。这其中主要工作是对数据的质量、适用性及可靠程度进行评价，即对毒性证据的权重进行评价。

农药对人类健康潜在的危害性主要是通过大鼠、兔子、豚鼠、狗等实验动物对一定剂量农药做出何等反应来评价的。这些毒性研究包括对不同动物从急性毒性试验到慢性毒性试验的一系列试验。在急性试验中动物接受相对高剂量的农药，在慢性试验中每天接受相对较低剂量的农药。急性毒性是通过使动物暴露一定量农药后测定其死亡率和其他方面影响来测定的，同时用此方法也可测定眼和皮肤刺激性。亚慢性毒性研究是在几周或几个月内，让动物每天暴露一定量农药，然后测定对该动物器官肝脏、肾脏、脾脏等和组织的影响。慢性毒性研究主要用于评价化合物潜在的毒害影响或长期暴露是否有致癌作用。其他毒性研究包括测试对成年动物的繁殖、生长、发育、后代生育能力和细胞内的基因改变等潜在影响。

对资料进行分析、审核、评价之后应就农药对人的毒性做出判别，判别的过程实质上是按毒性证据的有无及确凿程度给化学物质划分等级的过程。

2. 剂量—反应评估

剂量—反应评估是对农药暴露水平与暴露人群中不良健康效应发生率间关系进行定量估算的过程，是进行风险评定的定量依据。

大多数情况下，当给药剂量达到某一特定剂量时才可能出现某种毒理学效应，这种效应被称为“阈效应”（threshold effect）。与其相反，某些毒理学效应在最低的给药剂量下就可能出现，这种毒理学效应称为“非阈效应”（non – threshold effect）。癌症就是一种非阈效应。理解致癌作用的机理也非常重要，近期对癌症的剂量—反应关系研究表明，能产生基因毒性的致癌物的致癌效应为非阈效应，而非基因毒性的致癌物可以有阈剂量。

一般来说，剂量—反应评估最终应提供特定农药引起人不良健康效应的最低剂量和暴露于此剂量水平的有害因子引起的超额风险。前者含义为能引起以一定期间暴露于某农药的人不良健康效应的最低暴露总量，后者含义为暴露于某农药的群体中不良健康效应发生率与非暴露群体相应发生率间的差。

毒理学效应是从采用离体细胞、组织培养研究和用小的哺乳动物如大鼠、兔子和狗的研究中观察出来的。现象学研究根据暴露时间长短（天、月、年）、暴露途径（经皮、经口、吸入）、毒性测试种类（生殖毒性、致癌性、器官毒性、发育毒性、神经毒性、免疫毒性）的不同而设计。

对阈效应而言，剂量—反应评定需要确定每日允许摄入量，每日允许摄入量的计算一般国际上公认的方法是将所测定的无毒副作用剂量（NOAEL）除以两个安全系数，即代表从试验动物推导到人群的种间安全系数 10，和代表人群之间敏感程度差异的种内安全系数 10，因此一般情况下，ADI 或参考剂量（RfD） = NOAEL/100。特殊情况下，也可根据实际需要降低或提高安全系数。在美国，还增加了一个食品质量保护法系数（FQPA Factor），这是根据美国食品质量保护法的规定，为了更好地保护婴儿和儿童，环境保护局可以根据各农药的特性及所获得毒理学数据的完整性和可靠性，增加 10 倍或 10 倍以下的 FQPA 系数。环境保护局把这种更加安全的剂量称为人群调整剂量（PDA）。即 PDA = ADI 或 RfD/FQPA 系数。

3. 暴露评估

农药在食物中的残留是公众对农药暴露的主要来源。膳食暴露量与摄取食物的种类和数量与农药在该食物上或食物内的残留量相关。任何人对某一农药总的膳食摄入量等于各种所摄入食物中所含该农药量的总和，即摄取的农药残留浓度、摄取食物量。

目前有很多膳食暴露评估模型，这些模型从单一暴露残留到用概率论去估计复杂暴露的模拟分析。但是不管有多复杂，所有模型都是基于最基本的关系，即农药在食物中残留浓度和消耗食物总量决定农药暴露量。通常认为有两类膳食暴露，即慢性暴露和急性暴露。慢性暴露需持续一个很长的时间，因此它用平均摄入食物量和平均残留值来计算。相反，急性暴露考虑大量的短期或一次性暴露，急性饮食暴露用个人最大摄入资料来计算，所用残留值一般用最大残留限量或用统计学方法计算所获得的可能出现的最大残留量。

食谱调查在膳食暴露评估中是非常重要的，因为人们的食物消耗模式随时间的变化而变化。例如，水果消耗总量可能保持不变，但是儿童现更多饮用果汁；人们比 10 年前吃更多的鸡肉和鱼，更少的牛肉等。因此为了提高膳食暴露评估的准确性，定期进行食谱调查是必不可少的。

对茶叶消费者进行饮茶农药残留的暴露评估，这里有两项工作要做，其一是茶叶消费是群体行为，但饮茶群体中个体消费差异也很大，数据必须来源于消费者的个体调查。其二是茶叶作为冲泡后饮用的饮料，只有溶于茶汤的农药残留才会影响人体健康，因此，为了获得人体通过饮茶实际摄入的农药残留量，必须从茶园喷施农药开始，分间隔期采摘加工获得不同农药残留浓度的样品，按照饮茶冲泡习惯冲泡，检测茶汤中农药残留量，探讨成茶中不同农药在茶汤中的浸出规律。这些都构成了茶叶中农药残留风险评估的特点。

4. 风险评定

该阶段是综合前述 3 个阶段的信息，形成对暴露人群健康风险的定性或定量评定。一般应该明确在该风险描述过程中其结果的不确定水平。风险描述是将危险鉴定、剂量—反应评定和暴露评定的结果进行综合分析，来描述农药对公众健康总的影响。一般需要设定一个可以接受的风险水平。当进行风险描述时，目标之一就是确定一个代表可接受风险水平的暴露量。对于阈效应而言，当暴露量低或等于人体每日允许摄入量或参考剂量时，就认为是可以接受的暴露水平。一般以暴露量占每日允许摄入量或参考剂量的百分数来表示风险的大小，即%（ADI）或%（RfDs）、%（ADI）或%（RfDs）=总暴露量（mg/kg/day）/ADI 或 RfDs×100，对于非阈效应，风险值表示人群中产生该毒效应的可能性。例如，1×10^{-6}致癌癌风险，就表示 100 万人中有 1 人可能因暴露该农药而产生癌症。

风险描述的另外一个目标是对风险评估的整个过程进行评价，对评价过程中的各种不确定因素进行分析，对评价结果的不确定水平进行客观的评价。这些信息可以使风险评估结果的使用者对该程序有一个更为全面的了解，从而做出正确的决定。在健康风险评价的一般程序和方法，在处理具体问题时它的许多方面并非是一成不变的，可以有一定的灵活性。尽管目前健康风险评价的使用已相当普遍，但其技术方法的建立才仅仅几十年，在许多方面还不够成熟。

（三）茶叶中重金属残留风险评估

茶叶是我国的重要经济作物，近年来，工业在快速发展促进经济增长的同时污染物的排放也增多，这可能使茶园周边环境受到重金属等污染。茶叶中的重金属不仅可以由食物链进入人体，对人民的身体健康构成威胁，也关系到我国茶产业的发展和数千万茶农的经济收益。此外，茶树具有很强的富集氟、铝的能力，且主要积累在茶树叶片中，而茶叶中高含量的氟和铝能够影响人体健康。茶叶在饮用过程中，部分氟与金属元素会从茶叶中溶出，进而随茶汤而被人体摄入，对人体健康产生一定的潜在风险。我国科研工作者在膳食中重金属风险评估领域做了大量的研究。研究人员应用膳食摄入量评估模型和 Crystal Ball 软件进行镉暴露的评估，结果显示上海市居民食用水产品镉暴露水平偏高，4.80% 的居民存在镉的健康危害风险。研究人员还通过引入单因子评价法和膳食暴露评估模型，对食用遵义辣椒中镉的健康风险进行了评估。另有研究人员利用单项污染指数法和综合污染指数法对市售大米中铅、镉的污染状况和健康风险进行了评价。还有研究人员通过研究甘蔗、蔬菜和水稻以及相应土壤中镉含量及相关性，利用风险评估模型对其致癌和非致癌风险进行评价。有人研究了通过饮用红茶而摄入的氟、铝、锰、铬、镉、砷的健康风险，发现其风险熵（HQ）均小于 1，证明不存在健康风险，但砷的风险熵接近最大可接受致癌性风险水平 10^{-4}，因此茶叶中砷含量应引起重视。研究人员调查研究了 36 种普洱茶中铝和重金属的含量，研究结果表明，无论是单个元素的风险熵（HQ）还是复合风险指数（HI）均小于 1，证明饮用普洱茶不存在健康风险。还有研究人员对五种黄山地方茶的茶汤中铅、铜、锌、镉和锰含量进行了测定并对人体健康风险进行了评价，结果表明茶叶中铅、铜、锌和锰不会对人体健康构成明显的危害，但茶叶中镉存在潜在的风险。研究人员采用原子荧光光度法测定百合、菊花、玫瑰 3 种常见花茶中重金属砷的含量，同时模拟花茶浸泡过程，测定茶汤中砷的溶出量并计算溶出率，经健康风险评估，正常饮用时，其中的砷含量还不足以对人体产生危害。

研究人员采用微波消解结合电感耦合等离子质谱法测定信阳毛尖茶中的 16 种稀土元素和 9 种重金属元素，并根据已有的文献报道对其进行风险评估。结果表明，信阳毛尖茶中稀土总量、铅、镉和铜的含量，均低于国家现行标准，风险评估显示我国居民在饮用信阳毛尖等绿茶时膳食 Pb 和 Cd 暴露水平很低。研究人员还以凤庆县具有代表性的5个茶园的茶叶嫩叶为研究对象，采用ICP－MS分析茶叶中的重金属元素含量，通过目标危害系数（THQ）和风险指数（HI）对茶叶中Cu、Pb、Zn、Cd、Cr和As的摄入健康风险进行评估。结果表明，茶叶中Cu、Pb、Zn、Cd、Cr和As的含量均未超过各级标准的限定值，茶叶中各重金属元素日估计摄入量（EDI）的平均值由大到小的顺序为Zn＞Cu＞Cr＞Pb＞As；As的目标危害系数最高，达10^{-1}数量级，而Cr的目标危害系数最低，仅为10^{-3}数量级；各重金属元素的风险指数均小于1，表明凤庆茶园茶叶中的重金属对人体健康风险较小。

（四）茶叶中真菌毒素风险评估

真菌毒素（mycotoxins）是由真菌（fungi）产生的一类具有细胞、器官或机体毒性的次生代谢产物，广泛存在于食品和饲料中，主要包括黄曲霉毒素、赭曲霉素、伏马毒素、单端孢霉烯族毒素等种类。研究人员研究了广东省市售包括黑茶、红茶、乌龙茶等260份发酵茶中黄曲霉毒素B_1（AFB_1）的污染含量水平，运用暴露限值（MOE）法和数学模型法，结合2012年广东省居民营养与健康状况调查数据、AFB_1浸出率数据，评估人群从饮用茶叶摄入AFB_1的膳食暴露量情况。结果表明260份发酵茶类样品中AFB_1的总体检出率为1.15%（3/260），检出值范围为0.26～0.56μg/kg，广东省市售发酵茶中AFB_1的检出率低、检出值低，对广东省总人群和茶叶消费人群的平均膳食暴露风险低，具有较高的饮用安全性。研究人员还采用酶联免疫法对凉山州150份苦荞茶样品进行黄曲霉毒素含量检测，结果显示：213个样品中的黄曲霉毒素含量平均值为6.148μg/kg，标准偏差为3.2981。模拟计算出高、中、低摄入水平人群通过食用苦荞而引发乙肝的最高风险为0.001518，远远小于凉山州目前的43.82%的乙肝发病率；引发肝癌的风险为9.152×10^{-3}例/10万人口远远小于全国目前每年89.00例/10万人的肝癌发病率，表明目前苦荞中的黄曲霉毒素对我国居民产生的健康风险较低。另有研究人员采用IAC－HPLC的方法检测了60份普洱茶样品，AFB1含量范围在0.236～8.452ng/g，88.3%的样品低于5ng/g。另有研究人员却未检出黄曲霉毒素。上述结果表明，黄曲霉毒素并非广泛存在于黑茶样品中，而存在黄曲霉毒素阳性结果的黑茶样品中含量也远低于日本报道的20世纪90年代日常植物性食物黄曲霉毒素的含量（10～4918ng/g），由于黄曲霉毒素难溶于水，黄曲霉毒素从茶叶到茶汤的转移率也是极低的。因此，黑茶的黄曲霉素暴露处于较低水平，黄曲霉毒素污染所导致的食品安全风险极低。

虽然茶产品因污染真菌而导致的安全风险极低，但不规范的生产和储运方式仍存在增加茶产品感染污染真菌的风险。国际上对发酵类食品的微生物菌种管理非常严格，对食品用菌种的名单列表、审批程序、安全性评估、合理使用和监管都有严格的规定。参照发酵食品加工的管理和监控经验，完善茶叶生产过程中的检测和检验手段及方法，应是今后茶产业发展要加强的方面。

三、进一步完善茶叶质量安全风险评估工作的措施及建议

（一）加强各职能部门的信息交流

茶叶质量安全监管和风险评估工作涉及众多单位。要提高各部门间的信息交流，

为风险评估提供充足的数据支持，则必须建立以国家市场监督管理总局为主，其他茶叶质量安全检测单位、监管单位为辅的有效交流沟通的管理体系，以加强各职能部门之间的茶叶质量安全信息交流。

（二）加强风险评估规范建设

加强风险评估规范建设，平衡政府管理、学术研究以及公众需求之间的关系，是开展茶叶质量安全风险评估工作的有力保障。对此，可以引入司法审查、民众监督等体制外的管理措施以提高风险评估工作的科学性与专业性。在规范茶叶质量安全监管的基础上，满足公众对茶叶质量安全的更高需求。

（三）建立科学合理的评估模型

科学合理的风险评估模型是开展茶叶质量安全风险评估工作的重要手段。茶叶质量安全风险评估可以分为确定性风险评估以及概率性风险评估工作。而从暴露风险评估的角度又可以分为短期暴露、长期暴露风险评估。目前，已经出现了预防式风险评估模型、概率性风险评估模型以及关注度风险评估模型。然而在应用到具体的工作中时还需要进行大量的实验论证工作。

（四）加强基础研究工作

基础研究工作是开展茶叶质量安全风险评估工作的理论基础。加强毒理研究、暴露评估技术等基础研究工作对提高风险评估水平具有重要意义。对此，大力支持相关基础研究工作，为研究项目提供良好的研究条件和物质基础，有助于加快基础研究的成果转化。

茶叶质量安全风险评估作为茶叶质量安全监管工作的重要内容，对于提高茶叶质量安全监管效率，保障茶叶质量安全具有重要意义。对此，相关部门必须重视风险评估研究工作，为茶叶质量安全风险评估创造有利条件，推动我国茶叶产业的健康稳定发展。

第三节　茶叶质量安全案例分析

一、案例回顾

绿色和平组织于 2012 年 3 月对全球最大的茶品牌——“立顿”牌袋泡茶叶进行了抽样调查，并于 4 月 24 日发布了调查结果。该组织抽取的 4 份样品中共含有 17 种农药残留；绿茶、茉莉花茶和铁观音样本中均含有至少 9 种农药残留；其中绿茶和铁观音样本中农药残留多达 13 种。与欧盟农药残留标准比对来看，上述 4 份样品检测出 7 种尚未被欧盟批准使用的农药残留；4 份样本都至少有 1 种农药残留超过欧盟农药残留标准最大限量。

“立顿”牌的绿茶、铁观音和茉莉花茶样品，被检测出含有《中华人民共和国农业部第 1586 号公告》规定不得在茶叶上使用的灭多威，而灭多威被世界卫生组织列为高毒农药。除灭多威外，含有的多菌灵和苯菌灵农药残留被欧盟定义为可能影响生育能力和胎儿发育，并可能损害遗传基因。

二、原因

（一）人为因素

农药虽然是有一段时间的衰变周期，但从检测结果分析，肯定是人为施用了相关农药。防治病虫害是茶叶种植过程使用农药的主要原因，因为茶叶生产者很多都是小规模的分散茶农。一旦病虫害出现，这些茶农可能去买非法农药。这是最简单便捷的方法。这些茶农由于缺乏相关知识，没有资源去获得其他替代的解决方式。茶农对喷射农药全凭经验，根本不清楚哪种农药已经被国家禁用。事实上，许多大型茶企对供应链的监管有明显漏洞，并不清楚哪些茶农在用什么样的农药。

（二）参照标准

茶叶上存在农药残留是全行业的问题，是否超标还要看企业参照的标准是国家标准还是欧盟标准，欧盟标准比国家标准严格。

（三）自然因素

很多物质原本土壤里就含有，茶叶中的农药残留很可能来自土壤基底，而非人为喷洒。有些农药在土壤里消失需要60年，禁止使用不等于检不出来，像被检出的滴滴涕和六六六这些农药已经被禁用多年，但国际上普遍认为它们要从土壤里消失需要约60年时间。此外，空气中的农药迁移也有可能会导致茶叶中的农药残留。

（四）质量监管体系尚不健全

在我国茶叶质量安全管理中，尚存在质量监管体系不健全，相关法律法规不完善，产业链之间的监管力度不够等因素存在。

三、针对此类问题的监管办法

（一）国外监管办法

在美国，环境保护局负责制定食品中农残最大允许标准，食品和药物管理局负责标准的具体执行，并出版了农药残留分析手册，食品和药物管理局采集和分析食品样品以判断其农药残留是否满足环境保护局规定的范围。美国农业部为落实收集食品中农药残留数据规划，委托农业市场管理部门（AMS）组建和实施农药数据规划（PDP），每年出版调查结果。

在欧盟，设置了相应的仲裁委员会、协会和专业委员会，负责制订、修改相应的法规和标准，包括建议性标准和强制性标准，并且在监控、检测和管理体系方面建立了三级实验室（欧盟标准化实验室、国家级实验室、州级实验室）。欧盟所有成员国一般都遵循欧盟制定和发布的限量要求，不过在经过验证后，成员国也可以设定更低的检出限，其他成员国随后也遵循这一限量，欧盟已经对133种农药设定了17000个限量，对于某些没有具体限量要求的农药，各成员国还可设定不同的“一律标准”。

在日本，农林水产省和厚生劳动省分别制订农药的销售和使用“农药管理法”及食品中农残的“食品卫生法”，对农药建立登记制度，限制农药的销售和使用。2003年5月日本就通过了《食品安全基本法》，7月正式成立“食品安全委员会”，加大对食品安全的管理力度，日本对进口食品实行监测检查制度和强制检查制度，并由31个厚生劳动省检疫所实施。

（二）我国目前对农药残留物的监管办法

目前有两个部门从两个不同的方面进行管理。种植环节是农业部门管理，加工和流通环节归市场监督部门管理。

管理的内容主要包括三个方面。

1. 对农业投入物的管理

主要由地方政府的农业执法大队在监督。

2. 对产品的管理

对产品层面的管理有三个梯次：①从2009年开始，农业部在全国的例行监测中增加了茶叶这一品种；②对不合格的产品进行召回、销毁，对其生产者的行为进行惩罚；③安排茶叶的普查和风险评估。

3. 对茶叶生产组织的管理

目前比较普遍的组织化方式是“公司+基地+农户”，由公司连动茶叶基地，公司对基地负责，从而倒逼对农户的农药使用行为进行规范。

2013年5月3日，最高人民法院、最高人民检察院联合公布了《最高人民法院、最高人民检察院关于办理危害食品安全刑事案件适用法律若干问题的解释》（以下称《解释》），自2013年5月4日起施行。“农药残留严重超出标准限量的食用农产品，应当认定为刑法规定的‘足以造成严重食物中毒事故或者其他严重食源性疾病’的情形，可以按照生产、销售不符合安全标准的食品罪定罪处罚。”《解释》将食用农产品纳入食品范畴，将生产、加工、种植、养殖、销售、运输、贮存等食品生产经营的全链条纳入法律法规，弥补了之前对于违规使用农药的法律空白。同时，需要明确“农药残留”和“农药超标”是两个概念，不可混为一谈，“残留”是难以完全避免的，全世界任何国家，不管是发达国家还是发展中国家，农产品绝大部分都需要喷洒农药。一直备受关注的“绿色食品”，其实只占食用农产品中的极少份额。即便是美国、日本，不用农药的“绿色食品”也只能占所有农产品的3%左右，因此，绝大多数农产品都存在农药污染问题。从这点来说，在农产品食品安全上无“零”标准，也就是不可能制订出100%不含农药成分的标准。

近几年来，我国对于农药残留越发重视，但是与发达国家相比，在标准的更新、制定等方面依然存在更新频率慢、农药种类少、标准限量宽松等问题，这些问题将会影响我国茶叶的出口，因此需要加强我国农药残留标准的制定和修订工作，建立完善的标准体系，进一步提升我国的茶叶质量安全水平。国家卫生健康委、农业农村部、市场监管总局联合发布了GB 2763—2019《食品安全国家标准　食品中农药最大残留限量》，并已于2020年2月15日实施。该新标准代替了GB 2763—2016《食品安全国家标准 食品中农药最大残留限量》和GB 2763. 1—2018《食品安全国家标准 食品中百草枯等43种农药最大残留限量》。该新标准涉及茶叶的限量共65项（增加了15项），覆盖面更广，检测效率更高，为我国茶叶国际贸易的质量安全提供了重要保障。

思考题

1. 茶叶质量安全监管体系有哪些类型？各有什么区别？
2. 我国茶叶质量安全监测体系存在哪些问题？
3. 科技在强化茶叶质量安全监测体系中起到哪些作用？
4. 茶叶安全风险评估有什么特性？
5. 茶叶中农药残留风险评估的原则及内容有哪些？
6. 茶叶中农药残留风险评估的方法有哪些？
7. 我国建立食品安全风险评估有怎样的意义？

参考文献

[1] CAO Y L，TANG H，CHEN D Z，et al. A novel method based on MSPD for simultaneous determination of 16 pesticide residues in tea by LC – MS/MS [J] . Journal of Chromatography B，2015，998：72 – 79.

[2] LIAO J B，WEN Z W，RU X，et al. Distribution and migration of heavy metals in soil and crops affected by acid mine drainage：Public health implications in Guangdong Province，China [J] . Ecotoxicology and Environmental Safety，2016，124：460 – 469.

[3] MILANI R F，MORGANO M A，SARON E S，et al. Evaluation of direct analysis for trace elements in tea and herbal beverages by ICP – MS [J] . Journal of the Brazilian Chemical Society，2015，26（6）：1211 – 1217.

[4] RASHID M H，FARDOUS Z，CHOWDHURY M A Z，et al. Determination of heavy metals in the soils of tea plantations and in fresh and processed tea leaves：an evaluation of six digestion methods [J] . Chemistry Central Journal，2016，10（1）：1 – 13.

[5] SHALTOUT A A，ABD – ELKADER O H. Levels of trace elements in black teas commercialized in Saudi Arabia using inductively coupled plasma mass spectrometry [J] . Biological Trace Element Research，2016，174（2）：477 – 483.

[6] ZHONG W S，REN T，ZHAO L J. Determination of Pb，Cd，Cr，Cu，and Ni in Chinese tea with high – resolution continuum source graphite furnace atomic absorption spectrometry [J] . Journal of Food and Drug Analysis，2016，24（1）：46 – 55.

[7] 李慧思，黄超群，蒋沁婷，等. 在线净化 – 液相色谱 – 串联质谱法测定茶叶中 5 种烟碱类农药残留 [J] . 色谱，2016，34（3）：263 – 269.

[8] 李世区. 市售大米中铅和镉污染状况及对人体健康的影响 [J] . 微量元素与健康研究，2015，32（4）：34 – 36.

[9] 刘爱丽，沈燕，龚慧鸽，等. 微波消解 – ICP – AES 法测定泰顺茶叶中的微量元素 [J] . 食品科学，2015，36（24）：186 – 189.

[10] 刘荣森，赵文善，张长水. 铁氰化钾分光光度法测定茶叶中的铁 [J] . 江

苏农业科学，2015，43（9）：344－346.

［11］马明海，万顺利，黄民生，等．黄山地方茶中重金属浸出规律及健康风险评价［J］．食品工业科技，2015，（20）：49－52；8.

［12］秦旭磊，李野，宋忠华，等．基于EDXRF技术茶叶中金属元素检测方法研究［J］．光谱学与光谱分析，2015，35（4）：1068－1071.

［13］王丽婷，王波，周围，等．超高效合相色谱及气相色谱－质谱联用测定茶叶中联苯菊酯［J］．分析化学，2015，43（7）：1047－1052.

［14］张新忠，赵悦臣，罗逢健，等．水果和红茶中腈菌唑对映体残留的超高效合相色谱四极杆飞行时间质谱分析［J］．分析测试学报，2016，35（11）：1376－1383.

［15］赵悦臣，张新忠，罗逢健，等．超高效合相色谱－四极杆飞行时间质谱法测定水果和茶叶中手性农药顺式－氟环唑对映体残留［J］．分析化学，2016，44（8）：1200－1208.

第九章　茶叶质量安全追溯系统的构建

茶叶是我国的重要经济作物，茶叶产业在我国福建省、浙江省、四川省、安徽省等多个省份是重要的特色产业。茶作为一种健康的饮品，质量安全备受关注，各级政府高度重视茶叶产品的质量安全，通过推广标准茶园建设、茶叶生产“台账”备案、茶产品抽样产品检测、建立茶叶质量安全可追溯体系等措施加强政府监管，引导茶叶生产企业提高食品安全意识，落实企业质量安全生产主体责任。茶叶产品质量安全可追溯系统建设的实质是茶叶产品质量安全可追溯制度信息化，信息系统作为质量安全管理的手段和载体，其目标可以用“源头可追溯、生产（加工）有记录、流向可跟踪、信息可查询、产品可召回、责任可追究”来概括。应用现代信息技术，建立茶叶质量安全追溯体系，对于茶叶企业而言可有效加强生产过程管理，提升企业生产标准化水平；对于政府农业主管部门来说，应用可追溯系统加强对企业生产质量安全监管是行之有效的管理手段；此外，茶产品消费者通过茶产品质量安全追溯体系，直观的了解茶产品生产过程与质量安全相关信息，满足消费者对茶产品质量安全的知情权，由市场导向引导企业重视质量安全，有利于茶叶产业的健康良性发展。

第一节　茶叶质量安全的追溯管理要求

一、可追溯管理基本要求

可追溯系统的建立最早源于英国，1986 年疯牛病蔓延至整个欧洲，乃至日本等国，造成直接经济损失达 40 多亿英镑（约合人民币 365 元）。英、美、德等发达国家为了减少安全隐患，相继建立了食品安全可追溯系统，并在法律上进行干预，禁止不具有可追溯功能的食品进入市场。国际食品法典委员会（CAC）与国际标准化组织 ISO（8042：1994）把可追溯性的概念定义为“通过登记的识别码，对商品或行为的历史和使用或位置予以追踪的能力”。

（一）政府对茶叶可追溯的相关要求

为了改善茶产业的现状，保持行业有序良好发展，2001 年我国农业部将茶叶首批进入“无公害食品行动计划”的 74 种农业产品中，计划要求茶农在茶叶种植中禁止使用高毒、高残留和国家明令禁止使用的农药，这使茶叶生产者在滥用农药方面的生产行为得到遏制。我国于 2006 年 11 月 1 日起开始实施《农产品质量安全法》，该法出台标志着我国的农产品质量安全追溯制度已进入法律程序。2009 年农业部出台并制定了 NY/T 1763—2009《农产品质量安全追溯操作规程—茶叶》，规范了茶叶行业质量安全溯源。2012 年 3 月全国第一个关于茶产业发展的地方立法项目——《福建省促进茶产业发展条例》经福建省十一届人大常委会第二十九次会议审议通过，以地方性法规规定，实行茶叶质量可追溯制度，要求县级以上地方人民政府应当逐步建立茶叶质量安全追溯信息服务平台，茶叶生产企业和农民专业合作经济组织应当建立茶叶生产记录制度，不得销售不符合茶叶质量安全标准的茶叶产品。2016 年 6 月农业部出台并制定了《农业部关于加快推进农产品质量安全追溯体系建设的意见》，优先选择苹果、茶叶、猪肉等几类农产品统一开展试点，探索追溯推进模式，逐步健全农产品质量安全追溯管理运行机制。2018 年 2 月 1 日实施的 GB/T 33915—2017《农产品追溯要求—茶叶》规定了茶园管理及茶叶生产、茶叶加工、茶叶流通、茶叶销售各环节的追溯要求。

（二）生产企业对可追溯管理的需求

在市场上出售的茶叶产品中，有很多因信息不对称和诚信缺失造成的问题茶叶，茶叶的质量安全信息和真伪信息，对于广大消费者而言缺乏有效获取质量安全信息的渠道。茶产品具有单位重量低、品牌溢出价值高、经济附加值高及茶产品的规格化包装等特点，这些特点决定了茶产品更适合应用可追溯系统进行质量安全信息的传递。因此，建设和应用茶叶可追溯体系，加强源头监管，对于引导茶叶质量安全生产有着重要意义且具有较强的可操作性。茶叶质量安全追溯全过程是通过唯一的产品识别标识实现生产过程质量信息的查询和溯源。建立并应用质量信息追溯系统，不仅打通了产品和消费者的质量安全信息壁垒，同时通过标准化生产流程信息化管理也提高了茶叶生产企业的管理水平。利用茶叶追溯系统来跟踪茶叶生产方在生产过程中的各项操作，及时记录生产环节中的各项数据，这样茶叶产品进入市场之后，要是发现有问题，茶叶企业就能及时经由茶叶质量安全可追溯系统，追溯问题茶叶的种植地、加工厂，查看是生产或销售中的哪一个环节出现问题，寻根问源，保证消费者权益，减少企业损失。

（三）消费者对可追溯茶叶的需求

国内近 10 年来食品安全事件仍有发生，涉及肉类、蛋奶、粮食及蔬菜等多个领域，政府及新闻媒体的适时披露和曝光使消费者能第一时间了解食品安全事故的详情，提升了公众对食品安全问题的意识，同时也提高了消费者对茶叶质量安全的关注程度和敏感度。消费者在消费可追溯茶叶的过程中对于茶产品质量安全信息的知情权的诉求，促进了茶产品生产主体建立并实施茶叶可追溯体系的主观意识，进一步促进茶叶可追溯系统的应用成效。

二、茶园管理质量安全可追溯的基本要求

（一）生产基地信息

对于茶叶种植基地的土壤、水质以及空气等环境条件应当能够符合我国茶叶生产相关规范的要求，记录茶叶种植基地的土壤、水质和空气质量，这是茶叶种植的基础。

在基地建设过程中，应根据当地实际，以环保为前提，合理选择基地。选择远离生活污染和工业污染，空气清新、水质洁净地理地势有利茶叶生产的基地。在基地发展新茶园时应注意早、中、晚良种的合理搭配，有利优化茶类结构和缓解劳动力紧缺的矛盾。茶叶优势生产基地的建设是提高茶园质量基础，也是保障茶叶鲜叶原料质量，提升茶叶原料质量安全水平的基本环节。

（二）农事管理

茶园农事管理包括茶园耕作、施肥、治虫、修剪、灌溉、采摘等技术，茶园农事管理应按茶叶生产技术标准要求，严格把控茶园肥料、农药等投入品管理，科学肥培管理，减少化肥污染。记录茶树农业投入品的名称、用量、用法、次数、方式、日期等。除了种植的相关参数之外，对于采茶的日期、天气情况、采茶品种、茶园片号、采茶人员、采摘标准以及装茶用具和对于茶叶进行运输的工具以及存储场所也需要详细的记录在案。当上述数据全部得到记录之后，工作人员应将这部分信息及时录入到数据库之中，并以此作为对茶叶种植环节质量追溯的有效依据。

对于茶叶种植过程中重要的参数如生态环境、茶园面积、茶树品种、育苗、移栽、鲜叶产量、栽培技术措施和种植过程的各项操作活动等都需要相关的管理部门能够以专人负责的方式对其进行全面的记录并保存。而茶叶种植的土壤情况、茶树生长情况以及使用农业投入品名称、来源、用法、次数、数量、使用日期，茶园发生的病、虫、草害的种类、数量、面积与防治措施，包括用药品种、次数以及用药量等也需要能够一一的进行详细记录，根据这部分内容专门建立起化学品以及农业措施的使用情况台账，并对相关农药以及化学品的购买及使用情况进行详细的记录。

（三）病虫害防治

茶叶病虫害防治突出“以防为主，综合防治”的方针，防治措施以农业防治为基础，尽可能发挥生物防治手段作用、辅之以化学防治方法进行病虫草害综合治理。提倡使用生物农药，保护和利用天敌。

1. 农业防治

合理修剪、科学施肥、合理采摘，新植茶园做到选用抗性良种，茶林配植。

2. 物理防治

推广色板诱杀技术和太阳能杀虫灯，如利用昆虫的趋光习性推广灯光诱杀技术，灯光诱杀对茶叶上的茶尺蠖、茶毛虫、斜纹夜蛾成虫具有明显的诱集效果。

3. 化学防治

（1）要按茶叶病虫害发生的情况适时、适量地选用对口农药进行化学防治，提倡农药的合理混配，按照农药安全使用准则用药，严格掌握使用剂量和次数，严格掌握农药安全间隔期。

（2）要科学选择施药器械，进行低容量喷雾，调整喷药时的高度，提高防效，减少农药用量。

（3）要减少普治，尽量做到挑治、一药多治，合理轮换农药品种。大力推广对植株杀伤力小，对茶叶害虫防效高的低毒化学农药，达到保护植株与控制害虫的协调。要改变见虫就治，乱用滥用农药的习惯，要做到达标防治。乱用滥用农药会导致茶叶害虫抗药性产生，农药防效下降，虫越治越多，企业生产成本增加。

三、茶叶加工质量安全可追溯的基本要求

（一）茶叶加工

茶叶加工是茶叶质量安全追溯体系的中间过程，也是茶叶整个生产过程中非常重要的一个环节，需要我们能够有针对性的建立起相关的记录制度。

1. 建立茶叶卫生制度

卫生制度是食品乃至茶叶的基础的关键，对于茶叶加工过程中各个环境的生产人员健康情况、加工车间以及厂区的卫生情况、机械设备的卫生情况都应当保证能够在定期检查的同时，对检查结果进行详细的记录；茶厂加工设备定期进行技术改造和升级，不使用重金属含量高的机械。茶厂质量管理制度健全，产品质量实施全程监控；加工人员要持健康合格证和上岗培训合格证上岗，要掌握茶叶加工工艺与操作技术，懂得茶叶加工卫生质量要求，具备茶叶加工所需的基本素质。

2. 建立加工记录制度

对茶叶的鲜叶品种、产地、数量、等级、日期以及批号等信息进行详细的记录；对于茶叶鲜叶投入加工过程时间、操作人员、加工工艺、操作方法、技术参数及加工半成品、毛茶批次、数量、调运单位、地点、时间都应详细记录。除此之外，仓库也需要能够建立起完善的台账，并以定期检查的方式保证仓库中的货物质量以及账物能够保持一致。加工制作、包装、贮藏和运输均要严格按照无公害食品的有关要求，以防产品污染，使茶叶加工实现企业化管理，实现加工过程规范化，消除卫生安全隐患，实现清洁化加工。

（二）产品检验

茶叶质量检测技术包括茶叶原料质量检测和成品茶质量检测。茶叶原料质量检测重点是茶叶源头检测体系的建设，对农药经营单位和农药田间使用情况进行监督检查，从源头上控制茶叶农药残留，建立茶园农残监测点，推广茶叶农残速测技术，定期或不定期对茶叶农残项目进行检测，并做到茶叶鲜叶进厂分级验收，毛茶进厂检测。成品茶产品质量检测要求茶厂必须配备茶叶农药残留和卫生质量检测设备，完善茶叶出厂检测体系建设，才能有效降低和杜绝茶叶重金属、农残超标事件的发生。

四、茶叶销售质量安全可追溯的基本要求

销售是茶产业链的最终环节。在茶叶销售的过程中，首先需要能够对客户名称、销售日期、品种名称、生产批次、规格、数量及包装材料等信息进行记录，保证在每批茶叶出现质量问题时能够及时寻找买家，并对这部分茶叶召回。同时，茶叶企业还需要能够对茶叶来源进行详细的记录，如出货日期、供应商名称和批次、收货品名等级以及数量等，能够在茶叶质量问题出现时及时的同上级供货商反映情况。茶叶销售环节记录信息点见表 9－1。

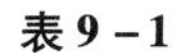

表 9－1　茶叶销售环节记录信息点
（GB/T 33915—2017《农产品追溯要求　茶叶》）

追溯信息	描述	信息类型	
		基本追溯	扩展追溯
经销商信息	经销商名称、法人代表、生产者、联系电话、地址或者组织机构代码	★	
	经销商资质、销售点		
产品来源	生产厂家、产品名称、生产日期	★	
	产品质量情况、规格、数批、产品检验报告		
产品信息	产品名称、产品批号、产品的唯一性编码与标识	★	
	产品质量情况、产品认证信息、产品数量、规格、保质期、产品检验报告		
出入库信息和仓储信息	出入库时间、流向	★	
	出入库数量、温度、湿度、仓库卫生状况		
产品运输信息	运输起止时间、运输起止地点	★	
	运输工具、运输工具卫生状况、天气状况、运输方式、运输人员、运输数量		
零售信息	零售负责人、零售时间	★	
	零售数量、零售区域环境卫生状况、温度、湿度、零售方式		

注：★表示描述的信息属于此类信息。

第二节　茶叶质量安全追溯体系的建立

一、编码系统的建立

溯源码编码是茶叶溯源系统运行的基础。为了对茶叶生产过程进行追溯，首先要对生产过程中的诸多要素进行编码标识，如生产基地、种苗、肥料等，对茶叶生产全程各个环节尤其是追溯关键环节进行有效标识，茶叶质量安全追踪和溯源才真正有效。编码就是赋予茶叶生产环节上各个要素的身份信息，并且这种身份信息必须是唯一而排它的。

国外多采用 EAN · UCC 系统（欧盟制定的一套编码系统）对农产品进行追溯编码。欧盟已在牛肉、蔬菜等开展食品跟踪研究。参考国际物品编码协会的做法，中国物品编码中心结合中国的实际情况出版了《水果、蔬菜跟踪与追溯指南》《牛肉产品跟踪与追溯指南》和《EAN · UCC 系统在食品安全追溯中应用案例集》，之后又制定 NY/T 1430—2007《农产品产地编码规则》。茶叶溯源编码主要考虑产地、等级、种类、包装、生产日期等作为特征编码。编码可以是条形码（一维码）、二维码、电子标签（即 RFID）等以现代信息技术应用为基础的编码技术。

（一）茶叶标识的数据载体

数据载体主要包括条形码、二维码、电子标签。

1. 条形码

条形码（一维码）是将宽度不等的线条与空白按照一定的编码规则组合起来的符号，用以代表一定的字母、数字等资料。一维条码是迄今为止最经济、实用的一种自动识别技术。条形码的外观特点是由纵向黑条和白条组成，黑白相间且条纹的粗细不同，通常条纹下还会有阿拉伯数字或英文字母。一般现在较流行的条形码有 39 码、128 码、EAN 码（国际物品编码协会制定的一种商品用条码）、UPC 码（美国均匀码理事会制定的一种商品条码）等。条形码标签易于制作，对设备和材料没有特殊要求，识别设备操作容易且设备也相对便宜，成本非常低。

通用的商品条形码一般由前缀码、制造厂商代码、商品代码和校验码组成。商品条形码中的前缀码是用来标识国家或地区的代码，赋码权在国际物品编码协会。比如，00－09 代表美国、加拿大；45、49 代表日本；69 代表中国大陆，471 代表中国台湾，489 代表中国香港。制造厂商代码的赋码权在各个国家或地区的物品编码组织，中国由国家物品编码中心赋予制造厂商代码。商品代码是用来标识商品的代码，赋码权由产品生产企业行使。图 9－1 为条形码样例。

图 9－1　条形码样例

条形码具有以下几个方面的优点。

（1）输入速度快　条形码输入的速度是键盘输入的 5 倍，能实现“即时数据输入”。

（2）可靠性高　键盘输入数据出错率为 1/300，利用光学字符识别技术出错率为 0.01%，而采用条形码技术误码率低于 1/1000000。

（3）灵活实用　条形码既可以作为一种识别手段单独使用，也可和有关茶叶识别设备组成一个系统实现自动化识别，还可以和其他控制设备连接起来实现自动化管理。

（4）成本低　条形码标签易制作，对茶叶生产设备和材料没有特殊要求，识别设备操作容易，不需要特殊培训。在茶叶零售业领域，因为条码是印刷在商品包装上的，所以其成本几乎为零。

2. 二维码

二维码是在条形码基础上发展起来的编码技术，在水平和垂直方向的二维空间存储信息的编码，称为二维码（2 - dimensional bar code），能够在横向和纵向两个方向同时表达信息，因此能在很小的面积内表达大量的信息。二维码是用按一定规律在二维方向上分布的黑白（点空）相间的图形来记录数据的符号，然后通过光电扫描设备识读以自动识别商品的信息。在代码编制上利用黑、白像素来表示计算机逻辑中的“0”“1”从而能够记录信息。二维码与条形码相比，具有读取方便、采集速度快、存储容量大、安全性高等特点，它广泛应用于食品溯源、防伪等领域。

二维码分为两大类，即矩阵式二维码、行排式/堆积式二维码。矩阵式二维码，又称棋盘式二维码，是在一个矩形空间通过黑、白像素在矩阵中的不同分布进行编码。在矩阵相应元素位置上，点（方点、圆点或其他形状）表示二进制“1”，点不出现表示二进制“0”，点的排列组合确定了矩阵式二维码所代表的含义，包括 QR Code、Data Matrix、Maxi Code、Code One 等。行排式/堆积式二维码的编码原理是建立在条形码基础之上，将多个条形码在纵向堆叠而产生的，按需要堆积成两行或多行。它在编码校验原理、设计等方面继承了条形码的一些特点，条码印刷与识读设备与条形码技术兼容，包括 PDF417、CODE49、CODE 16K 等。图 9 - 2 为常见的矩阵式二维码和行排式/堆积式二维码。

(1)堆积式二维码

(2)矩阵式二维码

图 9 - 2　二维码样例

二维码除了具有条形码的所有优点之外，还具有以下优势。

（1）信息容量大　二维码可以容纳 1000 多个字节，单位面积的二维码所能容纳的数据量远大于条形码；

（2）表达形式全面　二维码能够将茶叶相关的生产企业资质、农事记录、检测报告等以数字化的信息进行编码并存储，结合现代信息扫描终端，方便消费者查询茶叶生产加工全过程；

（3）纠错与抗污损能力强　不同二维码可以设定不同的纠错等级，对于等级最高的二维码，只要损坏面积不超过 50%，仍能恢复其存储的数据。

3. 电子标签

电子标签即无线射频识别技术（radio frequency identification，RFID），又称无线射频识别。电子标签被广泛应用于农产品溯源、门禁、图书管理等，它是基于无线射频传输技术实现数据读写，自动识别目标，识别时无须人工干预，可同时识别多个电子标签，可工作于各种恶劣环境，操作方便快捷。无线射频识别技术工作原理：阅读器发出无线射频指令，会在一定空间内形成交变磁场，电子标签进入到磁场区内时会感应磁场产生电流来驱动电子标签，电子标签内存储的数据发送到阅读器中，读写器可自动以非接触方式读写电子标签中记录的包括在生产、加工和销售等环节的相关信息，实现对农产品标识信息的准确、快速、高效的采集。图 9 – 3 为无线射频识别系统组成。

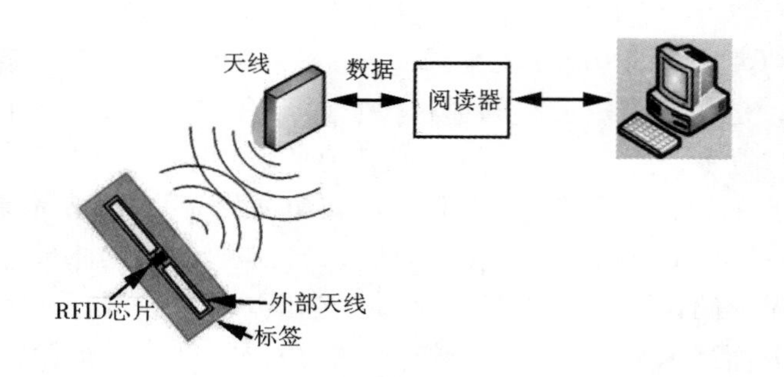

图 9 –3　无线射频识别系统组成

无线射频识别系统由电子标签、读卡器和天线组成，电子标签内部存在唯一的编码，它是由微型天线、耦合原件以及芯片共同构成。电子标签是用来对目标对象进行标识，附着在物体表面，且可保存有约定格式的数据信息。电子标签可以实现对茶叶供应链的每个生产环节进行有效标识，从而实现对茶叶的种植、加工、包装、贮藏、运输以及销售等环节的信息进行实时记录。电子标签分为无源和有源两种：有源电子标签内部配置电池供电，其工作过程就是标签收到读写器发送的读写指令后再向读写器发送标识信息的过程；无源标签的工作过程就是读写器向电子标签传递能量，电子标签向读写器发送标识信息的过程。无源标签没有内部电源，因其体积小，价格低廉，占据了当今市场的主要份额。图 9 –4 为电子标签。

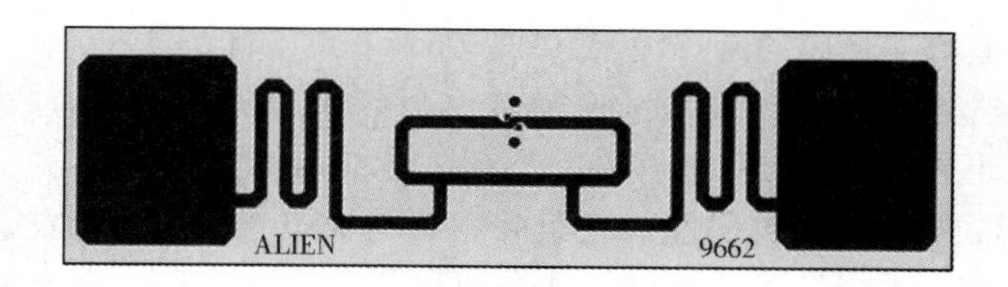

图 9 –4　电子标签

电子标签读卡器由天线、读写模块和射频模块组成，用来接收电子标签发送的数据或将数据写入电子标签中，读卡器能够无接触地识别和读取电子标签中存储的数据信息。根据应用场合可不同，读卡器分为固定式读卡器和手持式读卡器两种，一般固定式读卡器多安装在溯源使用的生产线等场所，手持式读卡器用于灵活应用场所。图 9 –5 为电子标签读卡器。

电子标签具有以下特点。

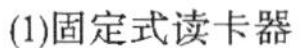

(1)固定式读卡器

(2)手持式读卡器

图 9-5 电子标签读卡器

(1) 识别率高、读取方便 电子标签读卡器可以同时读取多张卡，并且可以读取运动中标签上的信息，有效读取距离长，内置电源的电子标签甚至可达上百米。

(2) 信息存储容量大 条形码的容量是 50 字节，二维码最大的容量可储存 2～3000 字节，电子标签存储数据最大的达到数兆字节，其数据内容可经由密码保护，使其内容不易被伪造及变造。

(3) 可重复使用 条形码印刷上去之后就无法更改，电子标签则可以重复地修改、新增、删除电子标签卷标内储存的数据。

(4) 应用范围广 电子标签基于无线射频技术传输数据，可以嵌入或附在不同类型的产品上，可直接读写密封包装的茶叶商品信息，即使在粉尘、油渍等环境中也不会受到干扰。

（二）数据载体特性对比

条形码尺寸较大，信息存储量小，只能存储茶叶的基本信息（英文和数字），如名称、产地等，不能提供商品更详细的信息，缺乏容错能力，只能采用人工的方法进行近距离的读取，无法实时快速获取大批量的信息，且易因受污染、磨损而失效，故不适宜在复杂的茶叶供应链安全管理过程中使用。

在条形码基础上发展的二维码，不但具备识别功能，而且可显示更详细的农产品内容。虽然二维码数据储量大，但二维码识别对所处环境要求较高，易受粉尘、日光等自然环境影响，需要人工近距离识别操作，无法实时快速获取大批量茶叶的生产信息。

无线射频识别系统中的电子标签、电子标签读卡器和及天线，价格成本都很高。与普通的二维码进行对比，电子标签的价格是二维码价格的几十倍，加上管理软件的升级和维护的费用，增加茶叶物流企业营运成本。无线射频识别射频频率与协议标准不统一，不同茶叶物流单元的物流追溯信息协调难度大。虽然无线射频识别技术还存在成本、技术、信息安全和标准化等问题，但随着农业信息化的发展，电子标签的成本会不同程度地下降，技术应用的适应度也会不断改善，无线射频识别技术在茶叶质量安全追溯的应用已是指日可待。数据载体特征对比见表 9-2。

表 9－2　　数据载体特征对比

编码	环境要求	识别方式	重复使用	存储容量	成本
条形码	高	人工	否	小	低
二维码	高	人工	否	大	低
电子标签	低	自动	是	大	高

二、茶叶质量安全可追溯制度体系的建立

茶叶质量安全追溯体系的建设及实施必须要有完善的制度体系作保障。从茶叶生产企业来说，必须建立和完善茶叶质量管理、茶园生产管理、茶叶加工管理、记录管理、卫生清洁、培训、茶叶召回等制度体系。茶叶可追溯制度体系也可以是部门规章制度以及法律法规等。

（一）茶叶生产企业

茶叶生产企业要严格按照相关法律、法规、标准和生产许可条件等组织生产，保证生产条件持续符合规定。

1. 严把原料质量安全关

自建茶叶原料基地的生产企业，应当严把原料采购关，认真落实原料进货查验记录制度，对茶叶种植过程农业投入品的使用按要求严格控制，严禁使用国家明令禁止的农药。外购茶叶原料的茶叶生产企业，应当建立供应商档案，并定期审核评估，以重金属、农残为重点，严把茶叶质量安全关。

2. 不使用食品添加剂

茶叶生产企业要执行 GB 2760—2014《食品安全国家标准　食品添加剂使用标准》的规定，生产茶叶不允许使用任何食品添加剂。

3. 生产过程严格把控

新修订的《茶叶生产许可审查细则》，对原辅料、生产过程、产品出厂等茶叶生产全环节质量安全控制，提出更加严格的要求。企业在生产许可证有效期届满换证时，必须遵照执行。

4. 强化出厂检验

要按照 GB 2762—2017《食品安全国家标准　食品中污染物限量》等规定检验污染物；按照 GB 2763—2019《食品安全国家标准　食品中农药最大残留限量》等相关法律法规及标准规范检验农药残留，茶叶检验合格后方可出厂。茶叶生产企业要按照食品安全国家标准和企业标准，进行茶叶出厂检验，检验不合格的，一律不得出厂销售。茶叶企业不具备自检能力的，要委托有法定资质的食品检验机构进行检验。一旦发现产品中重金属、农药残留等超标，要立即停产、彻查原因、召回茶叶，并向所在地食品药品监管部门报告。

5. 规范标签标识

茶叶生产企业要按照《食品安全法》、GB 7718—2011《食品安全国家标准　预包装食品标签通则》、《食品标识管理规定》、企业标准和相关茶叶标准等规定，严格规范

标签标识。要严格做到“五个不准”：不准虚假标注产品执行标准、质量等级；不准生产无标识、标识不全或标识信息不真实的茶叶；不准虚假标注生产日期；不准虚假标注茶叶原料种植地区或类似表述；不准虚假标注手工制作、野生、贮存年份或类似表述。

6. 建立茶叶质量安全追溯体系

茶叶生产企业要按照 GB/T 33915—2017《农产品追溯要求　茶叶》《食品药品监管总局关于推动食品药品生产经营者完善追溯体系的意见》（食药监科〔2016〕122号）和《关于发布食品生产经营企业建立食品安全追溯体系若干规定的公告》（食品药品监管总局公告 2017 年第 39 号）要求，建立茶叶质量安全追溯体系，确保实现全程追溯。

（二）记录（信息）体系建立

茶叶质量安全记录（信息）体系建立主要是指参与的组织/人员信息，原料，产品信息、环节/过程信息等，包括农药、化肥等采购、出入库记录、茶园农事操作记录、毛茶采收记录、茶叶加工记录、茶叶包装、运输、销售记录等。追溯体系的实质是信息管理体系，因此信息收集、记录体系成为茶叶质量安全追溯体系的重要内容，在茶叶质量安全出现问题的时候，记录（信息）体系是查找问题和解决问题的基础。

茶园基地茶农、茶厂技术人员、保管员等在茶叶种植、采摘、加工、仓储、包装、销售等环节中，人工或手持 RFID 等工具，将相关生产管理的信息录入系统。表 9－3 为茶叶生产、加工、营销环节的信息采集内容。

表 9－3　茶叶生产、加工、营销环节的信息采集内容

信息记录环节	记录内容
茶叶管理	农事管理（时间、操作人员、地块名称、地块面积、品种名称、作业类、审核人）；病虫害防治（使用时间、产品名称、有效成分及含量、生产厂家、领货时间、操作人员、施用量、效果）
茶叶采摘	采收日期、地块名称、采收面积、品种名称、等级、采收数量、操作人员
茶叶加工	茶青条码、原料条码、加工日期、保质期、企业名称、原料来源、产品名称、等级、茶青数量、毛茶数量、精茶数量、制茶种类、加工负责人、卫生情况
茶叶包装	客户名称、条码、规格、包装数量、零售价、批次、产品名称、原料来源、生产企业、生产日期
茶叶运输与销售	发货日期、车牌号、产品追溯码、发货数量、规格、客户名称、运输类型、发车地、到达地、驾驶员
茶叶检测	检测日期、检测对象、检测类型、抽检量、取样日期、检测机构、送样日期、检测员、抽样员、检测审核人、检测结果

（三）基于物联网的溯源节点信息采集

1. 农业物联网概念

物联网是在互联网基础之上发展而来，它一般是指物与物之间的联网。物联网的核心是物与物以及人与物之间的信息交互。物联网采用了无线射频识别、各类传感器、5S 技术（即遥感技术、全球定位系统、地理信息系统、专家系统、决策支持系统）等各类传感设备将物体与互联网连接起来，并将采集数据处理分析，实现物与物、人与物的高度融合，以达到精准管理、实时控制的目的。

农业物联网是指通过农业信息感知设备，按照约定协议，把农业系统中动植物生命体、环境要素、生产工具等物理部件和各种虚拟“物件”与互联网连接起来，进行信息交换和通讯，以实现对农业对象和过程智能化识别、定位、跟踪、监控和管理的一种网络。依据信息学的基本研究内容，即信息的获取、处理、传递和利用，农业物联网关键技术可划分 4 个层次，即感知层、传输层，处理层、应用层，重点解决农业个体识别、情景感知、异构设备组网、多源异构数据处理、知识发现、决策支持等问题。农业物联网将扭转当前农业生产以人为主，以机器、科技为辅的局面，开创以机器、科技为主，以人为辅的生产模式，解放农业设备生产力，从而实现农业生产全过程监控和科学管理，全面降低农产品生产经营成本。图 9 –6 为农业物联网体系结构。

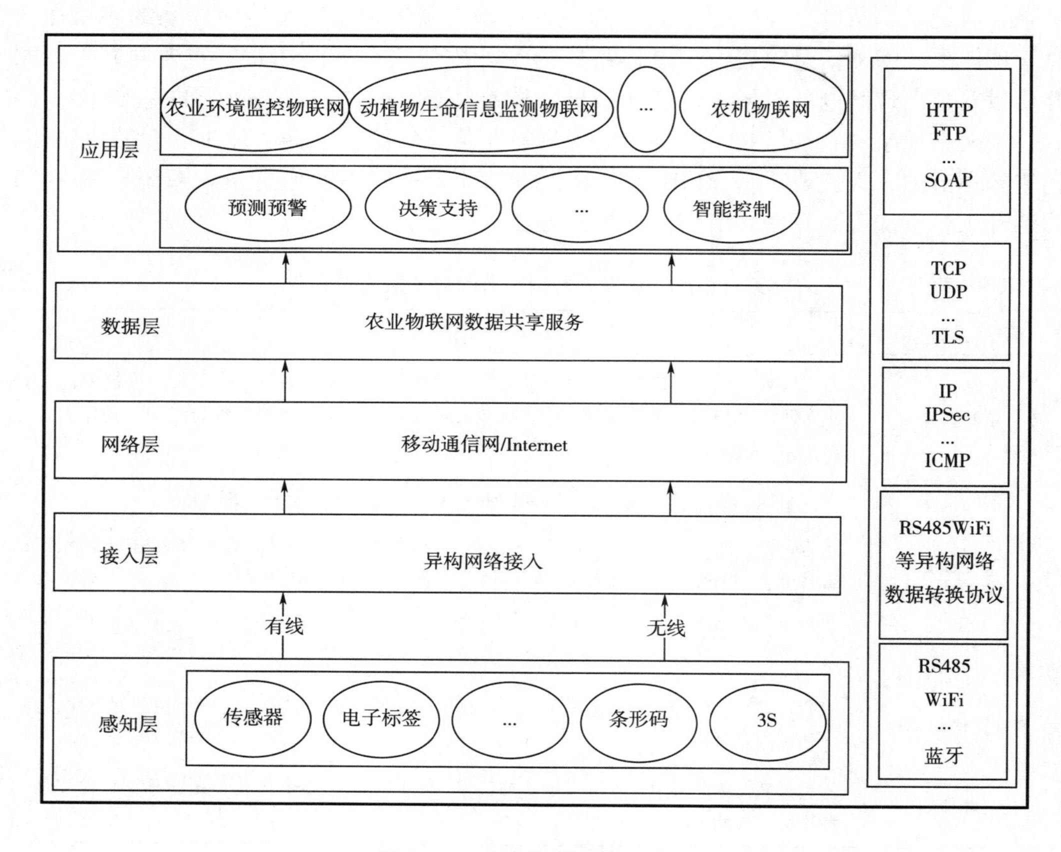

图 9 –6　农业物联网体系结构

茶叶溯源节点信息主要包括茶叶采收、生产和销售，各个节点信息多，采用传统人工采集方式，信息工作量大、成本高、实时性差。消费者往往只能参与茶叶销售和服务这些下游环节，对准备、生产和加工等上游环节缺乏对应的信息。物联网技术与茶叶的结合，有效地实现茶叶上游生产信息的公开和可追溯。物联网技术已在农业信息化中初步应用，通过物联网的实时传感采集和历史数据存储，能够高效地提供茶叶精准丰富的信息，使消费者、厂家、监管部门全面了解茶叶产品信息。通过物联网项目的实施，使茶叶企业从传统的生产、加工、销售及售后服务的模式转变为为消费者提供高效、快捷、精准的优质服务，同时，茶企在生产、管理上降低了成本，提高了经济效益。

2. 物联网技术在茶叶质量安全溯源系统的应用

物联网技术重点集中在茶园测土配方施肥专家系统、茶树生境逆境感知与预警系统、重要病虫害预测预警系统、肥水一体化微滴灌控制系统、茶叶质量安全快速检测与可追溯系统等，实现茶园生产管理精准化和为茶园水、肥、旱、寒、冻、病虫害防治等提供预警及应对措施。通过传感器与视频对茶树生长环境进行实时监控，统计所有茶园的环境和田间操作的记录，企业可对种植工作提前预告提供依据。通过系统数据和历史统计对茶园种植如病虫害、采摘、施肥等工作进行提前预告以图形导航形式展现，企业可对种植各项工作进行统一管理，也可对种植各项工作进行回查，便于企业管理。

茶叶企业各环节的物联网信息化建设，主要包括网络中心、管理中心、传感系统、追溯系统、数据中心。

（1）网络中心　主要包括种植基地和销售门店内部局域网和互联网接入。在机房部署应用服务器、数据库服务器和视频综合平台服务器，使用网线接入企业内部局域网中。

（2）管理中心　主要用于企业指挥调度，通过 LED 拼接屏等实时显示茶叶企业各类监控信息和数据。企业管理者可以直观了解到种植基地、加工厂、销售门店的生产情况，也可通过图表的形式实时了解到企业的生产和经营报表和数据，为企业的科学管理和决策提供信息化的支撑。

（3）传感系统　在茶叶种植基地安装传感系统，传感器可分别采集风速、风向、空气温度、空气湿度、大气压强、光照强度、光合有效辐射、日照时数、蒸发量、降雨量、土壤温度、土壤湿度等，把采集的信息通过有线发送到数据中心。

（4）追溯系统　通过传感器或者手工录入的方式采集种植、加工、销售等各个环节的重要数据。在茶叶的种植环节可以采集地块信息以及其他重要的农事生产记录等信息；在物流环节可以采集物流车辆的编号、物流时间以及通过全球定位系统（GPS）采集物流路线等信息；在销售环节可以采集茶叶销售场所、进入销售场所的时间等信息。

（5）数据中心　企业应用平台数据分为应用数据和视频数据两部分，应用数据保存系统配置信息、参数信息、基础台账、生产数据、历史数据、传感器和用户账号等信息，保存在数据库服务器上。视频数据主要是各个摄像头采集的图像信息，用于历史视频的回放，保存在视频监控服务器上。

（四）溯源数据查询

消费者购买茶叶后不仅可以通过网站、手机短信、语音电话，也可以通过扫描产品包装上的二维码进行查询。查询内容包括茶叶的名称、产地、农事记录、采摘时间、新茶等级、加工时间、包装时间、出入库时间等溯源信息，同时配以图片和视频显示，使消费者对茶叶生产与加工有直观的认识。

茶叶产品质量安全追溯体系的关键是追溯链的连续性和完整性。连续性是保证从茶叶种植至最终产品全过程质量安全信息能顺利被跟踪，以及从最终产品至茶叶种植的质量信息能被完整地追溯。茶叶编码体系的建设与完善直接关系到追溯链的连续性，而记录体系则影响茶叶追溯链的完整性。与茶叶追溯链的完整性相比，茶叶追溯链的连续性更为重要，一旦茶叶追溯链不连续，则无法完成其过程追溯，但追溯信息不完整，只是无法获取完整的茶叶质量安全信息。

第三节　茶叶质量安全追溯体系案例分析

本案例中的农产品溯源系统以茶叶为研究对象，综合采用二维码技术、计算机技术和农业生产技术，通过分析影响茶叶安全生产的关键栽培技术，设计出茶叶质量溯源管理的主要业务流程，并研究影响茶叶质量的利益相关主体的积极性因素，确定茶叶供应链相互之间的关联度，划分系统功能模块。

一、系统分析

系统分析首先需要了解茶叶生产过程中影响其质量安全的因素，找出哪些重要环节是必须进行监控的，才能有针对性地为溯源系统的构建提供基础。

（一）影响茶叶质量安全的重要因素分析

1. 种植环境

茶叶种植环境检测一般分为水环境、大气环境和土壤环境三类。

（1）水环境　国内外专家早在20世纪70年代就开始关注污染物在土壤水环境中的迁移转化，从定性和定量的角度都证实了污染物在灌溉水环境下会长期存在，对作物造成质量安全影响；实验证明，污染物在水环境中将发生一系列的物理、化学和生物行为，其中一部分污染物降解或转化为无害物质，一部分通过挥发等途径进入其他相中，还有一部分会长期存在于水环境中，影响作物的生长。

（2）大气环境　在茶叶生长过程中，大气中的一些有害物质如氟化物、硫化物、烟尘颗粒等不但危害茶叶的生长发育，而且残留在茶叶中对人体也会产生危害。此外，还有很多研究发现，茶叶中残留的重金属及有害化合物也有部分来自茶叶种植的大气环境，如铅、汞等重金属。

（3）土壤环境　土壤环境是茶叶最主要的生长环境。如果土壤受到污染，污染物将会通过食物链最终危害人类健康。科学研究发现，茶叶产地土壤污染是造成茶叶重金属含量超标的一个重要因素。

2. 农业投入品

一般可以将农业投入品解释为投入到农业生产过程中的各类物质生产资料，所以，农业投入品是农业生产的物质基础，任何农业生产都离不开农业投入品。从无公害农产品生产的角度讲，农业投入品主要指在农业生产（种植业、养殖业）中使用的事关农产品质量安全的农药、化肥、兽药、饲料（饲料添加剂）、种子等重要农业生产资料。茶叶生产过程中的农业投入品指生产过程中使用或添加的物质，包括农药、茶苗、肥料、农膜、包装袋、植保机械等农用生产资料。

3. 生产管理

茶叶生产管理包括茶园田间管理与茶叶收获后的加工、包装管理。研究表明，田间管理主要依靠农场作业的良好操作规范以及无公害生产技术，并以 GB/T 20014. 2—2013《良好农业规范　第 2 部分：农场基础控制点与符合性规范》、GB/T 20014. 3—2013《良好农业规范　第 3 部分：作物基础控制点与符合性规范》、GB/T 20014. 12—2013《良好农业操作规范　第 12 部分：茶叶控制点与符合性规范》、GB/T 33915—2017《农产品追溯要求茶叶》的内容为基础，以实用性和操作性为基本原则，筛选出适合茶叶质量溯源管理的关键控制点，满足规模化茶园标准化种植的要求。

（二）茶叶生产过程的重要环境分析

从影响茶叶质量安全的因素分析可以看出，影响茶叶质量安全的因素很多，而且每个因素之间并非相互独立，各个因素之间常常存在相互依存、相互影响的密切联系。利用原因树（causes tree）和结果树（uses tree）分析影响茶叶质量安全的因素，可以帮助我们从直接关联的影响因素中找出茶叶生产过程中必须管控的重要环节。图 9 –7 为茶叶质量的原因树。

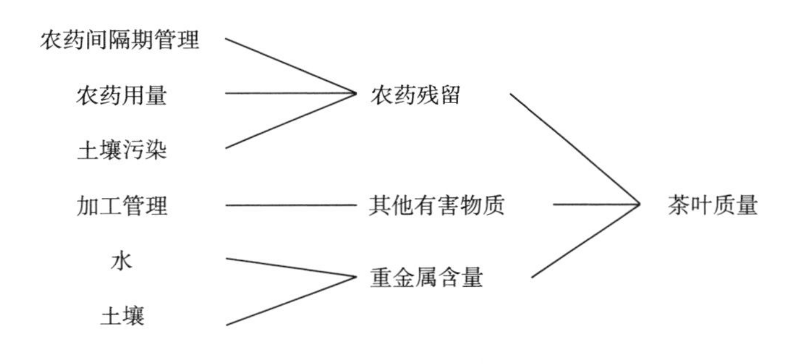

图 9 –7　茶叶质量的原因树

因此，从以上各项分析中可以归纳出茶叶生产过程中必须进行严格管控的几个重要环节。

1. 土壤管控

土壤环境是茶叶生产环境中最为重要的一项，与茶叶质量安全有直接联系，必须进行监控；茶叶移栽之前必须对土壤依照国家标准进行检测。

2. 日常管理的管控

日常管理包括农户对茶叶进行的各项田间措施和加工包装管理。其中，田间管理对农户进行的播种、病虫害治理、灌溉、施肥等措施都要进行记录和实施审核；加工包装管理对工作人员的包装进行实时记录。

3. 农药施用的管控

农药的施用对茶叶的危害最为直接。在茶园日常管理中对农药的品种选择、用量、安全间隔期要进行严格管控，并且对茶叶要定期进行农药残留检测。

二、系统设计

通过分析茶叶良好农业规范关键控制点，构建基于二维码的茶叶质量溯源管理系统，为茶农、茶企业提供茶叶种植与加工生产的信息化管理，包括茶园地块划分、农资投入品来源与使用情况、茶园农事操作记录、茶叶加工记录、产品检测记录等，实现“生产有记录、过程留痕迹”的茶叶安全生产管理模式；同时为销售门店、消费者提供茶叶产地、品种、农业投入品使用情况等产品生产过程信息。通过建立质量安全信息传递与信用机制，从源头控制农残，有助于茶叶规范化生产，提升茶叶质量。

（一）溯源码

1. 溯源单元划分

溯源单元划分是农产品溯源系统中最基础的技术环节。溯源单元是指在供应链条中可以作为产品信息唯一标识的具有相同特征又相互独立的可追溯对象。溯源单元的大小决定了溯源系统的精度，与系统运行成负相关。茶叶是单体价值低、数量多的快速消费类产品，追溯单元划分既要考虑产品的溯源精度，又要照顾企业的运行成本。在茶叶种植过程中，同一产地、同一品种的茶叶一般采用相同的农事操作，按相同的批次进行管理；同一产地来源、不同的茶叶品种，可能有着不同的农事操作，按不同的生产批次进行管理。因此结合茶叶的生产特性，将地块、茶叶品种、采收日期三个要素进行组合来划分溯源单元，将相同地块相同采收日期的相同茶叶品种视为一个溯源单元，相同地块不同采收日期的相同茶叶品种则视为不同的溯源单元。

2. 溯源码设计

建立统一的编码体系是开展农产品溯源的基础，信息标准化、唯一性是实现溯源系统的关键。面对用户查询和企业管理的不同业务需求，系统采用内部管理溯源码和外部查询溯源码两种并行编码方式。企业内部溯源码主要解决产品的产地、品种、采收日期信息记载问题。消费者查询溯源码主要实现产品标识的“一物一码”、全球唯一及防伪功能。结合系统软件开发，通过一个企业内部溯源码关联多个查询溯源码的方式实现从产品到产地的溯源。

茶叶的种植地块用途一般较为固定，进行划分和编号后一般不变动。茶叶基地的地块、种植的茶叶种类、采收日期是主要信息，因此，依据茶叶溯源单元划分方法，系统按“村行政区划码（含村级以上）+地块流水号+茶叶品种+采收日期（开始日期）”来设计企业内部茶叶溯源码。一个信息溯源单元编码由4个代码段组成，共26位，编码规则为C1C2C3…C10C11C12 L1L2L3 B1B2B3B4B5B6B7YYMMDD。其中C1C2C3…C10C11C12为村级行政区划代码，共12位（C1C2表示省级，C3C4表示地市级，C5C6表示县区市，C7C8C9表示县乡镇，C10C11C12表示村），参照GB/T 2260—2002《中华人民共和国行政区划代码》进行设计，并根据国家统计局发布的最新县及县以上行政区划代码（截止到2013年8月31日）更新代码；L1L2L3为地块流水码，共3位，以开始通过溯源系统注册地块的先后顺序进行编码，一个村最多可支持999块地；B1B2B3B4B5B6B7为茶叶品种编码，共7位（B1表示总类，如农作物、园林作物、畜禽、水产等；B2表示大类，如粮食、纤维、油料、蔬菜、果树、糖烟茶桑等；B3B4表示中类，如糖料、烟草、茶、桑等；B5B6B7表示小类，即茶叶品种，如金牡丹、黄观音、丹桂等），根据数字农业信息分类体系对茶叶品种进行编码；YYMMDD为采收开始日期码，共6位数字（YY表示年份，取年份的后两位数；MM表示月份；DD表示日期）。消费者查询溯源码的设计则根据茶叶产品标识长度简短、唯一、易使用等特点，选择由系统随机生成的20位唯一码作为产品溯源标识。手机扫码查询是目前消费者比较熟悉的查询方式，将打印的二维码标签作为茶叶产品身份代码，并实行一物一码，达到方便、快速查询的目的。

（二）茶叶生产流程设计

通过对福建安溪县、武夷山市、周宁县等地的多家茶叶生产企业的实际调研，着重了解良好农业规范茶园（包括无公害、绿色、有机）种植生产相关流程，参照企业原有的生产流程，设计出茶叶质量溯源管理系统的主要业务流程（图9－8），为系统设计和开发建立基础。系统将各种生产数据、设备和人力，通过溯源编码实现可追溯功能，不仅能加快完成系统的开发，而且与企业的生产管理结合，保障系统的实用性。

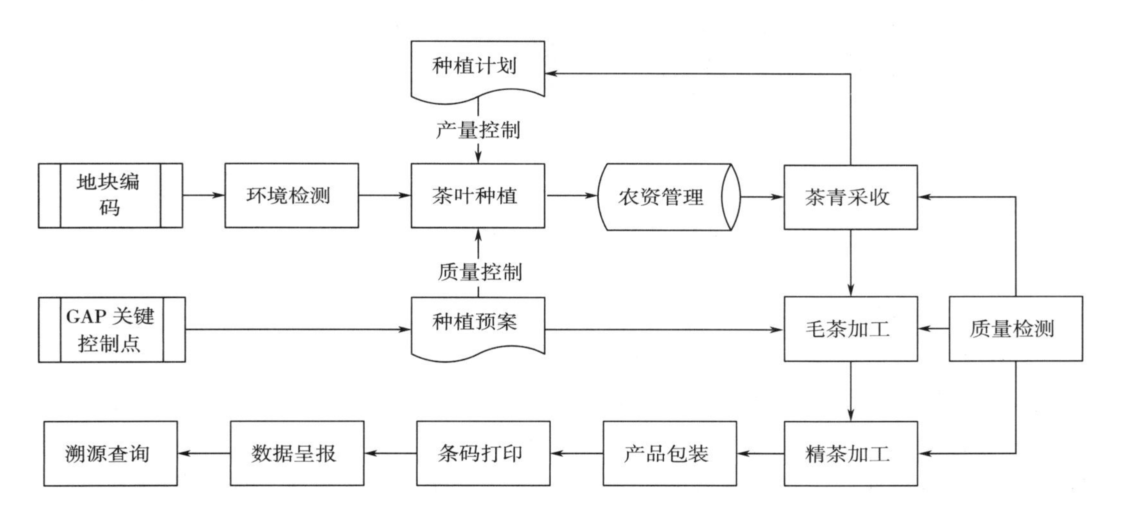

图9－8　茶叶质量溯源管理系统主要业务流程

（三）系统框架设计

通过对茶叶生产流程的分析，考虑到茶农、茶叶企业以及消费者的不同使用需求，系统采用软件即服务（SaaS）架构，建立面向茶叶种植生产全过程的数据采集、分类、存证、记录、处理、统计、分析、查询的企业生产管理中心和面向消费者的溯源数据查询中心。两个中心关联服务，提供全程信息化系统，相互独立又紧密耦合。企业生产数据管理端采用客户端/服务器（C/S）架构，信息获取端采用浏览器/服务器（B/S）架构，图9－9为系统架构图。

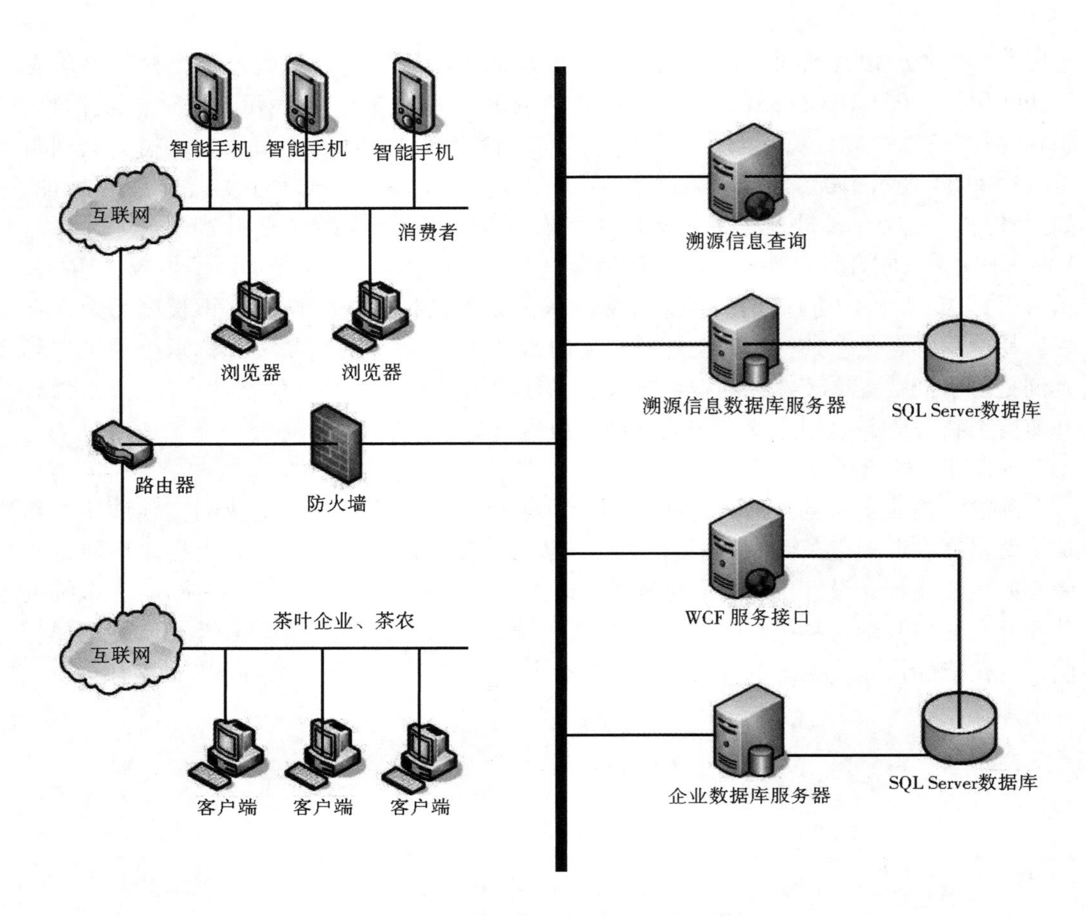

图 9-9　茶叶质量溯源管理系统架构图

（四）系统功能模块设计

根据系统总体思路，结合茶叶供应链上各部门对信息的管理，系统主要划分为基地生产管理、良好农业规范关键控制点管理、茶叶加工包装管理、质量溯源查询 4 个模块组成。各功能模块的功能如下：茶叶基地管理一般包括茶叶基地选择、产地环境检测、农事管理、化学投入品管理等内容，主要根据茶叶良好农业规范关键控制点的要求，对茶园环境进行检测，茶叶种植过程中的农药或者肥料的使用要符合标准，在每项田间管理实施之前，先打印标识有各项计划操作的关键控制点的种植预案（即生产工单），然后按工单要求进行规范操作，操作完成后，将各项计划的操作录入系统，从而达到对茶叶生产进行监控指导的作用；良好农业规范关键控制点管理模块负责处理良好农业规范控制点的输入和良好农业规范报表的输出；加工包装管理模块以条码化管理为核心，关联茶叶采收、毛茶加工、精茶加工、包装等过程信息；质量溯源查询模块是开放给消费者的二维码溯源查询系统，支持网页查询、手机查询和终端机查询。图 9-10 为茶叶质量溯源管理系统功能架构。

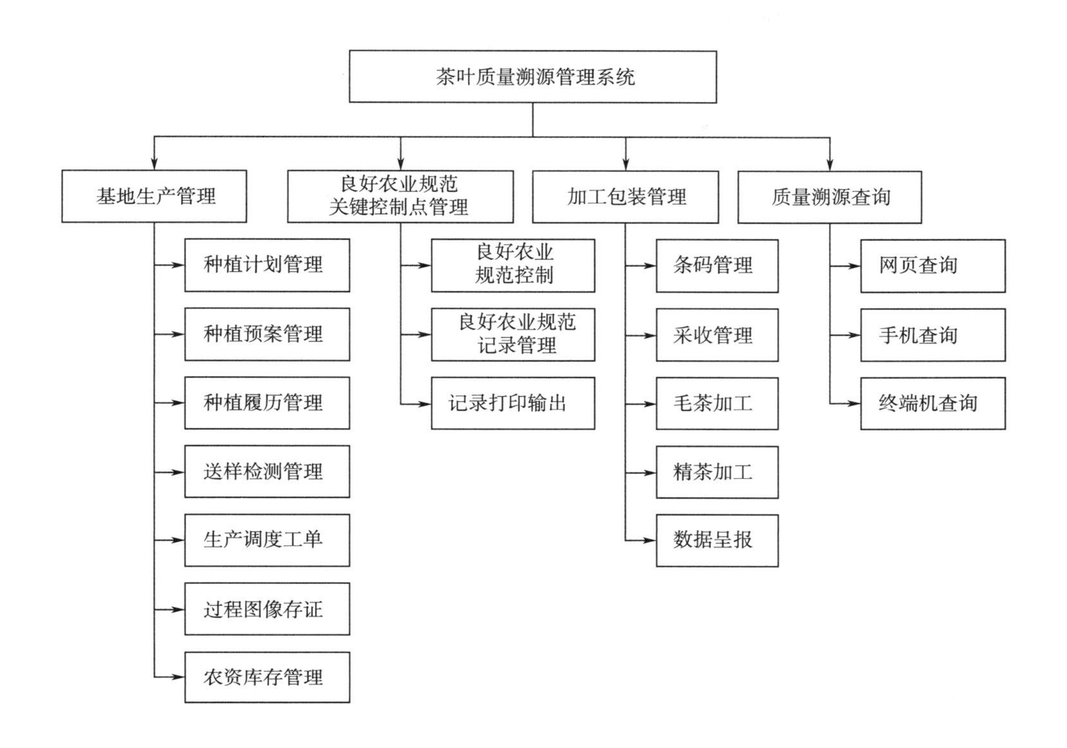

图 9－10　茶叶质量溯源管理系统功能架构

三、系统功能实现

（一）基地生产管理

该模块是对茶叶生产基地种植过程记录的采集与维护，包括选地调查、种植计划、种植预案、种植状态、土壤处理、种苗处理、农事记录、施肥记录、物理防治、病虫害调查、用药申请、用药审批、喷药记录、药效追踪等相关农事操作。系统按年度建立基地种植档案，企业管理者根据市场情况制定年度生产计划；基地管理员根据种植计划和良好农业规范关键控制点的要求制定种植预案；农户根据种植预案进行农事操作，以达到茶叶规范种植目的。图 9－11 为基地生产管理模块界面。

（二）加工包装管理

加工包装管理由采收工单、采收记录、采收标签、车辆运输、入库检测、加工记录、包装记录、检测记录、溯源码标签等模块组成。采收工单、采收记录模块记录采收日期、采收地块（与地块档案模块关联）、播后天数、采收人等信息，并打印采收标签。入库检测模块负责记录检测日期、检测对象（与采收记录模块关联）、检测类型（农残检测、重金属检测）、检测报告等信息。加工记录子模块负责采集原料条码（与采收记录模块关联）、加工日期、保质期、产品名称、等级、加工责任人、批号原料数量、加工数量、现场照片等信息。包装记录子模块负责采集产品条码（与加工记录模块关联）、规格、包装数量、生产日期、保质期、包装材料（与包装材料档案关联）、现场图片等信息。检测记录子模块负责记录检测日期、检测对象（与加工记录模块关

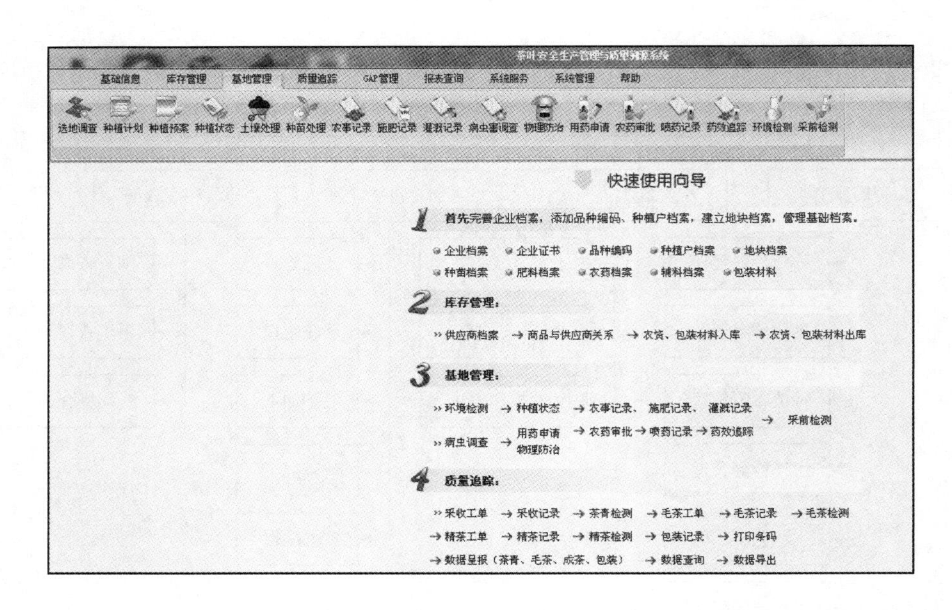

图 9－11　溯源系统基地生产管理模块界面

联）、检测类型（微生物检测）、检测报告等信息。溯源码标签模块负责打印产品二维溯源码标签，标签内容包括二维码、产品名称、基地名称、企业名称、生产日期、保质期等。图 9－12 为加工包装管理模块和溯源赋码模块界面。

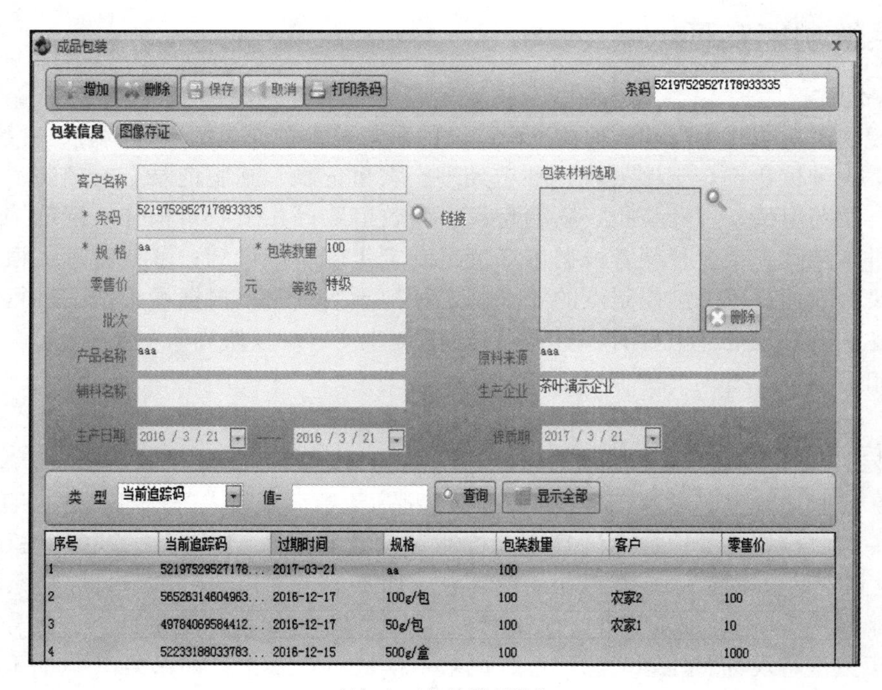

（1）加工包装管理模块

图 9－12　加工包装管理模块和溯源赋码模块界面

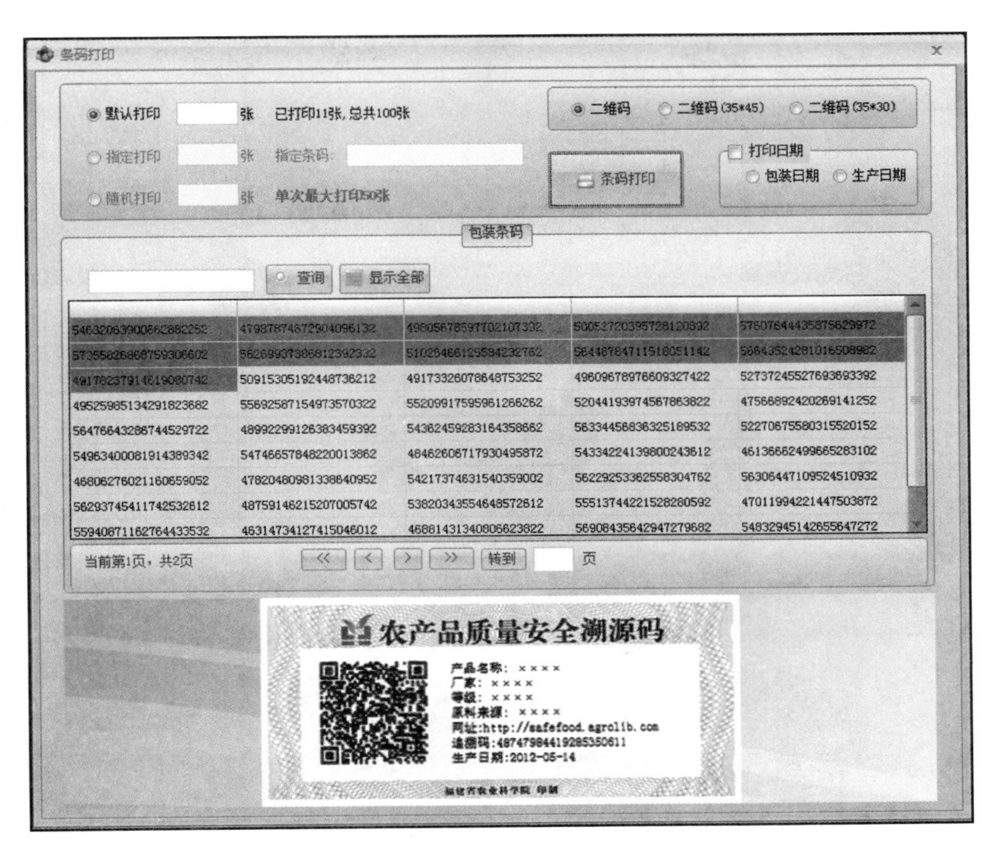

（2）溯源赋码模块

图9－12　加工包装管理模块和溯源赋码模块界面（续）

（三）关键控制点管理与规范化种植

良好农业规范关键控制点管理主要处理良好农业规范规范点的输入和良好农业规范报表的输出。其中生成的良好农业规范报表可作为申请良好农业规范认证的原始数据凭证。图9－13为良好农业规范关键控制点管理模块界面。

（四）溯源查询

质量溯源查询分为手机查询和网页查询，两者查询的内容是一样的，只是显示形式有差异。查询的内容可分为产品信息、加工信息、运输信息、种植履历、检测记录和图像存证六类。产品信息显示的内容有产品名称、类型、规格、等级、包装材料、采收日期、包装日期、生产商、地址、电话等。加工信息显示的内容有责任人、加工日期、卫生情况、现场图片等。运输信息显示的内容有运输日期、运输公司、驾驶员、车牌号、发车地、目的地。种植履历显示的内容有农事记录、灌溉记录、施肥记录、病虫防治等。检测记录显示的内容有检测名称、检测类型、检测机构、检测时间、检测结果、附件（检测报告）。图像存证是指将产品生产过程的相关现场照片、企业证书进行展示。图9－14为质量溯源查询模块界面。

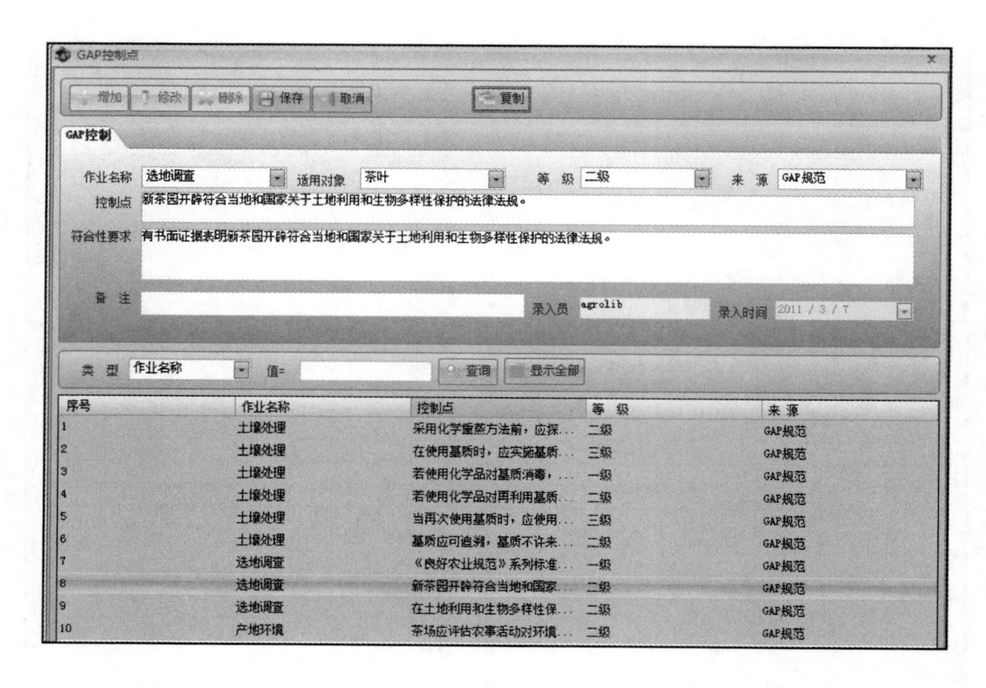

图 9－13　茶叶良好农业规范关键控制点管理模块界面

图 9－14　公众质量溯源查询模块界面

四、系统实施

系统实施主要分为以下 8 个过程。

（1）成立项目实施小组，辅导企业建立“茶园”到“茶杯”的全过程管理体系。结合企业基地的实际情况，建立茶叶生产良好农业规范关键控制点。

（2）以 NY/T 1430—2007《农产品产地编码规则》为基础，结合企业管理的需要，对茶园进行分块管理，并建立15位地块编码，实现茶叶产地的地理标识。

（3）按茶叶良好农业规范相关标准对茶园的土壤、水质、空气等进行检测。根据良好农业规范关键控制点制定种植预案，实行农事操作的工单化管理，促进生产规范化。

（4）记录化肥、农药等农资产品来源信息和出入库情况。

（5）记录移栽、施肥、喷药、除草、灌溉、采收、加工、包装、发货、运输等产品生产过程信息，包括作业日期、天气、内容、责任人、图像存证等信息。

（6）建立采前茶青检测、毛茶检测、精茶检测制度，实现第三方检测，保证产品质量。

（7）打印茶叶质量安全溯源码（一维、二维），对产品进行身份标识。呈报企业溯源数据，实现对产品全过程的可追溯，消费者可以根据产品的追溯码（条码）查询到该产品从种植、采收到加工、包装、贮运等全过程的所有信息。

（8）打印输出茶树种植原始记录，作为申报无公害食品、绿色食品、有机产品、良好农业规范认证的记录凭证。

该系统为茶叶企业提供了一套完整的基于良好农业规范的茶叶生产质量溯源管理方案，企业可以根据系统提供的种植预案指导茶农进行规范化生产，由事后检测转变为事前预案、过程管控，提高企业安全生产意识；对企业产品进行原产地标识，有助于消费者通过二维码了解产品产销的过程，获得茶叶产品的正确信息，有效保障消费者的知情权。图9－15为可溯源查询的茶叶产品与手机查询界面。

(1)可溯源查询的茶叶产品

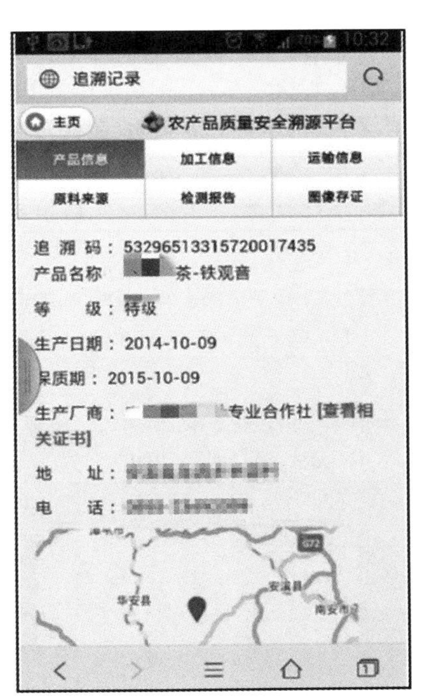

(2)手机查询界面

图9－15　可溯源查询的茶叶产品与手机查询界面

思考题

1. 简述我国建立茶叶质量安全追溯系统的必要性。
2. 茶叶质量安全追溯体系的建立包括哪些内容？
3. 茶叶生产过程中必须进行严格监控的重要环节有哪几个？

参考文献

[1] 高彦妥，许春根．安全实用的二维码研究与实现［J］．信息网络安全，2012(10)：47－50.

[2] 葛文杰，赵春江．农业物联网研究与应用现状及发展对策研究［J］．农业机械学报，2014，45（7）：222－230；277.

[3] 李道亮，杨昊．农业物联网技术研究进展与发展趋势分析［J］．农业机械学报，2018，49（1）：1－20.

[4] 邱荣洲，郑诚勇，林九生，等．基于良好农业规范（GAP）的茶叶质量溯源系统研究［J］．福建农业学报，2015，30（4）：344－350.

[5] 盛利民，魏雪涛．二维码在农产品溯源中的应用［J］．现代农业科技，2013(18)：330－332.

[6] 孙其博，刘杰，黎羴，等．物联网：概念、架构与关键技术研究综述［J］．北京邮电大学学报，2010，33（3）：1－9.

[7] 孙杨．RFID 技术在茶叶物流追溯系统中的应用［J］．福建茶叶，2017，39(8)：240－241.

[8] 汪庆华，王晨，刘新．我国茶叶标准的新变化［J］．中国茶叶，2018，40(5)：27－30.

[9] 许毅，陈建军．RFID 原理与应用［M］．北京：清华大学出版社，2013.

[10] 张正学．二维码在移动互联网时代的应用与影响［J］．电子世界，2017(6)：62.

[11] 郑纪业，阮怀军，封文杰，等．农业物联网体系结构与应用领域研究进展［J］．中国农业科学，2017，50（4）：657－668.

第十章　茶叶质量与安全标准

茶叶质量与安全是茶叶质量和茶叶饮用安全性的总称，主要包括农药残留、有害重金属残留、有害微生物、非茶异物和粉尘污染、茶叶陈变和质变等因素，涉及茶叶栽培、加工、运输和贮藏的每一个环节和过程，并与茶树生长的环境有着密切的关系。茶叶质量与安全标准的制定与实施规范了茶叶市场，保障了茶叶产品的质量与安全，维护了茶叶贸易的良好环境。茶叶质量安全标准按范围可分为世界茶叶标准、中国茶叶标准、欧美茶叶标准、日本及其他国家茶叶标准，各标准间相互区别、联系，共同为世界各国茶叶产品质量与安全指标评判提供参考。本章对世界茶叶标准和中国茶叶标准进行系统分析，要求了解世界茶叶标准体系和中国茶叶标准体系，掌握中国茶叶标准化情况，理解标准与标准化的含义及意义。

第一节　标准与标准化

一、标准的概念

国际标准化组织对标准的定义是“基于一致性并由公认社会团体批准的标准化成果的文件；为获得最佳秩序，对重复使用的问题给出答案的文件，它在一致同意的基础上，由公认团体批准。”国际电工组织（IEC）对标准的定义是“为在一定范围内获得最佳秩序，对活动及其结果规定共同的和重复使用的规则、导则或特性的文件。该文件经协商一致并经一个公认机构批准。”由此，可以达成共识的是：标准是一种规则，且因为是工业革命和工业社会的产物，标准又一般是技术规则；同时，相对于法律这种具有约束力的社会规则，标准又是一种自愿性的规则。总结来说，标准是一种公开、公共、正式的技术规则。

世界贸易组织对标准的定义是：“为在一定的范围内获得最佳秩序，经协商一致制定并由公认机构批准，共同使用的和重复使用的一种规范文件。”世界贸易组织《技术性贸易壁垒协议》（WTO/TBT）中通用术语的含义通常应根据联合国系统和国际标准化机构所采用的定义，同时考虑其上下文并按照协定的目的和宗旨确定。其对“标准”的定义是：“标准是经公认机构批准的、非强制执行的、供通用或重复使用的产品或相关工艺和生产方法的规则、指南或特性的文件。该文件还可以包括或专门关于适用于产品、工艺或生产方法的专门术语、符号、包装、标志或标签要求。”

我国 GB/T 20000. 1—2014《标准化工作指南　第 1 部分：标准化和相关活动的通用词汇》对标准的定义是："通过标准化活动，按照规定的程序经协商一致制定，为各种活动或其结果提供规则、指南或特性，供共同使用和重复使用的文件。"标准化即为了在既定范围内获得最佳秩序，促进共同效益，对现实问题或潜在问题确立共同使用和重复使用的条款以及编制、发布和应用文件的活动。"通过制定、发布和实施标准，达到统一"是标准化的实质，"获得最佳秩序和社会效益"则是标准化的目的。世界贸易组织和国际标准化组织都把标准当作是一种自愿协商制定和自愿使用的规则。然而，我国一直将"标准"当作是一个更加宽泛的规则，既包括自愿使用的规则，还包括需要强制执行的规则。在实际使用中，更加看重这些需要强制执行的"标准"。

二、标准化法

标准化包括制定标准和贯彻标准的全部过程。各国对于标准化的管理以及标准的性质有所不同，标准化管理机构有的是政府的一个部门或办事机构，有的是政府参与的民间团体，有的则是纯粹的民间团体。

例如日本，为了发展战后经济水平，相继颁布《工业标准化法》和《与农林物资标准化和品质的正确标识相关的法律》及与之相关的《关于农林物资标准化和品质正确标识的法律施行令》《农林物资规格调查会令》《关于农林物资标准化和品质正确标识的法律施行规则》等一系列的省令和政令。

美国则是在 1918 年成立美国国家标准学会（American National Standard Institute，ANSI）来协调指导美国的标准化活动，美国国家标准学会在研究、制定标准，提供国内外情报的同时，又起着美国标准化行政管理机关的职能。

苏联于 1985 年修订《国家标准化体系》，并规定标准化的定义是："特殊领域中，为达到最佳的有序化程度，对科学、技术、经济的重要问题寻找决策的一种活动。"虽然有别于过去的定义，但是扩大了标准化的作用范围，适应了时代的变革。

中国为了提高社会经济效益，顺应国际市场的发展与变化，适应社会主义现代化建设和发展对外经济关系的需要，制定了《标准化法》。该法由中华人民共和国第七届全国人民代表大会常务委员会第五次会议于 1988 年通过并公布，自 1989 年 4 月 1 日起施行，共分为六章，对标准的制定、实施及法律责任进行了说明。

为加强国家标准、行业标准、地方标准的管理，加强企业标准化工作，根据《标准化法》和《中华人民共和国标准化法实施条例》有关规定，制定了《国家标准管理办法》《行业标准管理办法》《地方标准管理办法》和《企业标准管理办法》。除此之外，茶叶标准化相关法律法规还有：

（1）《中华人民共和国食品安全法》；

（2）《中华人民共和国产品质量法》；

（3）《中华人民共和国计量法》；

（4）《中华人民共和国农产品质量安全法》；

（5）《茶叶卫生管理办法》；

（6）《定量包装商品计量监督管理办法》；

(7)《中华人民共和国食品安全法实施条例》;
(8)《中华人民共和国计量法实施细则》;
(9)《食品生产加工企业质量安全监督管理实施细则》;
(10)《全国专业标准化技术委员会管理规定》;
(11)《食品标识管理规定》;
(12)《地理标志产品保护规定》等。

三、标准的分类

国际标准是国际标准化组织、国际电工委员会和国际电信联盟(ITU)制定的标准,以及国际标准化组织确认并公布的其他国际组织制定的标准。国际标准由国际标准化组织理事会审查,国际标准化组织理事会接纳国际标准并由中央秘书处颁布。国际标准和国外标准可划分为国际标准化组织标准、国际食品法典委员会标准、欧盟农药残留标准、日本肯定列表和其他主要茶叶生产国(如中国、斯里兰卡、肯尼亚、印度等)的标准等。国际标准化组织标准已被全世界许多国家采用,其理化标准已成为各国制定标准的重要参考依据。

中国茶叶标准按成熟程度划分有法定标准、推荐标准、试行标准、标准草案。按内容划分有产品标准、方法标准、卫生标准和基础标准等,而国际或国外标准主要是方法标准,其卫生指标主要是在技术法规或指令中加以规定,如日本的食品卫生法,欧盟的 EC149/2008 指令等。根据《标准化法》规定,中国茶叶标准按级别分类可分为国家标准、行业标准、地方标准、团体标准、企业标准。各层次之间有一定的依从关系和内在联系,形成一个覆盖全国且层次分明的标准体系。

(一)国家标准

对需要在全国范围内统一的技术要求,应当制定国家标准。国家标准是指由国家标准化主管机构批准发布,对全国经济、技术发展有重大意义,且在全国范围内统一的标准。其分为强制性国家标准(GB)和推荐性国家标准(GB/T)。强制性国家标准是保障人体健康、人身、财产安全的标准和法律及行政法规规定强制执行的国家标准;推荐性国家标准是指生产、检验、使用等方面,通过经济手段或市场调节而自愿采用的国家标准。

国家标准的编号由国家标准的代号、国家标准发布的顺序号和国家标准发布的年号构成。国家标准的代号有 GB(强制性国家标准)、GB/T(推荐性国家标准)、GB/Z(国家标准指导性技术文件)。

(二)行业标准

对没有国家标准而又需要在全国某个行业范围内统一的技术要求,可以制定行业标准。行业标准即在全国某个行业范围内统一的标准。行业标准由国务院有关行政主管部门制定,并报国务院标准化行政主管部门备案。当同一内容的国家标准公布后,则该内容的行业标准即行废止。其分为强制性行业标准和推荐性行业标准,如 NY 和 NY/T。

行业标准的编号由行业标准的代号、行业标准发布的顺序号和行业标准发布的年号（发布年份）构成，茶行业常用的行业标准的代号有GH（中华全国供销合作总社行业标准）、NY（农业行业标准）、SN（商检行业标准）等。

（三）地方标准

对没有国家标准和行业标准而又需要在省、自治区、直辖市范围内统一的工业产品的安全、卫生要求，可以制定地方标准。地方标准由省、自治区、直辖市标准化行政主管部门制定，并报国务院标准化行政主管部门和国务院有关行政主管部门备案，在公布国家标准或者行业标准之后，该地方标准即应废止。

地方标准的编号由地方标准的代号、地方行政区代码前两位、地方标准发布的顺序号和地方标准发布的年号（发布年份）构成。例如，福建省行政区代码前两位为“35”，其地方标准编号示例为：DB 35/ ×××—××××（强制性地方标准）、DB 35/T ×××—××××（推荐性地方标准）、DBS 35/ ×××—××××（地方食品安全标准）。

（四）团体标准

国家鼓励学会、协会、商会、联合会、产业技术联盟等社会团体协调相关市场主体共同制定满足市场和创新需要的团体标准，由本团体成员约定采用或者按照本团体的规定供社会自愿采用。国家鼓励社会团体制定高于推荐性标准相关技术要求的团体标准。团体标准不同于国家标准、行业标准和地方标准，需要按照既定的程序制定、发布和实施，只要一个团体需要就可按自己制定的程序发布和实施，由团体来承担相应的责任，中国茶叶流通协会和中国茶叶学会已成立标准专业委员会参与其团体标准制定、修订。

团体标准的编号由团体标准的代号“T”、团体代号、团体标准发布的顺序号和团体标准发布的年号构成。团体代号由各团体自主拟定。目前已有一些茶叶相关团体标准发布使用，如T/RBX 002—2017《日照红茶》、T/KJFX 001—2017《茶叶中毒死蜱快速测定拉曼光谱法》、T/XHS 001—2018《狮峰龙井茶》等。

（五）企业标准

企业可以根据需要自行制定企业标准，或者与其他企业联合制定企业标准。企业生产的产品没有国家标准和行业标准的，应当制定企业标准，作为组织生产的依据，并报有关部门备案。已有国家标准或者行业标准的，国家鼓励企业制定严于国家标准或者行业标准的企业标准，在企业内部适用。

企业标准的编号由企业标准的代号“Q”、企业代号、行业标准发布的顺序号和行业标准发布的年号构成。企业代号由企业所在地区主管标准的行政部门授给。企业标准没有推荐性标准。例如，Q/JCY 0002S—2014《济南崇阳茶业有限公司 乌龙茶》。

四、茶叶标准化的意义

新形势下，茶产业健康、可持续的发展需要人们树立起规范意识、法律意识，以此更好地应对市场竞争中的各种问题，发展茶叶标准化无疑是最好的途径。2019年全国18个主要产茶省（区市）的茶园面积共4597.87万亩（1亩≈666.7m^2），其中可采摘面积为3690.77万亩。全国干毛茶产量为279.34万t，总产值达2396.00亿元。茶叶在中国是一个脱贫致富的民生产业，茶叶安全问题也日益受到关注。中国现阶段依然面临种植耕作方式复杂多样，农产品和加工产品品种繁多，国际进出口贸易数量日益增加，污染物、农药残留等农产品安全需要强化，迫切需要茶叶安全标准的完善与细化。

茶叶标准化是保障茶产品质量和消费安全的基本前提，是解决茶叶质量和安全问题的源头。茶叶标准化是增强茶产品国际竞争力的重要手段。由于茶叶标准的复杂性，因此无法建立统一茶叶价格信息采集系统，也不利于建立茶叶质量安全可追溯体系。这就要求我国根据茶叶质量安全控制需要，尽快完善茶叶标准化体系（包括产地环境、生产规范、采摘规则、加工条件、包装贮运、标识管理等方面的标准），使茶产业健康有序发展。

第二节 国际组织茶叶标准

一、基础标准和方法标准

世界茶叶标准由国际标准化组织制定。国际标准化组织是由各国标准化团体组成的世界性的联合会，主要功能是为人们制订国际标准达成一致意见提供一种机制。国际标准化组织通过它的2856个技术结构开展技术活动，其中技术委员会（TC）共255个，分技术委员会（SC）共611个，工作组（WG）2022个，特别工作组38个。中国是国际标准化组织的正式成员，代表中国的组织为中国国家标准化管理委员会（SAC）。

目前，有关茶叶的ISO标准已制定并发布近30项，由茶叶基础标准和方法标准构成，基础标准介绍了红茶、绿茶及茶叶规范袋，方法标准主要关于茶、固态速溶茶、红茶和绿茶的品质指标评价与生化指标测定方法，为世界各国的茶叶进出口经贸活动提供了重要的技术基础和依据，详见表10－1。

表10－1　茶叶ISO标准

标准类型	标准条目	
基础标准	ISO 11287—2011	绿茶　定义和基本要求
	ISO 3720—2011	红茶　定义和基本要求
	ISO 6078—1982	红茶　术语
	ISO 9884.1—1994	茶叶规范袋　第1部分：托盘和集装箱运输茶叶用的标准袋
	ISO 9884.2—1999	茶叶规范袋　第2部分：托盘和集装箱运输茶叶用袋的性能规范
方法标准	ISO 1839—1980	茶　取样
	ISO 1572—1980	茶　已知干物质含量的磨碎样制备
	ISO 1573—1980	茶　103℃时质量损失测定水分测定
	ISO 1575—1987	茶　总灰分测定

续表

标准类型	标准条目	
方法标准	ISO 1576—1988	茶 水溶性灰分和水不溶性灰分测定
	ISO 1577—1987	茶 酸不溶性灰分测定
	ISO 1578—1975	茶 水溶性灰分碱度测定
	ISO 9768—1998	茶 水浸出物的测定
	ISO 15598—1999	茶 粗纤维测定
	ISO 3103—1980	茶 感官审评茶汤制备
	ISO 11286—2004	茶 按颗粒大小分级分等
	ISO 6079—1990	固态速溶茶 规范
	ISO 6770—1982	固态速溶茶 松散容重与压紧容重的测定
	ISO 7513—1990	固态速溶茶 水分测定
	ISO 7514—1990	固态速溶茶 总灰分测定
	ISO 7516—1984	固态速溶茶 取样
	ISO 10727—2002	茶和固态速溶茶 咖啡碱测定（液相色谱法）
	ISO 19563—2017	采用高效液相色谱法测定茶叶和固体速溶茶中的茶氨酸
	ISO 14502. 1—2005	绿茶和红茶中特征物质的测定 第 1 部分：福林酚（Folin - Ciocalteu）试剂比色法测定茶叶中茶多酚总量
	ISO 14502. 2—2005	绿茶和红茶中特征物质的测定 第 2 部分：高效液相色谱法测定绿茶中儿茶素

（一）红茶规格及检测方法

红茶的品质要求集中反映在 ISO 3720 中。该标准在引言中肯定茶叶品质一般由评茶员通过感官审评来评价，而标准的技术要求则是根据化学特定成分来确定品质规格的。标准将水浸出物、总灰分、水可溶性灰分、酸不溶性灰分、水溶性灰分碱度和粗纤维作为红茶的特定的成分，规定了限量指标：①水浸出物质量分数（%）最小值 32；②总灰分质量分数（%）最大值 8，最小值 4；③水溶性灰分质量分数（总灰分的质量分数）（%）最小值 45；④水溶性灰分碱度（以 KOH 计）质量分数（%）最大值 3，最小值 1；⑤酸不溶性灰分质量分数（%）最大值 1；⑥粗纤维质量分数（%）最大值 16. 6。并且规定上述相应的国际标准为检测方法。

ISO 3720 的技术要求可以保证红茶不掺杂，不受泥土污染和叶子保持一定的嫩度。但由于尚未建立茶叶咖啡碱、茶多酚含量等红茶的重要化学特征成分的检测标准，尚未将茶叶的滋味、香气包含在内，因此，检测内容还有待充实。目前，赞成 ISO 3720 的国家有澳大利亚、肯尼亚、奥地利等多个国家。

（二）速溶茶规格及检测方法

20 世纪 70 年代末 TC34/SC8 就着手制定速溶茶的规格。1982 年首先推荐出 ISO

6770—1982《固态速溶茶　松散容重与压紧容重的测定》；1984 年推荐 ISO 7516—1984《固态速溶茶　取样》；1989 年又通过 ISO 7514—1989《固态速溶茶　总灰分测定》、ISO 7513—1989《固态速溶茶　水分测定》、ISO 6709. 2《固态速溶茶　规范》。配套完成了速溶茶产品规格标准和检验方法标准。速溶茶规格中规定了固体型速溶茶的定义和化学特征要求，并规定水分最高限量为 6%，灰分最高限量为 20%。

（三）绿茶规格及检测方法

制定绿茶规格的议题在 TC34/SC8 第 10 次会议上列入了议事日程，绿茶规格和红茶规格一样，也以化学成分为技术要求而建立标准。在标准中，除了将水浸出物、总灰分、水溶性灰分、水溶性灰分碱度、酸不溶性灰分、粗纤维作为化学特定成分，还规定了儿茶素总量作为化学特定成分。

（四）红茶分级命名与茶袋包装标准

1. 红茶分级命名

分级命名是作国际通用语言，为买卖双方提供方便，以促进国际贸易。1982 年 TC34/SC8 作《红茶　术语》的附录，推荐了红茶等级标准，列出了红茶中叶、碎、片、末茶的 38 种花色名称。同时决定由英国承担研究分级命名的可能性，进而探索一种能用于贸易的茶叶分级方法。但鉴于目前各国分级方法不一，规格不易统一，SC8 同意继续研究改进其分级方法以寻求其他更恰当的方法。

2. 纸袋包装标准

现代化的包装运输发展很快，加上木材原料紧张，茶叶包装提上了议事日程。20 世纪 80 年代初，英国进行了大量研究，在第 11 次会议上建议用多层纸袋代替木箱和纸箱包装，并提出了适用于集箱和托盘运输的纸袋规格，引起了多国注意。美国、荷兰等西欧国家相继积极开展这方面的研究。但由于纸袋原料要进口等原因，生产国对此难以接受，尤其对铝箔质量规格争议很大。直到 1989 年第 14 次会议上，经过长时间讨论才同意将英国提交的纸袋规格标准工作草案修改后作为建议草案注册。目前红碎茶在国际贸易中，各国已不同程度使用纸袋包装，虽然纸袋规格、质量不一致，但基本上符合标准袋的设计规格要求。

二、茶叶安全标准

食品国际标准主要由国际标准化组织食品标准化技术委员会（Technical Committee on Food Standardization34，简称 ISO/TC34）、联合国粮农组织和世界卫生组织联合组建的食品法典委员会（Codex Alimentarius Commission，CAC）等发布。其为政府间国际组织，以保障消费者的健康和确保食品贸易公平为宗旨，制定的标准是目前国际通行的食品安全标准，其在国际农产品和食品贸易中作为仲裁依据并具有准绳作用。食品法典委员会采用的是风险性评估原则，并以毒理学评估为依据，现统计该通用的标准中涉及茶叶农药残留限量标准见表 10－2。

表 10 - 2　　食品法典委员会茶叶农药残留限量

项目	限量/（mg/kg）	项目	限量/（mg/kg）	项目	限量/（mg/kg）
百草枯	0.2	乙螨唑	15	杀扑磷	0.5
噻虫胺	0.7	氯氰菊酯	20	丙溴磷	0.5
甲氰菊酯	3	苄氯菊酯	20	丙溴磷	0.5
溴氰菊酯	10	噻虫嗪	20	噻螨酮	15
克螨特	5	联苯菊酯	30	噻嗪酮	30
硫丹	10	三氯杀螨醇	50	唑虫酰胺	30
氟虫双酰胺	50	毒死蜱	2	茚虫威	5
吡虫啉	50	氟虫脲	20		

Codex Stan 193—1995《国际食品法典食品及饲料中污染物和毒素通用标准》基本包含了食品法典委员会所有的污染物限量值，涉及黄曲霉毒素 B_1（食品法典委员会规定的总黄曲霉毒素限量）、黄曲霉毒素 M_1、展青霉素、砷、镉、铅、汞、赭曲霉素 A、锡、丙烯腈、氯丙醇、二噁英等 15 种污染物，但其未对食品种类茶叶进行限定。

第三节　欧盟茶叶安全标准

欧盟农药管理主要由欧洲食品安全局（EFSA）负责农药的风险评估，欧盟委员会健康与消费者保护总司（DG - SANCO）负责农药活性成分的登记注册、欧盟残留限量标准的制定、欧盟农药管理政策的制定和监督执行，各成员国管理部门负责农药制剂的登记注册、欧盟农药管理政策的转化和执行。与茶叶相关的法规主要有两部：一部是关于加强进口饲料和非动物源性食品官方控制水平法规［（EC）No 669/2009］；另一部是动植物源性食品及饲料中农药最高残留限量的管理规定［（EC）No 396/2005］。

一、欧盟茶叶安全标准的制定与修订

欧盟一直以高水准保护人类生命和健康为政策目标，采用“零风险”原则。为统一欧盟各成员国内农药残留限量标准，明确农残限量标准制定、修改等相关原则，欧盟于 2005 年颁布了关于动植物源性食品及饲料中农药最高残留限量的管理规定［（EC）No. 396/2005］，建立了统一的农残标准体系。由欧盟健康与消费者保护总司（SANCO）负责制定。要求各成员国必须实施统一的农药最高残留限量标准，对于无具体限量标准且不属于豁免物质的农药残留实施 0.01mg/kg 的一律标准。该法规一共包括 7 个附录，其中附录Ⅱ为所制定的农药最大残留限量值的清单，附录Ⅲ为欧盟暂定农药最大残留限量值的清单，附录Ⅳ为由于低风险而不需要制定最大残留限量值的农药清单，附录Ⅴ为残留限量默认标准不包括

0.01mg/kg 的农药清单。

欧盟对农残限量标准的调整最为频繁，一年多调，连续扩大茶叶农残检验范围，从 7 种扩大到了 400 多种，绝大多数农药在茶叶中的最大残留限量标准都在 0.02 ~ 0.1mg/kg，部分严格至 0.05mg/kg（表 10 – 3），其中对中国输欧茶叶产生重大影响的有蒽醌、灭菌丹总量、高氯酸盐、唑虫酰胺等。目前，欧盟仍然根据 1998 年 98/82/EG 号农药残留最高限量的有关规定，坚持对干茶叶（固体物）中的农残进行检测的检测方法，即检测每千克干茶叶中农药残留的含量，而不是检测茶汤中的农残含量，欧盟对干茶叶末取样检测的方法导致茶叶了出现农残大量超标现象。

表 10 – 3　近年欧盟农药残留限量内容

年份	文件	内容
2010	《食品和植物或动物源饲料中农药最大残留限量》	茶叶的农残限量共 453 项，未制定最大残留限量的农业化学品限量检出限标准一律为 0.01mg/kg
2014	欧盟法规（EU）87/2014	将茶叶中啶虫脒、异丙隆、啶氧菌酯、嘧霉胺的限量均由 0.1mg/kg 加严至 0.05mg/kg
2015	关于监测食物中高氯酸盐的第（EU）2015/682 号委员会建议案	拟定茶叶高氯酸盐限量是 0.75mg/kg
2016	欧盟法规（EU）2015/2383	修订了（EC）No 669/2009 号法规，对来自中国的茶叶（不管是否加香料）氟乐灵（限量 0.05mg/kg）抽检比例提高到 10%，对中国茶叶中啶酰菌胺限量由 0.5mg/kg 加严至 0.01mg/kg，醚菌酯双辛胍胺、环酰菌胺、甜菜胺和甜菜宁的限量由 0.1mg/kg 加严至 0.05mg/kg，硝磺草酮限量由 0.1mg/kg 加严至 0.05mg/kg，甲基立枯磷由 0.1mg/kg 加严至 0.05mg/kg，福赛得（乙磷铝）的最大残留由 5mg/kg 加严至 2mg/kg
2018	欧盟法规（EU）2018/832	修订了（EC）2005/396 的附录Ⅱ（确定的最大残留限量农药名单）、附录Ⅲ（暂行的最大残留限量农药名单）中部分农药在农产品中的残留限量。通过此次后，欧盟对茶叶共制定农残限量 470 余个，对未涉及的农残则依据默认标准（0.01mg/kg）进行判定，调整了炔螨特的限量，从 0.05mg/kg 放松至 10mg/kg；增加了甲氧基丙烯酸酯类杀菌剂并规定了在杏、甜樱桃、桃、李子中的限量，并未涉及茶和茶饮料中甲氧基丙烯酸酯类杀菌剂的含量限定
2018	欧盟法规（EU）2018/960	修订高效氯氟氰菊酯限量为 0.01mg/L，本项目此前欧标一直是 1.0mg/L，严格了 100 倍

2019 年 1 月 1 日起，欧盟将正式禁止含有化学活性物质的 320 种农药在境内销售，其中涉及中国正在生产、使用及销售的农药有 62 个品种（表 10 – 4）。由于这些农药目前已广泛应用于水果、茶叶、蔬菜、谷物等生产中，因此使用这些农药的农产品在出口欧盟时，就可能被退货或销毁。

表 10-4　　部分欧盟禁用农药清单（涉及中国的 62 个品种）

类型	品种
杀虫杀螨剂	杀螟丹、乙硫磷、苏云金杆菌 δ-内毒素、氧乐果、三唑磷、喹硫磷、甲氰菊酯、溴螨酯、氯唑磷、定虫隆、嘧啶磷、久效磷、丙溴磷、甲拌磷、特丁硫磷、治螟磷、磷胺、双硫磷、胺菊酯、稻丰散、残杀威、地虫硫磷、双胍辛胺、丙烯菊酯、四溴菊酯、氟氰戊菊酯、丁醚脲、三氯杀螨砜、杀虫环、苯螨特
杀菌剂	托布津、稻瘟灵、敌菌灵、有效霉素、甲基胂酸、恶霜灵、灭锈胺、敌磺钠
除草剂	苯噻草胺、异丙甲草胺、扑草净、丁草胺、稀禾定、吡氟禾草灵、吡氟氯禾灵、噁唑禾草灵、喹禾灵、氟磺胺草醚、三氟羧草醚、氯炔草灵、灭草猛、哌草丹、野草枯、氰草津、莠灭净、环嗪酮、乙羧氟草醚、草除灵
植物生长调节剂	氟节胺，抑芽唑，2，4，5-涕

整体来看，欧盟农药残留限量修订单限量要求与中国 GB 2763 相同点不多，出口欧盟的茶叶企业需经常关注欧盟修订单，对出口产品农残监测指标做适当调整。

二、欧盟茶叶安全评估与通报

欧盟委员会使用食品与饲料快速预警系统（RASFF）来评估进口物品的风险以及决定相关的检查与限制。它记录了所有在欧盟内与边境检查发现的食品安全警报，欧盟各成员国对于不符合农药最高残留限量的管理规定［（EC）No. 396/2005］的输欧茶叶公布在食品与公司料快速预警系统平台上。从表 10-5 可见，历年欧盟通报中，依旧以法国、比利时、德国、意大利等国家居多。

表 10-5　　2012—2017 年欧盟各成员国进口茶叶不合格通报信息

国家	通报信息
马耳他	2017 年通报 1 批，这是马耳他历年来首次通报
葡萄牙	历年通报多与中国香港的转口贸易有关
西班牙	西班牙近几年监控趋严
意大利	2012—2017 年合计通报 21 次，其中 2016 年全年通报 8 次，均是炔螨特问题
法国	2012—2017 年合计通报 40 次，2013、2014、2015 年均是欧盟通报国家首位，在 2015 年之后迅速降低，可能是由于摩洛哥转口到法国常规茶减少
奥地利	集中在 2014 年爆发，2014 年 9 次通报中，中国 4 批，斯里兰卡 2 批，德国 2 批，荷兰 1 批
比利时	2012—2017 年通报 25 次，近 5 年，比利时同比其他国家检测批次明显升高
荷兰	虽然只有 2015 年 1 次，但其他欧盟国家通报信息显示经过荷兰进行转口被通报批次较多
德国	2012—2017 年通报 23 次，根据德国通报情况分析，德国作为欧洲茶叶集散地，2017 年只通报 1 批，这种情况是非常罕见的，可以作为欧盟茶叶市场的一个特例进行分析：中国出口德国茶产品确实在农药残留方面把关更可靠；根据各个国家通报情况走势看，德国通报批次减少，海运同样发达的法国、比利时等国家通报批次增多，或许从侧面反映德国茶叶集散地地位正在受到冲击

续表

国家	通报信息
捷克	2012—2017 年通报 12 次，2014 年明显偏高，通报的均是中国茶叶
波兰	2012—2017 年通报 20 次，总体平稳，但近几年随着波兰进口量的增加，确实加强了进口监管
英国	2012—2017 年通报 0 次，但其他欧盟国家通报信息显示，经过英国进行转口被通报批次较多
瑞典	2012—2017 年通报 10 次，2016 年 5 批中 4 批是中国茶叶，且均是蒽醌超标
芬兰	2012—2017 年通报 9 次，2016 年主要是中国台湾和日本的茶叶，且是呋虫胺出现问题

第四节 美国茶叶安全标准

美国农药相关管理机构为环境保护局，负责农药安全性评估、登记注册、生产、销售、使用管理、最大残留限量的制定、农药在环境中的残留监测；食品与药物管理局负责肉、禽、去壳蛋以外的其他食品中农药残留监测；各州食品与农业机构负责对州内农药进行管理。美国环境保护局从 2002 年起，对新注册的农药每隔 15 年重新评估 1 次。美国食品与药物管理局对食品和饲料中的不可避免的农药残留制定了行动水平（Action level），在食品与药物管理局符合性政策指南（CPG sec. 575. 100）中公布。

美国的最大残留限量在美国联邦法规汇编（CFR）第 40 篇《环境保护》第 180 节“化学农药在食品中的残留允许量与残留允许量豁免”中公布，该节包括 5 个分节，即 A 分节“定义和解释性法规”、B 分节“程序性规定”、C 分节“具体容许量”、D 分节“允许量豁免”及 E 分节“不需要制定限量的农用化学物”，共涉及 380 种农药约 11000 项目，还有部分最大残留限量为农药在各地区登记注册时制定，而对未设限的农药残留，采取最低检出限度为标准，极其严苛。

美国茶叶农残限量的法规与标准采用的是风险性评估原则，检测方法由美国食品和药物管理局在具体执行时给出，这些检测方法通常最灵敏。美国规定了茶叶中多种农药残留限量（表 10 -6），以及 10 种禁止在茶叶中使用的化学农药。2017 年美国禁止使用的化学物质名单，包括滴滴涕、溴虫腈、林丹、三氯杀螨醇、硫丹、乙硫磷、四氯杀螨砜、三唑磷。值得注意的是，美国将硫丹其列入禁止使用农药名单中。美国茶叶协会也明确提示，任何禁止使用的农药残留不得在输美茶叶中检出。

表 10 -6　　美国茶叶农药残留最大允许限量

项目	限量/（mg/kg）	更新时间	项目	限量/（mg/kg）	更新时间
啶虫脒	50	2010 -02 -10	乙虫腈	30	2011 -04 -06
嘧菌酯	20	2015 -05 -01	依芬普司	5	2013 -11 -27
联苯菊酯	30	2012 -09 -14	乙螨唑	15	2011 -04 -13
噻嗪酮	20	2012 -10 -17	甲氰菊酯	2	2012 -11 -28
唑草酮	0. 1	2004 -03 -31	唑螨酯	20	2012 -12 -12

续表

项目	限量/（mg/kg）	更新时间	项目	限量/（mg/kg）	更新时间
氯虫苯甲酰胺	50	2011-07-27	丙环唑	4	2015-12-24
噻虫胺	70	2013-03-29	克螨特	10	2007-08-01
呋虫胺	50	2012-09-12	吡丙醚	15	2016-02-22
噻虫嗪	20	2013-03-27	乙基多杀菌素	70	2018-08-08
唑虫酰胺	30	2018-06-26	螺甲螨酯	40	2013-01-16
喹螨醚	9	2017-06-28	吡虫啉	50	2016-12-12
灭螨醌	40	2017-01-18	氟啶胺	6	2017-05-11
氟虫双酰胺	50	2017-07-05	氟啶虫酰胺	40	2017-05-11
甲氧虫酰肼	20	2019-03-12	环溴虫酰胺	50	2017-08-03

近年来，美国对于中国茶叶的通报主要集中在“未标注配料的常用或通用名；无营养标签；未标注生产商、包装商、经销商的名称地址；未声明产品的重量、尺寸、数量”，并未因农药残留问题发生重大通报事故。

第五节　日本茶叶安全标准

日本农药相关管理机构为厚生劳动省（こうせいろうどうしょう），负责农药毒理学资料评审、制定农药最大残留限量标准、进口食品农药残留监控；农林水产省（のうりんすいさんしょう）负责农药安全性评估、登记注册、生产、销售、使用管理；地方政府负责辖区内农药安全管理。日本涉及茶叶安全法规制度主要包括1947年12月24日颁布作为食品卫生管理领域最高法律的《食品卫生法》，以及2003年5月16日日本国会参议院通过的以设立食品安全委员会为主要内容的《食品安全基本法》。

2003年5月，新修订的《食品卫生法》规定2006年5月29日正式实施《食品中农业化学品残留肯定列表制度》，日本肯定列表制度中，将茶叶分为茶（AFA01）、发酵茶和非发酵茶（AFA03），共有276项，其中涉及茶42项、发酵茶217项、非发酵茶218项。日本肯定列表制度规定对未制定最大残留限量的农业化学品，其在食品中的含量不得超过“一律标准”，即0.01mg/kg，一旦超出，禁止此类食品在市场上销售。就茶叶而言，除在任何食品中不得检出的15种“禁用物质”外，还有艾氏剂和狄氏剂、异狄氏剂、左旋咪唑3种在任何茶叶中不得检出。此前，对农业化学品残留超过限制的限制其在国内销售，对未设定残留标准的农业化学品即使检出也允许销售。

日本政府在2009年实施了针对进口农产品的新的《食品中残留农业化学品肯定列表制度》，并于同年5月发布通知加强对中国乌龙茶进口时有关射线照射的检查。

2013年1月，日本厚生劳动省再次规定杀虫剂三唑磷的残留限量由发布前的0.05mg/kg修订为0.01mg/kg，除草剂苄嘧磺隆的残留限量由发布前0.02mg/kg修订为0.01mg/kg。2013年9月，日本厚生劳动省通告对中国产茶叶实施茚虫威（0.01mg/kg）、氟虫腈（0.002mg/kg）的命令检查。

2015 年 2 月 27 日，日本就修订马拉硫磷最大残留限量标准发出通报（G/SPS/N/JPN/399），对马拉硫磷最大残留限量作了大幅度修订。其中，将葱、姜、茶叶和水产品上的限量标准均降低为 0.01mg/kg。2015 年 7 月，日本厚生劳动省解除对茚虫威的命令检查。

日本茶叶进口通报主要是氟虫腈，要求的进口标准是小于 0.005mg/kg，浙江和福建是出口日本的主要省份，面临农残限量进口标准压力。2018 年 2 月，日本解除对氟虫腈的命令检查。

第六节 中国茶叶标准

一、茶叶安全标准

中国茶叶安全标准以强制性国家标准为主，并以少量推荐性国家标准、行业标准、地方标准补充。安全标准有限量标准和方法标准，限量标准主要限定茶叶中允许存在的污染物和农药残留的最高量，方法标准主要规定了茶叶中各项卫生指标的测定方法，为限量标准提供检测技术指导及依据，其数量多于限量标准。得益于标准编号体系，当方法标准更新时，限量标准相关内容不需同步更新，但也存在少部分标准引用其他标准时精确到某一年份版本，当引用标准更新时，该标准也需及时更新。不少污染物和农药残留物质有检测方法标准，但缺乏相应的限量标准进行限定。

茶叶安全标准发展早期，茶叶污染物标准和农药残留标准均涵盖在茶叶卫生标准中，如 1989 年正式实施的 GB 9679—1988《茶叶卫生标准》理化指标中规定了污染物铅（以 Pb 计）和铜（以 Cu 计）、农药残留六六六和滴滴涕的限量指标。自从 2005 年 GB 9679—1988《茶叶卫生标准》宣布作废后，一直缺乏专门的茶叶产品强制性食品安全国家标准，仅依托于 GB 2761—2017《食品安全国家标准　食品中真菌毒素限量》、GB 2762—2017《食品安全国家标准　食品中污染物限量》、GB 2763—2019《食品安全国家标准　食品中最大农药残留限量》以及其他综合性标准对茶叶中的污染物及农药残留进行限量规定。现阶段中国正在制定强制性国家标准《食品安全国家标准　茶》《食品安全国家标准　代茶制品》来满足茶行业对于茶叶安全标准的需求。

在保障中国食品安全和农业生产的前提下，设定的污染物和农药残留限量标准值应尽可能与国际标准一致，与主要茶叶贸易国的标准一致，确保标准制定的技术依据和方法与国际接轨。做到依据充分，规范完善，指标具体，充分体现中国标准的权威性和可操作性，以及标准制定、实施和技术支撑的协调统一性，促使中国农药残留标准建设体系化发展。

（一）茶叶污染物限量标准

中国使用的茶叶污染物限量标准主要是 GB 2762—2017《食品安全国家标准　食品中污染物限量》，于 2017 年 9 月 17 日正式施行。该标准规定茶叶污染物是指在从茶叶生产、加工、包装、贮存、运输、销售，直至食用等过程中产生的或由环境污染带入的、非有意加入的化学性危害物质，是指除农药残留、兽药残留、生物毒素和放射性物质以外的污染物。食品中污染物限量以食品通常的可食用部分计算（特别规定的除外），对食品中铅、镉、汞、砷、锡、镍、铬、亚硝酸盐、硝酸盐、苯并［a］芘、*N*-二甲基亚硝胺、多氯联苯、3-氯-1，2-丙二醇的进行限量规定。

该标准的颁发与实施表明不再为包含茶叶在内的植物性食品设置稀土限量标准，其中对茶叶的规定仅有铅不高于5mg/kg。

GB 19965—2005《砖茶含氟量》规定砖茶中含氟量应不高于300mg/kg，并提供了氟离子选择电极法测定氟含量。

行业标准中，NY 659—2003《茶叶中铬、镉、汞、砷及氟化物限量》规定了铬、镉、汞、砷及氟化物限量，铬（以 Cr 计）≤5mg/kg、镉（以 Cd 计）≤1mg/kg、汞（以 Hg 计）≤0.3mg/kg、砷（以 As 计）≤2mg/kg、氟化物（以 F^- 计）≤200mg/kg。

（二）茶叶农药残留限量标准

我国使用的农药残留限量标准主要是国家卫生健康委、农业农村部和市场监管总局2019年第5号公告发布的GB 2763—2019《食品安全国家标准　食品中农药最大残留限量》。GB 2763—2019的农残指标项目由原本的50项增加到65项，增加的项目为：百菌清、吡唑醚菌酯、丙溴磷、毒死蜱、呋虫胺、氟虫脲、甲氨基阿维菌素苯甲酸盐、甲萘威、醚菊酯、噻虫胺、噻虫啉、西玛津、印楝素、莠去津、唑虫酰胺。甲基对硫磷的最大残留限量由原来的2mg/kg变更为0.02mg/kg，特丁硫磷的最大残留限量由原来的0.01mg/kg变更为0.01mg/kg，其他项目不变。苯醚甲环唑、吡虫啉、哒螨灵等27个项目增加或变更了检测方法。

表10-7　GB 2763—2019规定的65项农药在茶叶中的限量要求

序号	农残限量项目名称	最大残留限量/(mg/kg)	检测方法
1	苯醚甲环唑	10	GB 23200.8、GB 23200.49、GB/T 5009.218、GB 23200.113
2	吡虫啉	0.5	GB/T 23379、GB/T 20769、NY/T 1379
3	吡蚜酮	2	GB 23200.13
4	草铵膦	0.5*	/
5	草甘膦	1	SN/T 1923
6	虫螨腈	20	GB/T 23204
7	除虫脲	20	GB/T 5009.147、NY/T 1720
8	哒螨灵	5	GB/T 23204、SN/T 2432、GB 23200.113
9	敌百虫	2	NY/T 761
10	丁醚脲	5*	/
11	啶虫脒	10	GB/T 20769
12	多菌灵	5	GB/T 20769、NY/T 1453

续表

序号	农残限量项目名称	最大残留限量/(mg/kg)	检测方法
13	氟氯氰菊酯高效氟氯氰菊酯	1	GB/T 23204、GB 23200. 113
14	氟氰戊菊酯	20	GB/T 23204
15	甲胺磷	0. 05	GB 23200. 113
16	甲拌磷	0. 01	GB/T 23204、GB 23200. 113
17	甲基对硫磷	0. 02	GB/T 23204、GB 23200. 113
18	甲基硫环磷	0. 03 *	NY/T 761
19	甲氰菊酯	5	GB/T 23376、GB 23200. 113
20	克百威	0. 05	GB 23200. 112
21	喹螨醚	15	GB 23200. 13、GB/T 23204
22	联苯菊酯	5	SN/T 1969、GB 23200. 113
23	硫丹	10	GB/T 5009. 19
24	硫环磷	0. 03	GB 23200. 13、GB 23200. 113
25	氯氟氰菊酯高效氯氟氰菊酯	15	GB 23200. 113
26	氯菊酯	20	GB/T 23204、GB 23200. 113
27	氯氰菊酯高效氯氰菊酯	20	GB/T 23204、GB 23200. 113
28	氯噻啉	3 *	/
29	氯唑磷	0. 01	GB/T 23204、GB 23200. 113
30	灭多威	0. 2	GB 23200. 112
31	灭线磷	0. 05	GB 23200. 13、GB/T 23204
32	内吸磷	0. 05	GB 23200. 13、GB/T 23204
33	氰戊菊酯	0. 1	GB/T 23204、GB 23200. 113
34	噻虫嗪	10	GB/T 20770、GB 23200. 11
35	噻螨酮	15	GB 23200. 8、GB/T 20769
36	噻嗪酮	10	GB/T 23376
37	三氯杀螨醇	0. 2	GB/T 5009. 176、GB 23200. 113
38	杀螟丹	20	GB/T 20769
39	杀螟硫磷	0. 5 *	GB 23200. 113
40	水胺硫磷	0. 05	GB/T 23204、GB 23200. 113
41	特丁硫磷	0. 01 *	/

续表

序号	农残限量项目名称	最大残留限量/（mg/kg）	检测方法
42	辛硫磷	0.2	GB/T 20769
43	溴氰菊酯	10	GB/T 5009.110、GB 23200.113
44	氧乐果	0.05	GB 23200.13、GB 23200.113
45	乙酰甲胺磷	0.1	GB 23200.113
46	茚虫威	5	GB 23200.13
47	滴滴涕（DDT）	0.2	GB/T 5009.19、GB 23200.113
48	六六六（BHC）	0.2	GB/T 5009.19、GB 23200.113
49	百草枯	0.2	SN/T 0923
50	乙螨唑	15	GB 23200.8、GB 23200.113
51	百菌清	10	NY/T 761
52	吡唑醚菌酯	10	GB 23200.113
53	丙溴磷	0.5	GB 23200.13、GB 23200.113
54	毒死蜱	2	GB 23200.113
55	呋虫胺	20	GB/T 20770
56	氟虫脲	20	GB/T 23204
57	甲氨基阿维菌素苯甲酸盐	0.5	GB/T 20769
58	甲萘威	5	GB 23200.13、GB 23200.112
59	醚菊酯	50	GB 23200.13
60	噻虫胺	10	GB 23200.39
61	噻虫啉	10	GB 23200.13
62	西玛津	0.05	GB 23200.113
63	印楝素	1	GB 23200.73
64	莠去津	0.1	GB 23200.113
65	唑虫酰胺	50	GB/T 20769

注：* 为临时限量。

（三）茶叶食品添加剂标准

GB 2760—2014《食品安全国家标准　食品添加剂使用标准》规定茶叶生产不允许使用食品添加剂，《食品安全法》规定，不得用非食品原料或添加食品添加剂以外的化学物质生产食品。因此，使用铅铬绿、柠檬黄、日落黄、苋菜红、胭脂红、亮蓝等着色剂或其他工业染料等加工茶叶均属违法。在茶叶产品中不得检出任何着色剂、非食品原料。在市场监督总局组织的国家食品安全监督抽检实施细则（2019 版）中对茶叶中的外加色素（着色剂）的检测方法采用 GB 5009.35《食品安全国家标准　食品中合成着色剂的测定》。

（四）茶叶真菌毒素标准

GB 2761—2017《食品安全国家标准　食品中真菌毒素限量》规定了食品中黄曲霉毒素 B_1、黄曲霉毒素 M_1、脱氧雪腐镰刀菌烯醇、展青霉素、赭曲霉毒素 A 及玉米赤霉烯酮的限量指标，但未对茶叶生物毒素进行明确限量。GB 5009. 22—2016《食品安全国家标准　食品中黄曲霉毒素 B 族和 G 族的测定》替代了 SN 0339—1995《出口茶叶中黄曲霉毒素 B_1检验方法》，但未对茶叶测定方法进行说明，现行有效的 SN/T 3263—2012《出口食品中黄曲霉毒素残留量的测定》也替代了 SN 0339—1995《出口茶叶中黄曲霉毒素 B_1检验方法》，其高效液相色谱法适用于玉米、茶叶、花生果、花生米和苦杏仁中黄曲霉毒素 B_1、B_2、G_1、G_2的测定。

二、中国茶叶产品标准

对产品结构、规格、质量和检验方法所做的技术规定，称为产品标准。产品标准按其适用范围，分别由国家、部门和企业制定。它是一定时期和一定范围内具有约束力的产品技术准则，是产品生产、质量检验、选购验收、使用维护和洽谈贸易的技术依据。

中国茶叶产品标准主要是推荐性国家标准、行业标准、地方标准、团体标准和企业标准，企业在产品标准的制定中有很大的自主性，占比相对较多。产品标准按内容可分为绿茶标准、乌龙茶标准、红茶标准、黑茶标准、白茶标准、黄茶标准、再加工茶标准、茶叶深加工和茶制品标准、地理标志产品标准。截至目前，现行有效的国家标准已有 36 项茶叶产品标准、18 项地理标志产品标准及 3 项茶制品标准。

产品标准的主要内容包括：产品的适用范围；产品的品种、规格和结构形式；产品的主要性能；产品的试验、检验方法和验收规则；产品的包装、储存和运输等方面的要求。茶叶产品标准的技术要素为：封面、前言、范围、引用标准、（地理标志保护范围）、定义、产品分类（分级、分等及实物样的规定）、要求（感官品质、理化指标、卫生指标、净含量等）、试验方法、检验规则、标签、标志、包装、贮藏、运输、保质期、附录等。茶叶产品技术要素会因为产品类型、制定标准时间等有所不同，如地理标志产品标准由于它的产地特异性，会加入地理标志保护范围，同时会在附录附上产品保护范围图，要求部分还会加入对自然环境、栽培、鲜叶原料等条目。

（一）六大茶类及再加工茶产品标准

近年来，中国茶叶产品标准体系不断完善，从产品标准的命名来看，标准分类越来越系统、详细。紧压茶国家标准按紧压茶类型分为花砖茶、黑砖茶、茯砖茶、康砖茶、沱茶、紧茶、金尖茶、米砖茶、青砖茶 9 个部分，乌龙茶国家标准按基本要求和乌龙茶品种分为 7 个部分，其他茶类也根据叶种、加工等进行产品标准细分，详见表 10 - 8。白茶国家产品标准目前主要有 GB/T 22291—2017《白茶》，按等级细化为白毫银针、白牡丹、贡眉、寿眉；GB/T 31751—2015《紧压白茶》，细分为紧压白毫银针、紧压白牡丹、紧压贡眉、紧压寿眉。黄茶国家产品标准目前主要有 GB/T 21726—2018《黄茶》，按鲜叶原料和加工工艺不同，分为芽型、芽叶型、多叶型、紧压型四种。再加工茶国家产品标准目前仅有紧压茶系列和 GB/T 22292—2017《茉莉花茶》，随着再加工茶产品的推广，再加工茶产品标准也将越来越完善。

表 10-8 不同茶类国家产品标准

茶类	标准条目
红茶	GB/T 13738.1—2017《红茶　第 1 部分：红碎茶》
	GB/T 13738.2—2017《红茶　第 2 部分：工夫红茶》
	GB/T 13738.3—2012《红茶　第 3 部分：小种红茶》
绿茶	GB/T 14456.1—2017《绿茶　第 1 部分：基本要求》
	GB/T 14456.2—2018《绿茶　第 2 部分：大叶种绿茶》
	GB/T 14456.3—2016《绿茶　第 3 部分：中小叶种绿茶》
	GB/T 14456.4—2016《绿茶　第 4 部分：珠茶》
	GB/T 14456.5—2016《绿茶　第 5 部分：眉茶》
	GB/T 14456.6—2016《绿茶　第 6 部分：蒸青茶》
黄茶	GB/T 21726—2018《黄茶》
乌龙茶	GB/T 30357.1—2013《乌龙茶　第 1 部分：基本要求》
	GB/T 30357.2—2013《乌龙茶　第 2 部分：铁观音》
	GB/T 30357.3—2015《乌龙茶　第 3 部分：黄金桂》
	GB/T 30357.4—2015《乌龙茶　第 4 部分：水仙》
	GB/T 30357.5—2015《乌龙茶　第 5 部分：肉桂》
	GB/T 30357.6—2017《乌龙茶　第 6 部分：单丛》
	GB/T 30357.7—2017《乌龙茶　第 7 部分：佛手》
黑茶	GB/T 32719.1—2016《黑茶　第 1 部分：基本要求》
	GB/T 32719.2—2016《黑茶　第 2 部分：花卷茶》
	GB/T 32719.3—2016《黑茶　第 3 部分：湘尖茶》
	GB/T 32719.4—2016《黑茶　第 4 部分：六堡茶》
	GB/T 32719.5—2018《黑茶　第 5 部分：茯茶》
白茶	GB/T 22291—2017《白茶》
	GB/T 31751—2015《紧压白茶》
再加工茶	GB/T 22292—2017《茉莉花茶》
	GB/T 9833.1—2013《紧压茶　第 1 部分：花砖茶》
	GB/T 9833.2—2013《紧压茶　第 2 部分：黑砖茶》
	GB/T 9833.3—2013《紧压茶　第 3 部分：茯砖茶》
	GB/T 9833.4—2013《紧压茶　第 4 部分：康砖茶》
	GB/T 9833.5—2013《紧压茶　第 5 部分：沱茶》
	GB/T 9833.6—2013《紧压茶　第 6 部分：紧茶》
	GB/T 9833.7—2013《紧压茶　第 7 部分：金尖茶》
	GB/T 9833.8—2013《紧压茶　第 8 部分：米砖茶》
	GB/T 9833.9—2013《紧压茶　第 9 部分：青砖茶》

六大茶类产品标准大部分已为国家标准，行业标准较少，如 NY/T 780—2004《红茶》、NY/T 779—2004《普洱茶》等，对术语和定义、要求、试验方法、检验规则、标志、包装、运输与贮存进行规定，NY/T 779—2004《普洱茶》适用于以云南大叶种晒青毛茶（俗称“滇青”）经熟成再加工和压制成型的各种普洱散茶、普洱压制茶、普洱袋泡茶。

（二）茶叶深加工和茶制品标准

茶叶深加工的快速发展为茶产业产能过剩的困境带来了曙光，茶制品系列国家标准的出台正当其时，提高了茶制品的消费认同和竞争力，促进了中国茶产业健康发展，主要有 GB/T 31740. 1—2015《茶制品　第 1 部分：固态速溶茶》、GB/T 31740. 2—2015《茶制品　第 2 部分：茶多酚》、GB/T 31740. 3—2015《茶制品　第 3 部分：茶黄素》三个部分。此外还有，GB/T 34778—2017《抹茶》、GB/T 24690—2018《袋泡茶》、GB/T 21733—2008《茶饮料》等产品标准。

食品系列标准中也有相关标准，例如 GB 1886. 211—2016《食品安全国家标准　食品添加剂　茶多酚（又名维多酚）》、GB 1886. 266—2016《食品安全国家标准　食品添加剂　红茶酊》、GB 1886. 266—2016《食品安全国家标准　食品添加剂　绿茶酊》，但食品标准更多适用于茶制品作为食品添加剂用途时对其限定。

茶叶深加工和茶制品标准行业标准有 NY/T 2672—2015《茶粉》，其规定了茶粉的要求、试验方法、检验规则、标志和标签、包装、运输和贮存，适用于以茶树鲜叶或干茶为原料，经精细加工而成的粉状的绿茶粉、红茶粉、乌龙茶粉、黄茶粉、白茶粉和黑茶粉等产品。

（三）地理标志产品标准

2005 年，国家质量监督检验检疫总局颁布了《地理标志产品保护规定》，规定地理标志产品是指产自特定地域，所具有的质量、声誉或其他特性本质上取决于该产地的自然因素和人文因素，经审核批准以地理名称进行命名的产品。自此，原命名为原产地域产品的标准统一更名为地理标志产品标准，且由强制性国家标准变为推荐性国家标准。国家地理标志产品标准目前有 18 项（表 10－9），有大部分地理标志产品为地方标准。

表 10－9　　国家地理标志产品标准

茶类	标准条目
乌龙茶	GB/T 18745—2006《地理标志产品　武夷岩茶》
	GB/T 19598—2006《地理标志产品　安溪铁观音》
	GB/T 21824—2008《地理标志产品　永春佛手》
红茶	GB/T 24710—2009《地理标志产品　坦洋工夫》
白茶	GB/T 22109—2008《地理标志产品　政和白茶》
黑茶	GB/T 22111—2008《地理标志产品　普洱茶》

续表

茶类	标准条目
绿茶	GB/T 18957—2008《地理标志产品　洞庭（山）碧螺春茶》
	GB/T 18650—2008《地理标志产品　龙井茶》
	GB/T 18665—2008《地理标志产品　蒙山茶》
	GB/T 19460—2008《地理标志产品　黄山毛峰茶》
	GB/T 19691—2008《地理标志产品　狗牯脑茶》
	GB/T 19698—2008《地理标志产品　太平猴魁茶》
	GB/T 20354—2006《地理标志产品　安吉白茶》
	GB/T 20360—2006《地理标志产品　乌牛早茶》
	GB/T 21003—2007《地理标志产品　庐山云雾茶》
	GB/T 26530—2011《地理标志产品　崂山绿茶》
	GB/T 22737—2008《地理标志产品　信阳毛尖茶》
	GB/T 20605—2006《地理标志产品　雨花茶》

茶叶产品标准有效地规范了茶叶产品生产，但也存在着不足。一是与农业生产的协调问题。产品标准规定，非安全卫生项目不合格的产品可以返工整理和加工，安全卫生项目（包括掺杂使假、恶性夹杂物或微生物、农药残留、重金属、放射性污染等有毒有害物质）不合格的产品不准加工不准出厂，但是标准未对安全项目不合格产品的后续处理进行规范。二是与市场需求的匹配问题。茶叶消费群体多数是普通的消费者，不具有从感官上判断茶叶质量好坏的能力，茶叶分级感官限定模糊等问题，使得产品标准对市场消费者的应用价值不高。

三、中国茶叶基础标准与方法标准

（一）基础标准

在一定范围内作为其他标准的基础并普遍使用，具有广泛指导意义的标准，称为基础标准。茶叶基础标准主要对茶树种苗、茶树种植、茶叶鲜叶原料、茶叶生产加工、茶叶感官审评、茶叶包装、茶叶贮存运输、茶叶分类等基础内容进行规范限定。如GB/T 20014. 12—2013《良好农业规范　第12部分：茶叶控制点与符合性规范》对基础内容做了较为全面的要求，其技术要素为封面、前言、引言、范围、规范性引用文件、术语和定义、要求（繁殖材料、茶园历史与管理、肥料的使用、灌溉和施肥、植物保护、茶园修剪、采收、加工、工人健康安全和福利、废弃物和污染物的管理循环利用和再利用、环境保护、抱怨、物料衡算及可追溯性）、附录（茶叶加工基本工艺流程）。要求分为序号、控制点、符合性要求和等级四个条目，全面、系统、科学的规范了茶叶生产、流通中所有的基础内容。

1. 茶树种苗标准

茶叶种苗选育国家标准是GB 11767—2003《茶树种苗》，其技术要素主要由封面、前言、范围、术语和定义、采穗园、种苗质量分级原则、种苗质量指标（穗条的质量指标、茶树苗木质量指标）、检验方法（无性系品种纯度、穗条质量、苗木高粗）、检测规则（穗条、苗木）、包装运输、附录（茶树穗条检验证书、茶树苗木检验证书、茶树苗木标签）构成，主要对采穗园条件、穗条和苗木的质量分级及检测进行了限定，为需要用到的规范性材料提供了模板。

2. 茶树种植标准

种植方面的国家标准仅有GB/T 30377—2013《紧压茶茶树种植良好规范》，其技术要素为封面、前言、范围、规范性引用文件、建园要求（园地选择、园地规划、茶园开垦）、品种种苗及茶籽的选择、茶苗定植（定植时间、茶行布置、开种植沟与施底肥、定植方法）、茶籽直播（播种时间、茶行布置、开种植沟与施底肥、播种方式）、土肥管理（耕作、施肥）、修剪（幼龄茶园修剪、成龄茶园修剪）、病虫防治（农业防治、物理防治、生物防治、化学防治）、管理（可追溯性、氟含量监测、记录档案），内容完整，可借鉴性强，对茶园新建、茶树种植、茶园管理有重要的意义。行业标准NY/T 853—2004《茶叶产地环境技术条件》规定了茶叶产地的空气环境质量、灌溉水质量和土壤环境质量要求及分析方法。此外，地理标志产品标准也有部分内容涉及特定茶产品的种植规范要求。

3. 茶叶鲜叶标准和原料标准

茶叶鲜叶原料的国家标准有GB/T 31748—2015《茶鲜叶处理要求》和GB/T 24614—2009《紧压茶原料要求》。GB/T 31748—2015《茶鲜叶处理要求》主要对茶叶鲜叶进行规范，其技术要素包括封面、前言、范围、规范性引用文件、术语和定义、基本要求（采摘、盛叶工具、运输要求）、鲜叶处理（贮青保鲜、雨水叶处理、劣变叶处理），标准规范了鲜叶采摘的基本要求，提供了不同情况下茶叶鲜叶的处理方式，为茶叶质量安全生产提供了保障。GB/T 24614—2009《紧压茶原料要求》主要对制作紧压茶的毛茶原料进行规范，其技术要素分为封面、前言、范围、规范性引用文件、分类与分级、要求（基本要求、感官品质、理化指标、安全指标）、试验方法（感官品质、理化指标、安全指标）、包装和标识、运输和贮存，对黑毛茶、老青茶、四川边茶、云南晒青茶、米砖原料茶从感官、理化方面进行分级指标限定，对污染物、农药残留、氟进行安全指标限定。此外，行业标准有NY/T 2102—2011《茶叶抽样技术规范》，该标准对茶叶原料、毛茶及产品抽样的术语和定义、要求和抽样方法作了规定，适用于茶叶原料、毛茶及产品的检验抽样。

4. 茶叶生产加工标准

茶叶生产加工方面的国家标准有GB/Z 26576—2011《茶叶生产技术规范》、GB/T 32744—2016《茶叶加工良好规范》。GB/Z 26576—2011《茶叶生产技术规范》规定了茶叶生产的基本要求，包括基地选择和管理、投入品管理、生产技术管理、茶园有害生物综合防治、劳动保护、档案记录等，适用于茶叶种植生产。GB/T 32744—2016

《茶叶加工良好规范》规定了茶叶加工企业的厂区环境、厂房及设备、加工设备与工具、卫生管理、加工过程管理、产品管理、检验、产品追溯与召回、机构与人员、记录和文件管理，适用于茶叶初制、精制、再加工。此外，还有不同产品的加工技术规范，如 GB/T 18795—2012《茶叶标准样品制备技术条件》、GB/T 24615—2009《紧压茶生产加工技术规程》、GB/T 32743—2016《白茶加工技术规范》、GB/T 34779—2017《茉莉花茶加工技术规范》、GB/T 35863—2018《乌龙茶加工技术规范》、GB/T 32742—2016《眉茶生产加工技术规范》、GB/T 35810—2018《红茶加工技术规范》。

行业标准也涉及茶叶加工技术规程和生产规范。一是有机茶的生产加工，NY/T 5197—2002《有机茶生产技术规程》规定了有机茶生产的基地规划与建设、土壤管理和施肥、病虫草害防治、茶树修剪和采摘、转换、试验方法和有机茶园判别，适用于有机茶的生产；NY/T 5198—2002《有机茶加工技术规程》规定了有机茶加工的要求、试验方法和检验规则，适用于各类有机茶初制、精制加工，再加工和深加工。二是无公害茶的生产加工，NY/T 2798. 6—2015《无公害农产品　生产质量安全控制技术规范　第 6 部分：茶叶》规定了无公害农产品茶叶生产质量安全控制的基本要求，包括茶园环境、茶树种苗、肥料使用、病虫草害防治、耕作与修剪、鲜叶管理、茶叶加工、包装标识与产品贮运等环节关键点的质量安全控制技术措施，适用于无公害农产品茶叶的生产、管理和认证；NY/T 5337—2006《无公害食品　茶叶生产管理规范》规定了无公害茶叶生产的术语和定义、产地环境、种苗、栽培、原料、加工、包装、运输与贮藏、质量管理、人员、文件管理，适用于无公害茶叶生产管理；NY/T 5019—2001《无公害食品　茶叶加工技术规程》规定了无公害茶叶加工的加工厂、人员、加工技术以及农户加工的要求，适用于无公害茶叶初制和精制加工；NY/T 5124—2002《无公害食品　窨茶用茉莉花生产技术规程》规定了无公害茉莉花生产的基本要求，包括园地选择与规划、品种选择与繁育、种植管理、土壤管理与施肥、病虫害防治和采收等，适用于无公害食品窨茶用茉莉花的生产。三是其他基础的生产加工，NY/T 5018—2015《茶叶生产技术规程》规定了茶叶生产的基地选择规划，茶树种植，土壤管理和施肥，病、虫、草害防治，茶树修剪，茶叶采摘和档案记录，适用于茶叶的田间生产；NY/T 1391—2007《珠兰花茶加工技术规程》规定了珠兰花茶加工的原料、加工厂、设备及人员、加工工艺、加工技术的要求；SN/T 4256—2015《出口普洱茶良好生产规范》规定了出口普洱茶质量安全控制的原料、选址及厂区环境、生产加工、包装及储运、标识与追溯和召回、检验等环节的质量卫生控制要求，适用于出口普洱茶生产企业对其产品质量安全卫生控制的管理及作为出口普洱茶生产企业的备案规范；SB/T 10168—1993《闽烘青绿茶》规定了闽烘青绿茶的技术要求、试验方法、检验规则和标志、包装、贮藏、运输，适用于以福建省小叶种茶树的芽叶，经过杀青、揉捻、解块、烘干工艺制成的绿茶。

5. 茶叶感官审评标准

茶叶感官审评方面的国家标准有 GB/T 14487—2017《茶叶感官审评术语》、GB/T 18797—2012《茶叶感官审评室基本条件》、GB/T 23776—2018《茶叶感官审评方法》。

GB/T 14487—2017《茶叶感官审评术语》界定了茶叶感官审评的通用术语、专用术语和定义，适用于我国各类茶叶的感官审评。GB/T 18797—2012《茶叶感官审评室基本条件》规定了茶叶感官审评室的基本要求、布局和建立，适用于审评各类茶叶的感官审评室。GB/T 23776—2018《茶叶感官审评方法》规定了茶叶感官审评的条件、方法及审评结果与判定，适用于各类茶叶的感官审评。

其他感官审评方法标准如 NY/T 787—2004《茶叶感官审评通用方法》、SB/T 10157—1993《茶叶感官审评方法》规定了茶叶感官审评一系列流程，适用于各类茶叶产品、品质的感官审评；SN/T 0917—2010《进出口茶叶品质感官审评方法》规定了进出口茶叶品质感官审评的环境、器具、用水、审评员的基本条件和要求、审评内容、操作方法和评分方法，适用于进出口茶叶中的六大茶类和再加工茶类（花茶、压制茶、袋泡茶、调味茶）的品质感官审评，完善了国家方法标准的不足。

6. 茶叶包装标准

涉及包装的国家标准有 GB 23350—2009《限制商品过度包装要求　食品和化妆品》和 GB 7718—2011《食品安全国家标准　预包装食品标签通则》等，GB 7718—2011《食品安全国家标准　预包装食品标签通则》规定标签上应有产品名称、配料、产品标准、生产日期、质量等级、净含量、贮藏方法、保质期、产地（标注至省、地级市）等，其中最容易出现问题的是产品标准、净含量和质量等级。行业标准有 NY/T 1999—2011《茶叶包装、运输和贮藏通则》，该标准规定了茶叶的包装、运输和贮藏的要求，适用于除部分黑茶和紧压茶以外的各类茶叶。

7. 其他标准

其他基础国家标准还有 GB/T 30766—2014《茶叶分类》、GB/Z 21722—2008《出口茶叶质量安全控制规范》、GB/T 30375—2013《茶叶贮存》、GB/T 33915—2017《农产品追溯要求　茶叶》等。行业标准有 NY 5196—2002《有机茶》、NY/T 1763—2009《农产品质量安全追溯操作规程　茶叶》等。

（二）方法标准

茶叶方法标准按内容可以大致分为质量类方法标准和安全类方法标准。质量类方法标准涉及茶叶分类方法、茶叶基础生化测定、茶叶感官审评等，对茶叶及茶制品自身元素进行定性定量分析，判定茶叶质量；安全类方法标准主要对污染物和农药残留进行定性定量分析，确保对消费者不会造成健康威胁。

1. 质量检测方法标准

GB/T 35825—2018《茶叶化学分类方法》结合 Fisher 判别，用化学成分对茶叶进行分类，对茶品众多的市场乱象有很好的规范作用，相比于依据加工进行分类的基础标准 GB/T 30766—2014《茶叶分类》，化学分类方法在分类上更具实用性。

中国基础生化测定的方法标准大部分是在已有的国际标准上修改制定的，如 GB/T 8302—2013《茶　取样》参照 ISO 1839—1980，GB/T 8305—2013《茶　水浸出物测定》参照 ISO 9768—1994 等，详见表 10 - 10。

表 10-10　中国基础生化测定国家方法标准与国际标准参照表

国家方法标准	参照的国际标准
GB/T 8302—2013《茶　取样》	ISO 1839—1980
GB/T 8303—2013《茶　磨碎试样的制备及其干物质含量测定》	ISO 1572—1980
GB/T 8304—2013《茶　水分测定》	ISO 1573—1980
GB/T 8305—2013《茶　水浸出物测定》	ISO 9768—1994
GB/T 8306—2013《茶　总灰分测定》	ISO 1575—1987
GB/T 8307—2013《茶　水溶性灰分和水不溶性灰分测定》	ISO 1576—1988
GB/T 8308—2013《茶　酸不溶性灰分测定》	ISO 1577—1987
GB/T 8309—2013《茶　水溶性灰分碱度测定》	ISO 1578—1975
GB/T 8310—2013《茶　粗纤维测定》	ISO 15598—1999
GB/T 8312—2013《茶　咖啡碱测定》	ISO 10727—2002
GB/T 8313—2018《茶叶中茶多酚和儿茶素类含量的检测方法》	ISO 14501/14502—2015
GB/T 18798.1—2017《固态速溶茶　第 1 部分：取样》	ISO 7516：1984
GB/T 18798.2—2018《固态速溶茶　第 2 部分：水分测定》	ISO 7513—1990
GB/T 18798.3—2008《固态速溶茶　第 3 部分：总灰分测定》	ISO 7514—1990
GB/T 18798.4—2013《固态速溶茶　第 4 部分：规范》	ISO 6079—1990
GB/T 18798.5—2013《固态速溶茶　第 5 部分：自由流动和紧密堆积密度的测定》	ISO 6770—1982
GB/T 21727—2008《固态速溶茶　儿茶素类含量的检测方法》	ISO 14502-2—2005

2. 安全检测方法标准

（1）污染物检测方法标准　污染物的检测方法主要是 GB 5009 系列，如染料、木材燃烧污染物的测定 GB 5009.265—2016《食品安全国家标准　食品中多环芳烃的测定》、GB 5009.205—2013《食品安全国家标准　食品中二噁英及其类似物毒性当量的测定》、氮肥转化成的亚硝酸盐与硝酸盐的测定 GB 5009.33—2016《食品安全国家标准　食品中亚硝酸盐与硝酸盐的测定》，同时还有茶叶吸收蚊香的八氯二丙醚的测定方法 SN/T 1774—2006《进出口茶叶中八氯二丙醚残留量检测方法　气相色谱法》等。

GB 5009.268—2016《食品安全国家标准　食品中多元素的测定》规定了食品中多元素测定的电感耦合等离子体质谱法（ICP-MS）和电感耦合等离子体发射光谱法（ICP-OES）。第一法适用于食品中硼、钠、镁、铝、钾、钙、钛、钒、铬、锰、铁、钴、镍、铜、锌、砷、硒、锶、钼、镉、锡、锑、钡、汞、铊、铅的测定；第二法适用于食品中铝、硼、钡、钙、铜、铁、钾、镁、锰、钠、镍、磷、锶、钛、钒、锌的测定，其针对低含量待测元素和高含量待测元素设定了两个检出限和定量限。GB/T 30376—2013《茶叶中铁、锰、铜、锌、钙、镁、钾、钠、磷、硫的测定-电感耦合等离子体原子发射光谱法》也对相关元素进行了限定，其部分元素检出限区别见表 10-11。

表 10-11 GB 5009.268—2016 与 GB/T 30376—2013 规定茶叶部分元素检出限区别

元素	GB/T 30376—2013		GB 5009.268—2016			
	电感耦合等离子体原子发射光谱法（ICP-AES）		电感耦合等离子体发射光谱法（ICP-OES）		电感耦合等离子体质谱法（ICP-MS）	
	微波消解检出限 /（μg/kg）	湿法消解检出限 /（μg/kg）	检出限1 /（mg/kg）	检出限2 /（mg/L）	检出限1 /（mg/kg）	检出限2 /（mg/L）
Fe	9	11	1	0.3	1	0.3
Mn	1	3	0.1	0.03	0.1	0.03
Cu	6	7	0.2	0.05	0.05	0.02
Zn	4	6	0.5	0.2	0.5	0.2
Ca	22	21	5	2	1	0.3
Mg	2	4	5	2	1	0.3
P	19	22	1	0.3	—	—
S	29	31	—	—	—	—
K	25	32	7	3	1	0.3
Na	11	15	3	1	1	0.3
Se	—	—	—	—	0.01	0.003
Pb	—	—	—	—	0.02	0.005
Cr	—	—	—	—	0.05	0.02
Cd	—	—	—	—	0.002	0.0005
Hg	—	—	—	—	0.001	0.0003
As	—	—	—	—	0.002	0.0005

GB 5009.93—2017《食品安全国家标准　食品中硒的测定》整合了国家标准和行业标准保留氢化物原子荧光光谱法为第一法，荧光分光光度法为第二法，同时增加了电感耦合等离子体质谱法作为第三法，即 GB 5009.268—2016《食品安全国家标准　食品中多元素的测定》中的第一法。

行业标准中，NY/T 838—2004《茶叶中氟含量测定方法》规定了茶叶中氟含量测定的试验方法，NY/T 1960—2010《茶叶中磁性金属物的测定》规定了茶叶中磁性金属物的测定方法，NY/T 3173—2017《茶叶中 9，10-蒽醌含量测定　气相色谱-串联质谱法》、SN/T 4777—2017《出口茶叶中蒽醌残留量的检测方法　气相色谱-质谱/质谱法》规定了茶叶中蒽醌的测定方法。

（2）农药残留检测方法标准　农药残留物的检测方法主要是 GB 23200 系列，目前使用较多的是 GB 23200.13—2016《食品安全国家标准　茶叶中 448 种农药及相关化学品残留量的测定　液相色谱-质谱法》和 GB/T 23204—2008《茶叶中 519 种农药及相关化学品残留量的测定　气相色谱－质谱法》。GB 23200.13—2016《食品安全国家标准　茶叶中448种农药及相关化学品残留量的测定　液相色谱－质谱法》规定了绿茶、红茶、普洱茶、乌龙茶中448种农药及相关化学品残留量液相色谱－质谱测定方法。适用于448种农药及相关化学品残留的定性鉴别，418种农药及相关化学品残留的定量测定，其他茶叶可参照执行。GB/T 23204—2008《茶叶中519种农药及相关化学品残留量的测定　气相色谱－质谱法》适用于绿茶、红茶、普洱茶、乌龙茶中490种农药及相关化学品残留量的定性鉴别，453种农药及相关化学品的定量测定（方法检出限为0.001～0.500mg/kg），以及绿茶、红茶、普洱茶、乌龙茶中二氯皮考啉酸、调果酸等29种酸性除草剂残留量的测定（方法检出限为0.01mg/kg）。

此外，GB 23200.26—2016《食品安全国家标准　茶叶中9种有机杂环类农药残留量的检测方法》也规定了茶叶中茶叶中莠去津、乙烯菌核利、腐霉利、氟菌唑、抑霉唑、噻嗪酮、丙环唑、氯苯嘧啶醇、哒螨灵9种有机杂环类农药残留量检验的抽样和制样、测定方法、测定低限及回收率。

农药残留物检测的行业标准有NY/T 1724—2009《茶叶中吡虫啉残留量的测定　高效液相色谱法》、NY/T 1721—2009《茶叶中炔螨特残留量的测定　气相色谱法》、SN/T 0348.1—2010《进出口茶叶中三氯杀螨醇残留量检测方法》（内标法定量）、SN/T 2072—2008《进出口茶叶中三氯杀螨砜残留量的测定》（外标法定量）、SN/T 0147—2016《出口茶叶中六六六、滴滴涕残留量的检测方法》、SN 0497—1995《出口茶叶中多种有机氯农药残留量检验方法》、SN/T 1541—2005《出口茶叶中二硫代氨基甲酸酯总残留量检验方法》、SN/T 0711—2011《出口茶叶中二硫代氨基甲酸酯（盐）类农药残留量的检测方法　液相色谱－质谱/质谱法》、SN/T 4582—2016《出口茶叶中10种吡唑、吡咯类农药残留量的测定方法　气相色谱－质谱/质谱法》、SN/T 1950—2007《进出口茶叶中多种有机磷农药残留量的检测方法　气相色谱法》等。

目前，部分涉及茶叶中农残检测方法的食品安全国家标准已经征求意见，如《植物源性食品中草铵膦残留量的测定液相色谱－质谱联用法》《物源性食品中二氯吡啶酸残留量的测定液相色谱－质谱联用法》《植物源性食品中氯吡脲残留量的测定液相色谱－串联质谱法》《植物源性食品中唑嘧磺草胺残留量的测定液相色谱－质谱联用法》《植物源性食品中9种氨基甲酸酯类农药及其代谢物残留量的测定液相色谱－柱后衍生法》《植物源性食品中208种农药及其代谢物残留量的测定气相色谱－质谱联用法》《植物源性食品中灭瘟素残留量的测定液相色谱－质谱联用法》和《植物源性食品中91种有机磷类农药及其代谢物残留量的测定气相色谱法》等。这些标准的制定会解决检测方法未全覆盖以及方法过多问题，从而简化复杂的样品前处理等问题。

从现行标准发展趋势上来看，污染物检测方法标准由国家推荐性标准替代为国家强制性标准，农药残留检测方法标准的行业标准、地方标准、企业标准等逐渐废止，统一向国家标准靠拢，且检测方法多以高效液相色谱、气相色谱以及两者与质谱串联为主。它们的发布和实施，为中国茶叶质量安全检测提供了技术依据。

思考题

1. 茶叶质量安全标准制定的意义是什么？
2. 试述中国茶叶质量安全标准与国际茶叶质量安全标准的差异。
3. 试述中国茶叶标准的分类及各级别标准之间的关系。
4. 中国茶叶标准的发展趋势是什么？

参考文献

[1] 陈宇. 中国与主要国家农药残留限量标准对比分析 [J]. 现代农业科技，2017 (2)：94 –97.

[2] 陈宗懋，阮建云，蔡典雄，等. 茶树生态系中的立体污染链与阻控 [J]. 中国农业科学，2007，40 (5)：948 –958.

[3] 郭文平，吴道良. 国际贸易中的茶叶标准 [J]. 商品与质量：学术观察，2012 (12)：232.

[4] 胡林英，陈富桥，姜爱芹. 2017 年我国茶叶产业发展特点分析 [J]. 中国茶叶，2018 (4)：31 –33.

[5] 黄文华，林燕金. 茶叶标准化实施的影响因素实证分析——以福建省主要茶区为例 [J]. 中国农学通报，2009，25 (2)：283 –286.

[6] 刘洋. 茶叶农残限量——欧盟 400 多项 VS 中国 28 项 [J]. 食品安全导刊，2016，33：80 –82.

[7] 刘云，高凛. 论扩大茶叶出口的农药残留限量问题及法律应对措施 [J]. 安徽农学通报，2017，23 (20)：3 –7.

[8] 刘芸. 让标准回归本质——解读新《标准化法》 [J]. 大众标准化，2017 (12)：17.

[9] 邵懿，朱丽华，王君. 我国的污染物基础标准与国际食品法典的污染物通用标准的比较 [J]. 中国食品卫生杂志，2011，23 (3)：277 –281.

[10] 汪庆华，王晨，刘新. 我国茶叶标准不断完善 [J]. 茶叶，2018，44 (2)：61 –64.

[11] 王金鑫. 基于欧盟官网通报不合格茶叶信息分析茶叶农残现状及应对措施 [J]. 中国茶叶，2018，40 (1)：37 –39.

[12] 王艳林，刘瑾，付玉. 企业标准法律地位的新认识与《标准化法》修订 [J]. 标准科学，2017 (10)：6 –11；19.

[13] 杨秀芳，孔俊豪，张士康，等. 茶制品系列国家标准解读 [J]. 中国茶叶加工，2015 (4)：11 –14.

[14] 尹志，胡冬. 茶叶感官审评方法中存在的若干问题分析 [J]. 茶叶，2015，

41（1）：15－18.

［15］朱玉龙，陈增龙，张昭，等．我国农药残留监管与标准体系建设［J］．植物保护，2017，43（2）：1－5.

［16］邹新武．茶和代茶制品食品安全国家标准正在制订［J］．中国茶叶加工，2017（增刊2）：20.